计算机类专业核心课程系列教材

高级路由交换技术与应用

周 桐 刘 宇 窦 晨 主 编

袁 杰 江果颖 唐 宏 于海存

陈玉勇 王 瑞 马荣飞 副主编

武春岭 李建华

電子工業出版社.

Publishing House of Electronics Industry

北京 · BEIJING

内容简介

本教材内容根据技术维度可以分为 3 个部分，共 11 个章节。第 1 部分是基于二层网络的内网组建，共 2 个章节，包括扩展 VLAN 技术的应用与二层冗余网络的设计部署。第 2 部分是三层网络的安全冗余配置与路由控制，共 6 个章节，包含基于三层网络的 IP 安全配置，基于 VSU 虚拟化技术的冗余配置，基于 OSPF、BGP 等动态路由的配置，多点多区域下的路由重分发等内容。第 3 部分是 IPv6 相关协议与隧道技术的应用，共 3 个章节，主要包含 IPv6 下的 DHCP 和 OSPFv3 的配置，GRE、IPSec、MPLS等常见 VPN 协议的单独部署与嵌套部署。

本教材面向应用型技能人才培养，以培养实践能力为主线，遵循"工学结合、任务驱动"的教学理念，可以作为高职院校、职业大学、应用型本科计算机网络技术、计算机应用技术、信息安全技术应用等专业的理实一体化的教材，也适合计算机网络相关领域从业者进行学习参考。

图书在版编目（CIP）数据

高级路由交换技术与应用 / 周桐，刘宇，窦晨主编 . —北京：电子工业出版社，2023.3
ISBN 978-7-121-45219-2

Ⅰ . ①高… Ⅱ . ①周… ②刘… ③窦… Ⅲ . ①计算机网络－路由选择－高等学校－教材
②计算机网络－信息交换机－高等学校－教材 Ⅳ . ① TN915.05

中国国家版本馆 CIP 数据核字（2023）第 046053 号

责任编辑：左 雅   特约编辑：田学清
印   刷：三河市兴达印务有限公司
装   订：三河市兴达印务有限公司
出版发行：电子工业出版社
　　　　　北京市海淀区万寿路 173 信箱　　　　邮编　100036
开　　本：787×1092　　 1/16　　 印张：16.5　　 字数：396 千字
版　　次：2023 年 3 月第 1 版
印　　次：2024 年 2 月第 3 次印刷
定　　价：55.00 元

凡所购买电子工业出版社图书有缺损问题，请向购买书店调换。若书店售缺，请与本社发行部联系，联系及邮购电话：(010) 88254888，88258888。

质量投诉请发邮件至 zlts@phei.com.cn，盗版侵权举报请发邮件至 dbqq@phei.com.cn。

本书咨询联系方式：(010) 88254580，zuoya@phei.com.cn。

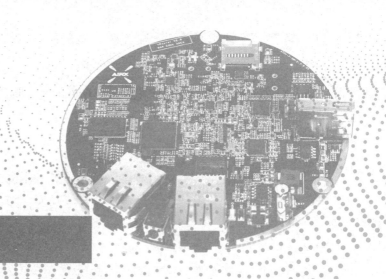

序

　　新一轮科技革命与信息技术革命的到来，推动了产业结构调整与经济转型升级发展新业态的出现。战略性新兴产业快速爆发式发展的同时，对新时代产业人才的培养提出了新的要求与挑战。社会对信息技术应用型人才的要求不仅是懂技术，还要懂项目。然而，传统理论教学方式缺乏培养学生对技术应用场景的认知，学生对于技术的运用存在短板，在进入企业之后无法承接业务，因此仅掌握理论知识无法满足企业真实的需求。在信息技术产业高速发展过程中，出现了极为明显的人才短缺与发展不均衡的现状。

　　高等教育教材、职业教育教材以习近平新时代中国特色社会主义思想为指导，以产业需求为导向，以服务新兴产业人才建设为目标，教育过程更加注重实践性环节，更加重视人才链适应产业链，助力打造具有新时代特色的"新技术技能"。

　　全国高等院校计算机基础教育研究会与电子工业出版社合作开发的"计算机类专业核心课程教材"，以立德树人为根本任务，邀请企业行业技术专家、高校学术专家共同组成编写组，依照教育部最新公布的2022年专业教学标准，引入行业与企业培训课程与标准，形成了与信息技术产业发展与企业用人需求相匹配的课程设置结构，构建了线上线下融合式智能化教学整体解决方案，较好地解决时时学与处处学和实践性教学薄弱的问题，让系列教材更有生命力。

　　尺寸课本、国之大者。教材是人才培养的重要支撑、引领创新发展的重要基础，必须紧密对接国家发展重大战略需求，不断更新升级，更好服务于高水平科技自立自强、拔尖创新人才培养。为贯彻落实党的二十大精神和党的教育方针，确保党的二十大精神和习近平新时代中国特色社会主义思想进教材、进课堂、进头脑，积极融入思政元素，培养学生民族自信、科技自信、文化自信，建立紧跟新技术迭代和国家战略发展的高等教育、职业教育教材新体系，不断提升内涵和质量，推进中国特色高质量职业教育教材体系建设，确保教材发挥铸魂育人实效。

全国高等院校计算机基础教育研究会

2023 年 3 月

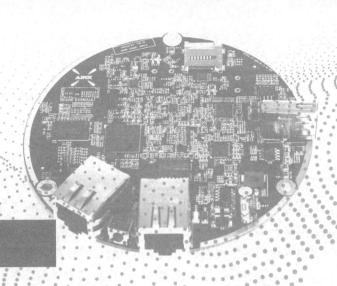

前　言

　　随着互联网新兴技术的不断出现，计算机网络技术的应用已逐渐深入社会的各行各业，人工智能、区块链、大数据、物联网等技术领域需要计算机网络技术提供基础建设服务。因此，社会对网络技术应用型人才的要求不仅是懂技术，还要懂项目。然而，传统的理论教学方式培养的学生缺乏对技术应用场景的认知，学生对于技术的运用存在短板，在进入企业之后无法承接业务，因此仅掌握理论知识无法满足企业真实的需求。

　　本教材具有以下几个特点：

　　（1）深化产教融合，校企"双元"合作开发"理实一体化"教材。

　　本教材的编写团队由具有丰富教学及工作经验的院校教师与企业专家组成，部分编写人员从事企业园区网络规划与部署工作十余年，指导的学生在近年全国职业院校技能大赛高职组等赛事中多次获奖。团队具有丰富的实践经验与拼搏精神，这为本教材的质量提供了保障。

　　（2）引入素养课程，落实立德树人的根本任务。

　　本教材通过引入素养课程来扩展内容，包括国家时事政策、工程师素养规范、项目流程管理、工匠精神等，培养学生的工程素养与行业规范，激发爱国热情，引导深入思考，树立创新意识。

　　（3）引入真实项目案例，打造渐进式的学习过程。

　　本教材以工程实践为基础，引入企业的真实项目案例，将理论知识与实际操作融为一体。以"项目准备"阶段（"任务描述"→"知识结构"→"知识准备"）→"项目任务"阶段（"规划设计"→"部署实施"→"联调与测试"）→"综合拓展"阶段（"工程师指南"→"思考练习"）为主线，融入企业项目流程特色，充分体现"教、学、做"合一的内容组织与安排,为学生设计一个渐进式的项目学习过程。整体章节的设计不仅具有清晰的知识框架,更保证知识点之间的流畅衔接,具有高耦合性。

(4)赛教融合,课证融通,采用"岗课赛证"综合育人的模式。

本教材采用"岗课赛证"综合育人的模式,每个章节均设置配套的习题,融入全国职业技能大赛"网络系统管理"赛项和主流厂商认证的题目,包括锐捷认证资深网络工程师(RCNP)和华为 HCIP-Routing& Switching 认证等,以及网络设备安装与维护职业等级证书(中级)。通过认证级别习题和竞赛题目的练习,帮助学生更好地巩固章节知识点,也为学生考取相关证书和参加全国技能大赛提供帮助。

本教材采用项目式教学的理念,将项目场景转化到教学中,将技术知识融入项目中。整体包含 11 个项目,在章节的规划上,结合 OSI 七层参考模型进行设计排布,从数据链路层的冗余设计与安全规划到网络层虚拟化配置、出口设计、VPN 隧道技术的应用,循序渐进。不仅能培养学生对技术应用场景的认知,还能提供全面的技术和理论支持,做到理论与实践相结合,有效提升学生计算机网络运维水平。本教材是主要面向高职院校、职业大学、应用型本科的计算机网络技术等专业的理实一体化教材,也可用作 IT 企业员工的培训资料。

本教材增加了教学视频资源,实现了纸质教材与数字资源的完美结合,是"互联网+"新形态一体化教材,学生通过扫描书中二维码即可观看相应教学资源,随扫随学,有利于激发学生自主学习兴趣,实现混合式课堂教学。

本教材由重庆工程职业技术学院周桐、刘宇,福建中锐网络股份有限公司窦晨担任主编;由重庆工程职业技术学院袁杰、江果颖、唐宏,辽宁生态工程职业学院陈玉勇,唐山职业技术学院于海存,山西职业技术学院王瑞,浙江经济职业技术学院马荣飞,锐捷网络股份有限公司汪双顶担任副主编;由重庆电子工程职业学院武春岭、重庆工程职业技术学院李建华、福建中锐网络股份有限公司任超担任主审。本教材项目1、项目2、项目5由重庆工程职业技术学院周桐编写;项目6由重庆工程职业技术学院刘宇编写,项目3由福建中锐网络股份有限公司窦晨编写,项目8、项目9由重庆工程职业技术学院袁杰编写,项目10由重庆工程职业技术学院江果颖和辽宁生态工程职业学院陈玉勇编写,项目11由重庆工程职业技术学院唐宏和唐山职业技术学院于海存编写,王瑞、马荣飞、汪双顶参与题库、课程标准和教学资源建设。在此感谢福建中锐网络有限公司姚远、刘韦、檀晓伟、张小龙等多位专家和技术工程师对本教材编写工作的大力支持。在编写过程中,得到了电子工业出版社有限公司左雅、贺志洪编辑的大力支持和帮助,在此一并表示感谢。

由于编者的水平有限,内容难免存在不当之处,恳请专家和读者批评指正。

编　者

目　录

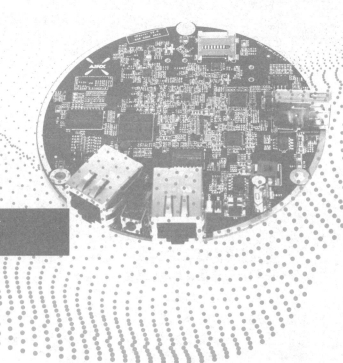

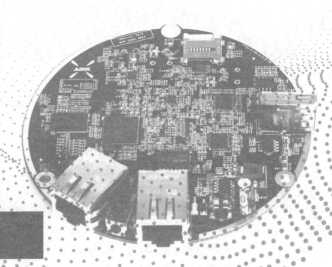

项目 1

企业网虚拟局域网设计部署

知识目标

- 了解 PVLAN 和 Super VLAN 的区别。
- 掌握 PVLAN 和 Super VLAN 的工作原理。
- 熟悉 PVLAN 和 Super VLAN 的应用场景。

技能目标

- 熟练完成 PVLAN 与 Super VLAN 的配置。
- 制定高性能二层局域网的设计方案。
- 完成高性能二层局域网的网络配置。
- 完成高性能二层局域网的联调与测试。
- 解决高性能二层局域网中的常见故障。
- 完成项目文档的编写。

素养目标

- 了解网络设备的操作规范，养成规范操作的习惯。
- 培养职业工程师素养，提前以职业人的标准规范自身行为。

教学建议

- 推荐课时数：4 课时。

 项目准备

1.1　任务描述

　　某公司包括销售部、财务部、行政部三个部门。由于项目的需求，目前部分财务部员工在销售部工作。因为财务部的数据较为敏感，除了拥有资金信息，财务部还拥有全公司员工的个人信息，因此为了保护财务部的数据安全，需要实现以下需求：

　　（1）销售部员工与财务部员工之间不能互访。

　　（2）财务部员工之间不能互访。

　　（3）销售部员工之间可以互访。

　　（4）销售部和财务部员工均可以与行政部员工互访。

　　由于普通 VLAN 只能实现广播域的隔离，而无法实现 VLAN 间或 VLAN 内的访问控制，所以需要采用 PVLAN 实现相关需求。

1.2　知识结构

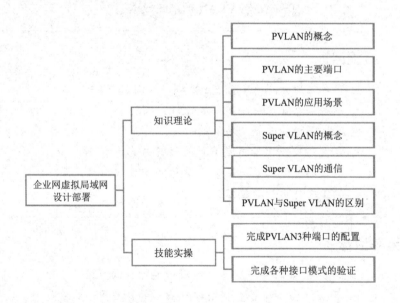

　　◆━━ 知识自测 ●━━

◎ 什么是 VLAN？

　　VLAN（虚拟局域网）是对连接到第二层交换机端口的网络用户进行的逻辑分段。

◎ 普通 VLAN 编号的范围是多少？

交换机支持 4094 个 VLAN，编号为 1 ～ 4094。

◎ 跨 VLAN 如何通信？

除了使用路由器进行跨 VLAN 通信，常见的方法还有依托 trunk 端口和 SVI 端口。

1.3　知识准备

1.3.1　PVLAN

Private VLAN 即专用虚拟局域网，采用两层 VLAN 隔离技术，上层 Primary VLAN 全局可见，下层 Secondary VLAN 相互隔离。Secondary VLAN 不仅提供不同端口间隔离的 VLAN，还提供同一个 VLAN 中端口间的隔离。所有接入 PVLAN 的用户都可以通过 Primary VLAN 出去或访问服务器，从而实现不同 VLAN 的端口使用相同网段的地址。从本质上来说，PVLAN 是一种允许在一个 IP 子网下划分多个 VLAN 的技术，它隔断了主机在二层上的通信，却允许所有主机与同一个网关进行三层上的通信。因此，PVLAN 真正实现了不需要多个 VLAN 和 IP 子网就能够提供具备二层数据通信安全性的连接。

PVLAN 将一个 VLAN 的二层广播域划分成多个子域，每个子域都是一个私有 VLAN 对——主 VLAN（Primary VLAN）和辅助 VLAN（Secondary VLAN），如图 1-1 所示。

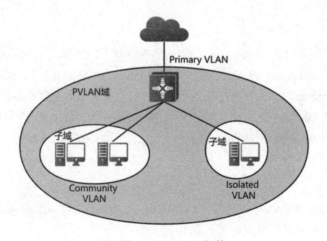

◎ 图 1-1　PVLAN 架构

一个私有 VLAN 域可以有多个私有 VLAN 对，每一个私有 VLAN 对都代表一个子域。在一个私有 VLAN 域中，所有的私有 VLAN 对共享一个主 VLAN，每个子域的辅助 VLAN ID 都不同。

一个私有 VLAN 域中只有一个主 VLAN，辅助 VLAN 实现同一个私有 VLAN 域中的二层隔离，有两种类型的辅助 VLAN。

（1）隔离 VLAN（Isolated VLAN）：同一个隔离 VLAN 中的端口不能进行二层上

的通信。一个私有 VLAN 域中只有一个隔离 VLAN。

（2）团体 VLAN（Community VLAN）：同一个团体 VLAN 中的端口可以进行二层上的通信，但不能与其他团体 VLAN 中的端口进行二层上的通信。一个私有 VLAN 域中可以有多个团体 VLAN。

1.3.2　PVLAN 主要端口的类型和特点

PVLAN 端口有 3 种类型。

1. 混杂端口（Promiscuous Port）

混杂端口是主 VLAN 的端口，要被映射到子 VLAN 中，被映射的子 VLAN 中的所有端口都能和它通信，一般用于连接网关和服务器。

2. 团体端口（Community Port）

团体端口是团体 VLAN 的端口，同一个团体 VLAN 的端口之间能够互相通信，也能和混杂端口通信。不同团体 VLAN 的端口不能互相通信，也不能和隔离端口通信。

3. 隔离端口（Isolated Port）

隔离端口是隔离 VLAN 的端口，隔离 VLAN 的端口之间不能互相通信，只能和混杂端口通信。

1.3.3　PVLAN 的优点

1. 节省 VLAN 及 IP 资源

PVLAN 采用两层 VLAN 隔离技术，即上行 Primary VLAN 和下行 Secondary VLAN。对上行设备而言，只可见 Primary VLAN，而不必关心 Private VLAN 中的 Secondary VLAN。Primary VLAN 下面的 Secondary VLAN 对上行设备不可见，可以大大节省上行设备的 VLAN 资源。

PVLAN 支持 L3 域功能，对不同的下行 Secondary VLAN，均可使用 Primary VLAN 端口作为网关；并且支持不同 Secondary VLAN 之间的三层互通，可以有效地节省紧缺的 IP 资源。

2. 安全性

下行 Secondary VLAN 在配置为 Isolated VLAN 之后，具备隔离功能，同一 Secondary VLAN 内各端口二层隔离，可以增强安全性。

3. 高性能

PVLAN 转发采用 MAC 地址同步技术，并且 PVLAN L3 域的广播报文在 Primary VLAN 内通信时由芯片完成发送，具有较强的转发性能。

1.3.4　PVLAN 主要应用场景

在电信的主机托管业务中，将不同企业的服务器放在隔离 VLAN 中，服务器只能与自己的默认网关通信，不同企业的服务器之间互相隔离，若企业使用多台服务器并将这些服务器放在 VLAN 中，则可实现与其他 VLAN 服务器的隔离、同 VLAN 服务器之间的互相通信及与自身默认网关的通信。

现在的园区接入网普遍采用 VLAN 技术来解决接入网络的安全性问题，通过给每个用户分配一个 VLAN 和相关的 IP 子网，将每个用户二层隔离，来防止计算机病毒、以太网信息探听、黑客入侵等恶意行为。然而，由于交换机固有 VLAN 数目的限制（VLAN ID 最大为 4094），以及 IP 子网的划分势必会造成一些 IP 地址的浪费，因此这种为每个用户分配单一 VLAN 和 IP 子网的模型存在很大的局限性。通过 PVLAN 技术可以解决该问题。

基于 PVLAN 的组网要求端口均具有 Primary VLAN 的特点，在 Primary VLAN 上配置二层组播，以实现二层组播支持 PVLAN 的功能。在 Primary VLAN 上的二层组播配置，会被分发到与其建立映射的 Secondary VLAN 上，相当于同一组 Private VLAN 均进行了同样的二层组播配置。

1.3.5 Super VlAN

Super VLAN 是 VLAN 划分的一种方式，又称为 VLAN 聚合，是一种专门优化 IP 地址的管理技术。Super VLAN 的原理是将一个网段的 IP 分给不同的子 VLAN（Sub VLAN），这些 Sub VLAN 同属于一个 Super VLAN。每个 Sub VLAN 都是独立的广播域，不同 Sub VLAN 之间互相二层隔离。当 Sub VLAN 内的用户需要进行三层通信时，需要使用 Super VLAN 虚拟端口的 IP 地址作为网关地址，实现多个 VLAN 共享一个 IP 地址段，从而节省 IP 地址资源。同时，为了实现不同 Sub VLAN 间的三层互通及 Sub VLAN 与其他网络的互通，则需要利用 ARP 代理功能。通过 ARP 代理可以进行 ARP 请求和响应报文的转发与处理，从而实现二层隔离端口间的三层互通。

1.3.6 Super VLAN 二层通信和三层通信

1. Sub VLAN 二层通信

如果 Super VLAN 没有配置 SVI，则 Super VLAN 内的各个 Sub VLAN 之间是二层隔离的，即 Sub VLAN 内的用户之间不能通信；如果 Super VLAN 配置了 SVI，并将 Super VLAN 的网关作为 ARP 代理，则同一 Super VLAN 内的 Sub VLAN 之间可以通信，因为这些 Sub VLAN 用户的 IP 是同一个网段，所以还是二层通信。

2. Sub VLAN 三层通信

当 Sub VLAN 内的用户要跨网段进行三层通信时，将其所属 Super VLAN 的网关作为 ARP 代理，代替 Sub VLAN 回应 ARP 请求。

在默认状态下，Super VLAN 和 Sub VLAN 的 ARP 代理功能是打开的。采用 Super

VLAN 技术可以极大地节省 IP 地址资源，只需为包含多个 Sub VLAN 的 Super VLAN 分配一个 IP 地址，既节省地址又方便网络管理。

1.3.7　PVLAN 和 Super VLAN 的异同

（1）相同点：都是将用户进行隔离，防止用户之间相互干扰。

（2）不同点：PVLAN 是二层的，所以用户在一个 VLAN 里，端口有隔离端口和共享端口的区别；Super VLAN 是二层加三层的，用户在不同的 Sub VLAN 里共享 Super VLAN 的三层端口；PVLAN 适合楼道交换机，1 口上行，其余用户侧端口隔离；Super VLAN 适合接入专线用户，即能隔离用户又能节省 IP 地址资源；Super VLAN 还能控制 Sub VLAN 之间是否允许三层互通，而 PVLAN 做不到。

微课视频

1.4　网络规划设计

1.4.1　项目需求分析

- 配置交换机基本信息。
- 配置 VLAN。
- 配置 PVLAN。
- 项目联调与测试。
- 备份设备配置。

1.4.2　项目规划设计

1. 设备清单

本项目的设备清单如表 1-1 所示。

表 1-1　设备清单

序　号	类　型	设　备	厂　商	型　号	数　量	备　注
1	硬件	三层接入交换机	锐捷	ZR-HX-S5310-01	1	
2	硬件	二层接入交换机	锐捷	ZR-JR-S2910-01	1	
3	硬件	计算机	—	—	—	客户端
4	软件	SecureCRT	—	6.5	1	登录管理交换机

2. 设备主机名规划

本项目的设备主机名规划如表 1-2 所示。其中，代号 ZR 代表 ZR 网络公司，HX 和

JR 分别代表核心和接入层设备，S5310 和 S2910 指明设备型号，01 指明设备编号。

表 1-2　设备主机名规划

设备型号	设备主机名
RG-S2910-24GT4XS-E	ZR-JR-S2910-01
RG-S5310-24GT4XS	ZR-HX-S5310-01

3. VLAN 规划

在本项目中，对不同部门访问控制的要求不同，因此需要使用 PVLAN。先将 VLAN 划分成主 VLAN 和子 VLAN 两种类型，再将子 VLAN 划分成团体 VLAN 和隔离 VLAN。综上所述，VLAN 规划如表 1-3 所示。

表 1-3　VLAN 规划

序　号	VLAN ID	VLAN Name	备　注
1	10	Xingzheng_primary_VLAN	行政部 VLAN
2	11	Xiaoshou_community_VLAN	销售部 VLAN
3	12	Caiwu_isolated_VLAN	财务部 VLAN
4	100	Guanli_VLAN	交换机管理 VLAN

4. IP 地址规划

在本项目中，虽然财务部和销售部属于两个 VLAN，但是这两个子 VLAN 共用同一个主 VLAN 的网段，同时交换机的管理采用单独的管理网段实现，详细的 IP 地址规划如表 1-4 和表 1-5 所示。

表 1-4　业务地址规划

功　能　区	IP 地址	掩　码
行政部、财务部、销售部	192.168.10.0	255.255.255.0

表 1-5　设备管理地址规划

设备名称	管理地址	掩　码
ZR-JR-S2910-01	192.168.100.1	255.255.255.0

5. 端口互联规划

在本项目中，网络设备之间的端口互联规划规范为"Con_To_ 对端设备名称 _ 对端端口名"。只针对网络设备互联端口进行描述，具体规划如表 1-6 所示。

表 1-6　端口互联规划

本端设备	端　口	端口描述	对端设备	端　口
ZR-HX-S5310-01	Gi0/1	Con_To_ZR-JR-S2910-01_Gi0/1	ZR-JR-S2910-01	Gi0/1
ZR-JR-S2910-01	Gi0/1	Con_To_ZR-HX-S5310-01_Gi0/1	ZR-HX-S5310-01	Gi0/1
	Gi0/2-3	—	行政部用户	—
	Gi0/4-5	—	销售部用户	—
	Gi0/6-7	—	财务部用户	—

高级路由交换技术与应用

6. 项目拓扑图

ZR 网络公司的网络拓扑图如图 1-2 所示，采用 S5310 作为核心交换机，S2910 作为接入交换机。

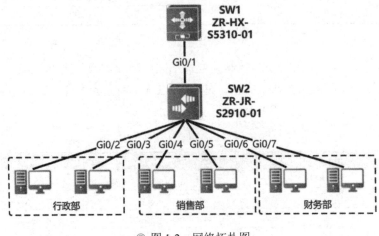

◎ 图 1-2　网络拓扑图

1.5　网络部署实施

1.5.1　交换机基本信息配置

在开始功能性配置之前，先完成设备的基本配置，包括主机名、端口描述、时钟等配置。

（1）配置主机名和端口描述。

依照项目前期准备中的设备主机名规划及端口互联规划，对网络设备进行主机名及端口描述的配置。这里以 ZR-HX-S5310-01 为例，相关配置命令如下。

ZR-HX-S5310-01：

```
Ruijie>enable
Ruijie#configure t
Ruijie(config)#hostname ZR-HX-S5310-01                              //配置主机名
ZR-HX-S5310-01(config)#interface gi0/1
ZR-HX-S5310-01(config-if)#description Con_To_ZR-JR-S2910-01_Gi0/1    //配置端口描述
```

（2）时钟配置。

在本项目中，通过配置本地时钟确保设备时间的准确性，本地时钟的配置包括时区的设置、日期时间的设置，以及将时钟写入硬件。在配置完成之后，使用 show clock 命令查看时钟配置是否正确。相关配置命令如下。

ZR-HX-S5310-01：

```
ZR-HX-S5310-01#configure terminal
ZR-HX-S5310-01(config)#clock timezone beijing 8
ZR-HX-S5310-01(config)#exit
```

```
ZR-HX-S5310-01#clock set 13:40:00 5 27 2022
ZR-HX-S5310-01#clock update-calendar                          // 将时钟写入硬件
```

1.5.2　VLAN 配置

在接入交换机上创建设备管理 VLAN、主 VLAN、团体 VLAN 和隔离 VLAN，指定各种 VLAN 的类型，将私有 VLAN 与主 VLAN 进行映射，并且在核心交换机上创建设备管理 VLAN 和主 VLAN。

ZR-HX-S5310-01：

```
ZR-HX-S5310-01(config)#vlan 10                                // 创建主 VLAN
ZR-HX-S5310-01(config-vlan)#name Primary_VLAN
ZR-HX-S5310-01(config-vlan)#vlan 100                          // 创建设备管理 VLAN
ZR-HX-S5310-01(config-vlan)#name Manage
ZR-HX-S5310-01(config-vlan)#interface vlan 100               // 配置设备管理 IP
ZR-HX-S5310-01(config-if)#ip address 192.168.100.254 24
```

ZR-JR-S2910-01：

```
ZR-JR-S2910-01(config-vlan)#vlan 11                           // 创建销售部团体 VLAN
ZR-JR-S2910-01(config-vlan)#name Xiaoshou_community_VLAN
ZR-JR-S2910-01(config-vlan)#private-vlan community
ZR-JR-S2910-01(config)#vlan 12                                // 创建财务部隔离 VLAN
ZR-JR-S2910-01(config-vlan)#name Caiwu_isolated_VLAN
ZR-JR-S2910-01(config-vlan)#private-vlan isolated
ZR-JR-S2910-01(config-vlan)#vlan 10                           // 创建主 VLAN
ZR-JR-S2910-01(config-vlan)#name Xingzheng_Primary_VLAN
ZR-JR-S2910-01(config-vlan)#private-vlan primary             //VLAN 类型为主 VLAN
ZR-JR-S2910-01(config-vlan)#private-vlan association 11,12   // 关联两个私有 VLAN
ZR-JR-S2910-01(config-vlan)#vlan 100                         // 创建设备管理 VLAN
ZR-JR-S2910-01(config-vlan)#name Manage
ZR-JR-S2910-01(config-vlan)#interface vlan 100              // 配置管理 IP
ZR-JR-S2910-01(config-if)#ip address 192.168.100.1 24
ZR-JR-S2910-01(config-if)#exit
ZR-JR-S2910-01(config)#ip route 0.0.0.0 0.0.0.0 192.168.100.254    // 配置网关
```

1.5.3　划分端口至 PVLAN

接入交换机的端口分为 3 种：隔离端口、团体端口和混杂端口。其中，隔离端口和团体端口分别对应隔离 VLAN 和团体 VLAN，而混杂端口则属于主 VLAN。将团体端口和隔离端口划分至不同属性的 PVLAN 中，并实现与主 VLAN 的关联。

上联端口通过实现主 VLAN 和子 VLAN 的映射关系，来进一步实现当私有 VLAN 的报文从本端口发送出去时，修改 VID 为主 VLAN ID。

ZR-JR-S2910-01：

```
ZR-JR-S2910-01(config)#interface range gi0/4-5                        // 进入销售部端口
ZR-JR-S2910-01(config-if-range)#switchport mode private-vlan host
// 端口模式为 PVLAN 主机模式
ZR-JR-S2910-01(config-if-range)#switchport private-vlan host-association 10 11
// 将端口加入团体 VLAN
```

```
ZR-JR-S2910-01(config-if-range)#exit
ZR-JR-S2910-01(config)#interface range gi0/6-7          //进入财务部端口
ZR-JR-S2910-01(config-if-range)#switchport mode private-vlan host
//端口模式为 PVLAN 主机模式
ZR-JR-S2910-01(config-if-range)#switchport private-vlan host-association 10 12
//将端口加入隔离 VLAN
ZR-JR-S2910-01(config-if-range)#exit
ZR-JR-S2910-01(config)#interface range gi0/1-3          //进入行政部端口及上联端口
ZR-JR-S2910-01(config-if)#switchport mode private-vlan promiscuous   //配置为混杂模式
ZR-JR-S2910-01(config-if)#switchport private-vlan mapping 10 add 11-12
//指定主 VLAN 和子 VLAN 的映射关系
ZR-JR-S2910-01(config-if)#exit
```

如果交换机在正常运行过程中仅用来转发业务数据，那么按照以上步骤将上联端口配置为混杂端口即可。但是由于本项目需要实现设备远程管理，所以需要在混杂端口上放通 VLAN 100 的管理数据流，这里需要将混杂端口修改为 hybrid 端口，用以透传管理 VLAN 的数据流。相关配置命令如下。

```
ZR-JR-S2910-01(config)#interface gi0/1                  //进入交换机上联端口
ZR-JR-S2910-01(config-if)#switchport mode hybrid        //模式为 hybrid
ZR-JR-S2910-01(config-if)#switchport hybrid native vlan 10   //将本征 VLAN 设为主 VLAN
ZR-JR-S2910-01(config-if)#switchport hybrid allowed vlan untagged 11,12
//PVLAN 在 hybrid 端口不打标
```

将核心交换机的下联端口配置为普通的 trunk 端口，并配置用户业务网关。这里一定要注意，因为 ZR-HX-S5310-01 上联端口的 Native VLAN 为主 VLAN，所以 ZR-HX-S5310-02 下联端口的 Native VLAN 也要修改为 VLAN 10，相关配置命令如下。

```
ZR-HX-S5310-01(config)#interface gi0/1                  //进入核心交换机下联端口
ZR-HX-S5310-01(config-if)#switchport mode trunk         //配置为 trunk 模式
ZR-HX-S5310-01(config-if)#switchport trunk native vlan 10   //修改 Native VLAN
ZR-HX-S5310-01(config-if)#exit
ZR-HX-S5310-01(config)#interface vlan 10                //配置用户业务网关
ZR-HX-S5310-01(config-if)#description User_GW
ZR-HX-S5310-01(config-if)#ip address 192.168.10.254 24
```

🔔 小提示

在某些场景下，需要多个 VLAN 用户共用一个 IP 地址段，此时可以通过 Super VLAN 实现。在本项目中，VLAN 10 ～ 12 三个部门用户共用一个 IP 地址段，可以在核心交换机上做以下配置。

（1）设置 VLAN 9 为 Super VLAN，对应的 Sub VLAN 为 VLAN 10 ～ 12。

```
ZR-HX-S5310-01(config)#vlan range 10-12
ZR-HX-S5310-01(config-vlan-range)#vlan 9               //声明相应 VLAN
ZR-HX-S5310-01(config-vlan)#supervlan                  //设置 VLAN 9 为 Super VLAN
ZR-HX-S5310-01(config-vlan)#subvlan 10-12              //设置 VLAN 10 ～ 12 为 Sub VLAN
```

（2）设置 Super VLAN 9 对应的三层虚拟端口，与 Super VLAN 9 关联的所有 Sub VLAN 用户将通过该端口进行三层通信。

```
ZR-HX-S5310-01(config)#interface vlan 9
ZR-HX-S5310-01(config-if)#ip address 192.168.10.254 255.255.255.0 // 配置 VLAN 9 虚拟端口
ZR-HX-S5310-01(config-if)#exit
```

（3）设置 Sub VLAN 10 的 IP 地址范围为 192.168.1.10 ～ 192.168.1.50，Sub VLAN 11 的 IP 地址范围为 192.168.1.60 ～ 192.168.1.100，Sub VLAN 12 的 IP 地址范围为 192.168.1.110 ～ 192.168.1.150。

```
ZR-HX-S5310-01(config)#vlan 10
ZR-HX-S5310-01(config-vlan)#subvlan-address-range 192.168.1.10 192.168.1.50
// 设置 Sub VLAN 10 的 IP 地址范围
ZR-HX-S5310-01(config-vlan)#exit
ZR-HX-S5310-01(config)#vlan 11
ZR-HX-S5310-01(config-vlan)#subvlan-address-range 192.168.1.60 192.168.1.100
// 设置 Sub VLAN 11 的 IP 地址范围
ZR-HX-S5310-01(config-vlan)#exit
ZR-HX-S5310-01(config)#vlan 12
ZR-HX-S5310-01(config-vlan)#subvlan-address-range 192.168.1.110 192.168.1.150
// 设置 Sub VLAN 12 的 IP 地址范围
ZR-HX-S5310-01(config-vlan)#exit
```

（4）将下联端口设置为 trunk 端口。接入交换机正常创建 VLAN 10 ～ 12，并分配到各用户端口，上联端口设置为 trunk 端口即可。

注：默认交换机 Super VLAN 代理 ARP 功能是开启的，这样 Sub VLAN 之间是可以互访的，如果要阻止 Sub VLAN 之间的互访，则需要关闭 Super VLAN 的代理功能。相关配置命令如下。

```
Ruijie(config)#vlan 2
Ruijie (config-vlan)#no proxy-arp
Ruijie (config-vlan)#end
```

需要说明的是，本项目所使用的交换机不支持 Super VLAN 的相关配置。

1.6　项目联调与测试

在项目实施完成之后需要对设备的运行状态进行查看，确保设备能够正常稳定地运行，最简单的方法是使用 show 命令查看交换机 CPU、内存、端口等状态。

1.6.1　查看交换机中的 PVLAN 信息

在接入交换机中使用 show vlan 命令查看所有创建的 VLAN，如图 1-3 所示。

```
ZR-JR-S2910-01#show vlan
VLAN Name                        Status    Ports
---- --------------------------  --------  ------------------------------
   1 VLAN0001                     STATIC    Gi0/1, Gi0/8, Gi0/9, Gi0/10
                                            Gi0/11, Gi0/12, Gi0/13, Gi0/14
                                            Gi0/15, Gi0/16, Gi0/17, Gi0/18
                                            Gi0/19, Gi0/20, Gi0/21, Gi0/22
                                            Gi0/23, Gi0/24, Te0/25, Te0/26
                                            Te0/27, Te0/28
  10 Xingzheng_Primary_VLAN       PRIVATE   Gi0/1, Gi0/2, Gi0/3
  11 Xiaoshou_community_VLAN      PRIVATE   Gi0/1, Gi0/4, Gi0/5
  12 Caiwu_isolated_VLAN          PRIVATE   Gi0/1, Gi0/6, Gi0/7
 100 Manage                       STATIC    Gi0/1
```

◎ 图 1-3　查看 VLAN 信息

在接入交换机中使用 show vlan private-vlan 命令查看当前交换机中的私有 VLAN 信息，如图 1-4 所示。从图中可以看出，混杂端口 Gi0/1 属于主 VLAN 的端口，并且与私有 VLAN 进行了关联。不同类型的私有 VLAN 包含对应的连接终端的普通端口。

```
ZR-JR-S2910-01#show vlan private-vlan

VLAN  Type        Status   Routed    Ports                          Associated VLANs
----- ----------  -------  --------  -----------------------------  ----------------
10    primary     active   Disabled  Gi0/1, Gi0/2, Gi0/3            11-12
11    community   active   Disabled  Gi0/1, Gi0/4, Gi0/5            10
12    isolated    active   Disabled  Gi0/1, Gi0/6, Gi0/7            10
```

◎ 图 1-4　查看 PVLAN 信息

1.6.2　通过 Ping 命令测试

本项目使用 PC1 ～ PC6 这 6 台 PC（如果 PC 不够，则可使用两台 PC 变换端口及 IP 充当），分别接到接入交换机的 Gi0/2 ～ 7 上，6 台 PC 的 IP 地址如表 1-7 所示，地址范围为 192.168.10.1 ～ 192.168.10.6/24，网关均为 192.168.10.254，并进行如下测试。

表 1-7　PC 的 IP 地址规划

设备名称	IP 地址	掩　　码
PC1	192.168.10.1	24
PC2	192.168.10.2	24
PC3	192.168.10.3	24
PC4	192.168.10.4	24
PC5	192.168.10.5	24
PC6	192.168.10.6	24

1. 行政部用户（PC1-PC2）间通信与行政部跨网段通信

配置两台 PC 的 IP 地址，PC2 可以 ping 通 PC1，行政部用户间可以正常通信，如图 1-5 所示。

```
C:\Users\admin>ping 192.168.10.1

正在 Ping 192.168.10.1 具有 32 字节的数据:
来自 192.168.10.1 的回复: 字节=32 时间<1ms TTL=64
来自 192.168.10.1 的回复: 字节=32 时间<1ms TTL=64
来自 192.168.10.1 的回复: 字节=32 时间<1ms TTL=64
来自 192.168.10.1 的回复: 字节=32 时间<1ms TTL=64

192.168.10.1 的 Ping 统计信息:
    数据包: 已发送 = 4, 已接收 = 4, 丢失 = 0 (0% 丢失),
    往返行程的估计时间(以毫秒为单位):
    最短 = 0ms, 最长 = 0ms, 平均 = 0ms

C:\Users\admin>
```

◎ 图 1-5　PC2 可以 ping 通 PC1

PC2 可以 ping 通接入交换机,说明行政部用户可以跨网段通信,如图 1-6 所示。

```
C:\Users\admin>ping 192.168.100.1

正在 Ping 192.168.100.1 具有 32 字节的数据:
来自 192.168.100.1 的回复: 字节=32 时间<1ms TTL=64
来自 192.168.100.1 的回复: 字节=32 时间<1ms TTL=64
来自 192.168.100.1 的回复: 字节=32 时间<1ms TTL=64
来自 192.168.100.1 的回复: 字节=32 时间<1ms TTL=64

192.168.100.1 的 Ping 统计信息:
    数据包: 已发送 = 4, 已接收 = 4, 丢失 = 0 (0% 丢失),
    往返行程的估计时间(以毫秒为单位):
    最短 = 0ms, 最长 = 0ms, 平均 = 0ms
```

◎ 图 1-6　PC2 可以 ping 通接入交换机

2. 销售部与财务部用户（PC3-PC5）间通信

配置两台 PC 的 IP 地址,PC5 不能 ping 通 PC3,销售部与财务部用户间不能正常通信,如图 1-7 所示。

```
C:\Users\admin>ping 192.168.10.3

正在 Ping 192.168.10.3 具有 32 字节的数据:
请求超时。
请求超时。
请求超时。
请求超时。

192.168.10.3 的 Ping 统计信息:
    数据包: 已发送 = 4, 已接收 = 0, 丢失 = 4 (100% 丢失),

C:\Users\admin>
```

◎ 图 1-7　PC5 不能 ping 通 PC3

3. 财务部用户（PC5-PC6）间通信

首先,配置两台 PC 的 IP 地址,PC6 不能 ping 通 PC5,财务部用户间不能正常通信。

然后，对各个主机 ping 测试的结果进行总结，如表 1-8 所示。

表 1-8　测试结果统计

测试内容	测试结果
行政部用户（PC1-PC2）间通信	可以通信
行政部跨网段通信	可以通信
销售部与行政部用户（PC3-PC1）间通信	可以通信
销售部跨网段通信	可以通信
财务部与行政部用户（PC5-PC1）间通信	可以通信
财务部跨网段通信	可以通信
销售部用户（PC3-PC4）间通信	可以通信
销售部与财务部用户（PC3-PC5）间通信	不能通信
财务部用户（PC5-PC6）间通信	不能通信

1.6.3　验收报告－设备服务检测表

请根据之前的验证操作，对任务完成度进行打分，这里建议和同学交换任务，进行互评。

名称：_____　　　序列号：_____

序　号	测试步骤	评价指标	评　分
1	远程登录至设备	可以通过 SSH 正确登录到设备得 10 分	
2	查看交换机中的 PVLAN 的信息	可以正常输出之前声明的 PVLAN 且对应端口正确，VLAN 信息创建正确得 5 分，PVLAN 中的 type 正确得 5 分，共 30 分 10 Xingzheng_Primary VLAN　　PRIVATE　G10/1, G10/2, G10/3 11 Xiaoshou community VLAN　　PRIVATE　G10/1, G10/4, G10/5 12 Caiwu isolated VLAN　　　　PRIVATE　G10/1, G10/6, G10/7 ZR-JR-S2910-01#show vlan private-vlan VLAN Type　　Status　Routed Ports　　　　　Associated VLANs 10 primary　active　Disabled G10/1, G10/2, G10/3　11-12 11 community　active　Disabled G10/1, G10/4, G10/5　10 12 isolated　active　Disabled G10/1, G10/6, G10/7　10	
3	行政部用户（PC2-PC1）间通信	行政部用户间可以正常通信，可以通信得 10 分 C:\Users\admin>ping 192.168.10.1 正在 Ping 192.168.10.1 具有 32 字节的数据： 来自 192.168.10.1 的回复: 字节=32 时间<1ms TTL=64 来自 192.168.10.1 的回复: 字节=32 时间<1ms TTL=64 来自 192.168.10.1 的回复: 字节=32 时间<1ms TTL=64 来自 192.168.10.1 的回复: 字节=32 时间<1ms TTL=64	
4	跨部门用户（销售部 PC3 与行政部 PC1）间通信	可以完成销售部与行政部间的通信，使用 ping 命令验证，可以通信得 10 分 C:\Users\admin>ping 192.168.10.1 正在 Ping 192.168.10.1 具有 32 字节的数据： 来自 192.168.10.1 的回复: 字节=32 时间<1ms TTL=64 来自 192.168.10.1 的回复: 字节=32 时间<1ms TTL=64 来自 192.168.10.1 的回复: 字节=32 时间<1ms TTL=64 来自 192.168.10.1 的回复: 字节=32 时间<1ms TTL=64	

续表

序　号	测试步骤	评价指标	评　分
5	跨部门用户（财务部 PC5 与行政部用户 PC1）间通信	财务部用户可以跨网段通信，使用 ping 命令验证，可以通信得 10 分 C:\Users\admin>ping 192.168.10.1 正在 Ping 192.168.10.1 具有 32 字节的数据： 来自 192.168.10.1 的回复: 字节=32 时间<1ms TTL=64 来自 192.168.10.1 的回复: 字节=32 时间<1ms TTL=64 来自 192.168.10.1 的回复: 字节=32 时间<1ms TTL=64 来自 192.168.10.1 的回复: 字节=32 时间<1ms TTL=64	
6	销售部用户（PC3-PC4）间通信	销售部用户间可以正常通信，使用 ping 命令验证，可以通信得 10 分 C:\Users\admin>ping 192.168.10.3 正在 Ping 192.168.10.3 具有 32 字节的数据： 来自 192.168.10.3 的回复: 字节=32 时间<1ms TTL=64 来自 192.168.10.3 的回复: 字节=32 时间<1ms TTL=64 来自 192.168.10.3 的回复: 字节=32 时间<1ms TTL=64 来自 192.168.10.3 的回复: 字节=32 时间<1ms TTL=64	
7	销售部与财务部用户（PC3-PC5）间通信	PC5 不能 ping 通 PC3，销售部与财务部用户间不能正常通信，不能通信得 10 分 C:\Users\admin>ping 192.168.10.3 正在 Ping 192.168.10.3 具有 32 字节的数据： 请求超时。 请求超时。 请求超时。 请求超时。 192.168.10.3 的 Ping 统计信息: 　数据包: 已发送 = 4, 已接收 = 0, 丢失 = 4 (100% 丢失)，	
8	财务部用户（PC5-PC6）间通信	PC6 不能 ping 通 PC5，财务部用户间不能正常通信，不能通信得 10 分 C:\Users\admin>ping 192.168.10.3 正在 Ping 192.168.10.3 具有 32 字节的数据： 请求超时。 请求超时。 请求超时。 请求超时。 192.168.10.3 的 Ping 统计信息: 　数据包: 已发送 = 4, 已接收 = 0, 丢失 = 4 (100% 丢失)，	
备注			

用户：_____　　　检测工程师：_____　　　总分：_____

1.6.4　归纳总结

本章讲解了 PVLAN 的特性：（根据学到的知识完成空缺的部分）

1. _____ 和 _____ 的用户都可以与主 VLAN 通信。
2. 同一个 _____ 内的用户可以通信。
3. 不同 _____ 的用户不可以通信。
4. _____ 与团队 VLAN 的用户不可以通信。
5. _____ 内的用户不可以通信。

综合拓展

1.7 工程师指南

网络工程师职业素养
——在网设备操作规范

用户在网设备出现异常，对其业务影响重大，为规范工程师操作在网设备的行为，同时培养工程师专业的设备操作习惯，以及降低操作在网设备带来的风险，特制定本规范。

以下动作严禁执行。

1．工程师未经过用户允许对在网设备进行任何操作，或未提前将操作风险告知客户。

2．工程师在不了解客户网络应用（尤其对所操作设备的网络环境不明确）的情况下，对在网设备进行调试操作。

3．工程师在业务高峰期，并且网络运行状态稳定的情况下，对在网核心设备进行高危操作，如远程配置 ACL、粘贴配置脚本、删除操作、主备切换、Debug 操作、Clear 操作（包括 Clear Arp、Clear Ip Route、@@@@@ 操作）。

以下动作必须执行。

1．提前准备变更失败的应急方案。

2．开启记录功能（包括 Telnet 的控制台开启 Log 日志打印功能）。

3．对配置文件进行备份，标识变更的内容（线缆调整）。

4．在设备操作完成之后，确认网络运行正常，确保临时变更回退（如关闭 Debug、退出 Telnet 连接）。

以上规则适用于绝大部分环境的操作规范，很多环境中的要求会更加严格。

🔔 小提示

本项目在新建网络中使用 PVLAN 技术，在网络升级和改造时，结合规范从普通的 VLAN 升级至 PVLAN、Super VLAN，要做到以下几点。

（1）和客户充分沟通，在网络较为空闲的时间段进行网络的升级，注意这里指的"空闲时间段"不一定是凌晨，部分业务在凌晨可能存在大量流量。

（2）在升级前做好旧 VLAN 配置的备份工作，在出现问题时可以进行旧配置的回滚。

（3）先确定网络现有配置，再制作脚本，如保证全网 VLAN 编号的唯一性。

（4）开启各类工具的记录功能，为指定问题的解决方案提供支持。

（5）记得保存配置，否则可能在意外断电之后导致设备配置回滚，从而使网络中断。

1.8　思考练习

基础练习在线测试

项目排错

问题描述:

工程师小王完成了所有配置,在测试过程中发现,项目需求中除了第二项即"财务部的员工之间不能互访"均可实现。他使用 show vlan 命令看到 VLAN 与端口归属均正常。请同学们根据学到的知识帮助小王分析问题可能出现在什么位置,以及需要哪些步骤来确定问题所在的位置。

排查思路:

_____

_____

_____

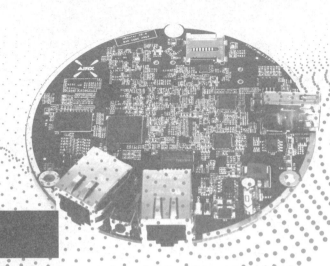

项目 2

企业网二层冗余网络设计部署

知识目标

- 掌握 MSTP 与端口安全功能的工作原理。
- 熟悉常见的 MSTP、端口安全、全局地址绑定的应用场景。

技能目标

- 熟练完成 MSTP、端口安全、全局地址绑定的配置。
- 制定二层冗余企业网络的设计方案。
- 根据设计方案完成二层冗余企业网络的部署。
- 完成二层冗余企业网络的联调与测试。
- 解决二层冗余企业网络中的常见故障。
- 完成项目文档的编写。

素养目标

- 了解生产环境中项目实施的准备工作，养成规范操作的习惯。
- 结合本章内容，牢记职业工程师素养，提前以职业人的标准规范自身行为。

教学建议

- 推荐课时数：6 课时。

 项目准备

2.1 任务描述

ZR 网络公司设有行政部（5 人）、人事部（5 人）、信息部（10 人）与技术部（10 人）。随着公司规模不断扩大，员工数量持续增长，终端连接数量也在不断增加，这为公司整体网络结构带来了压力。

公司信息部决定对二层网络结构进行调整，以减轻接入客户端数量的增加带来的压力。经过内部讨论，公司决定对核心交换机搭建冗余链路。一开始，信息部决定采用 STP 技术解决冗余链路造成的环路问题，经过测试发现有两个问题。首先，在人为创造故障之后发现 STP 恢复时间较长，可能对公司业务产生较大影响；其次，在配置 STP 之后，所有数据只能通过一个设备进行传输，导致设备压力较大，对设备的利用率较低。经过讨论，信息部最终决定采用 MSTP 协议来解决冗余环路及负载均衡的问题。除此之外，为了减轻每台接入交换机的处理压力，通过部署端口安全与全局地址安全对接入的 PC 数量进行限制，并且对 IP 与员工进行绑定，间接实现实名制，从而增强接入层的安全性。

2.2 知识结构

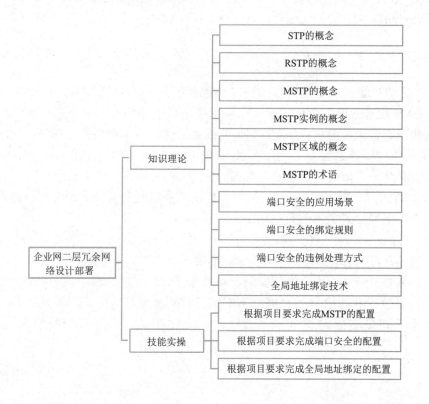

○━━━● 知识自测 ●━━━○

◎ 你听说过哪些防环机制？

常见的防环机制有由 IEEE 制定的 STP、RSTP、MSTP，厂商开发的 PVST+、Rapid PVST+ 技术等。

2.3 知识准备

2.3.1 STP

为了增强网络可靠性，交换机之间常常会进行设备冗余（备份），但这样会给交换网络带来环路风险，造成广播风暴及 MAC 地址表不稳定等问题。STP（Spanning-Tree Protocol，生成树协议）的作用是动态地管理这些冗余链路，通过拥塞冗余链路上的一些端口来确保到达任何目标地址都只有一条逻辑链路。

2.3.2 RSTP

RSTP（Rapid Spanning Tree Protocol，快速生成树协议）采用 IEEE 802.1w 标准，对于 STP 的改进主要在于缩短网络的收敛时间。RSTP 的收敛时间最快可以控制在 1s 以内。同时，RSTP 具有向下兼容的特性，如果网络中有部分交换机运行 STP，那么运行 RSTP 的交换机会自动以 STP 的方式运行，此时网络在收敛时间上不再具有 RSTP 的优点。

2.3.3 MSTP

RSTP 在 STP 的基础上进行了改进，实现了网络拓扑快速收敛，但由于局域网内所有的 VLAN 共享一棵生成树，因此在被阻塞之后链路将不能承载任何流量，无法在VLAN 间实现数据流量的负载均衡，只能实现冗余，所有数据只能走单边，无法实现数据分流或充分利用链路带宽。为了弥补 STP 和 RSTP 的缺陷，IEEE 在 2002 年发布的802.1s 标准中定义了 MSTP（Multiple Spanning Tree Protocol，多生成树协议）。MSTP 兼容 STP 和 RSTP，既可以快速收敛，又可以提供数据转发的多个冗余链路，能够在数据转发过程中实现 VLAN 数据的负载均衡。

实例（Instance）是一台交换机的一个或多个 VLAN 的集合，将多个 VLAN 映射到同一个实例上，可以节省通信开销和资源占有率。

MSTP 具备 RSTP 的快速收敛机制，能够像 RSTP 一样快速收敛。MSTP 基于实例进行生成树计算，并能把 VLAN 映射到实例上，从而实现基于 VLAN 的数据分流。一个交换机最多可以支持 65 个实例（编号 0 ~ 64），一个 MSTP 实例相当于一个 RSTP生成树。

2.3.4 MSTP 区域

具有相同 MSTP 实例映射规则和配置的交换机属于一个 MSTP 区域，如图 2-1 所示。同一个 MSTP 区域的交换机必须具有部分相同的配置属性。

（1）MSTP 区域名称（Name）：用 32 字节的字符串来标志 MSTP region 的名称。

（2）MSTP Revision Number（修正号）：用 16 字节的修正值来标志修正号。

（3）MSTP 实例：VLAN 到 MSTP 实例的映射。在每台交换机中，最多可以创建 64 个编号（1 ～ 64），Instance 0 是强制存在的。在交换机上可以配置实现 VLAN 和不同 Instance 的映射，没有被映射到 MSTP 实例上的 VLAN 默认属于 Instance 0。实际上，在配置映射关系之前，交换机上所有的 VLAN 都属于 Instance 0。

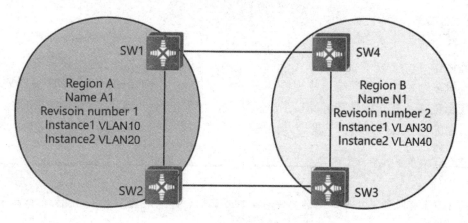

◎ 图 2-1 MSTP 区域

2.3.5 端口安全功能

端口安全功能适用于以下场景：用户希望只有管理员指定的合法用户才能使用网络，即端口接入用户的 IP 和 MAC 必须是合法的；用户只能在固定端口下上网而不能随意移动；变换 IP、MAC 或端口号；控制端口下的用户 MAC 数量；防止 MAC 地址耗尽攻击。

端口安全功能通过定义报文的源 MAC 地址来限定报文是否可以进入交换机的端口，可以静态设置特定的 MAC 地址，或者限定动态学习 MAC 地址的数量来控制报文是否可以进入端口，使用端口安全功能的端口称为安全端口。

只有源 MAC 地址为端口安全地址表中配置或学习到的 MAC 地址的报文才可以进入交换机通信，其他报文将被丢弃。

端口安全的违例处理方式有以下几种。

（1）保护（Protect）：丢弃未被允许的 MAC 地址流量，但不会创建日志消息。

（2）限制（Restrict）：丢弃未被允许的 MAC 地址流量，创建日志消息并发送 SNMP Trap 消息。

（3）关闭（Shutdown）：默认选项，将端口置于 err-disabled 状态，创建日志消息并发送 SNMP Trap 消息，需要手动恢复该端口。

2.3.6　全局地址绑定技术

全局地址绑定技术是指通过手动配置全局 IP 和 MAC 地址绑定，对输入的报文进行 IP 地址和 MAC 地址绑定关系验证。如果将一个指定的 IP 地址和一个 MAC 地址绑定，则设备只接收绑定地址与源 IP 地址和 MAC 地址均匹配的 IP 报文，否则该 IP 报文将被丢弃。

全局地址绑定技术有两种绑定方式：IPv4+MAC 绑定和 IPv6+MAC 绑定。

在默认情况下，在全局模式下配置 IP+MAC 绑定之后，该安全地址不会生效，需要使用 address-binding install 命令使其生效。

另外，全局地址绑定技术默认对设备上的所有端口都生效，而通过配置例外口的方式可以使绑定功能在部分端口上不生效。设备的上联端口通常为例外口。

2.3.7　链路聚合

链路聚合，又称聚合端口（Aggregate-port），遵循 IEEE 802.3ad 协议标准。该协议把交换机多个特性相同的端口物理连接起来并绑定为一个逻辑端口，将多条链路聚合成一条逻辑链路。其作用是在各端口上分担负载，增大链路带宽，从而解决交换网络中因带宽引起的网络瓶颈问题。从聚合方式上可以分为静态聚合、动态聚合两种模式。

　小提示

（1）只有同类型且双工速率一致的端口才能聚合为一个 AG 端口（注意光口和电口不能绑定）。

（2）所有物理端口必须属于同一个 VLAN。

（3）在一个端口加入 AP 之后，用户不能在该端口上进行任何配置，直到该端口退出 AP。退出后该端口会恢复加入聚合组之前的属性。

（4）AP 不能设置端口安全功能。

 项目任务

微课视频

2.4　网络规划设计

2.4.1　项目需求分析

- 配置交换机基本信息。
- 配置 VLAN 及端口。
- 配置用户网关。

- 配置 MSTP。
- 配置端口聚合。
- 配置端口安全功能。
- 配置全局地址。
- 项目联调与测试。

2.4.2　项目规划设计

1. 设备清单

本项目设备清单如表 2-1 所示。

表 2-1　设备清单

序　号	类　型	设　备	厂　商	型　号	数　量	备　注
1	硬件	二层接入交换机	锐捷	RG-S2928G-E	2	
2	硬件	三层交换机	锐捷	RG-S5750-24GT4XS-L	3	
3	硬件	计算机	—	—	4	客户端
4	软件	SecureCRT	—	6.5	1	登录管理交换机

2. 设备主机名规划

本项目的设备主机名规划如表 2-2 所示。其中，代号 ZR 代表 ZR 网络公司，HX 和 JR 分别代表核心和接入层设备，S5750 和 S2928 代表设备型号，01 代表设备编号。

表 2-2　设备主机名规划

设备型号	设备主机名
RG-S2928G-E	ZR-JR-S2928-01
	ZR-JR-S2928-02
RG-S5750-24GT4XS-L	ZR-HX-S5750-01
	ZR-HX-S5750-02
	ZR-HX-S5750-03

3. VLAN 规划

本项目根据公司部门进行 VLAN 的划分，需要 4 个 VLAN 编号（VLAN ID）。同时，VLAN 划分采用与 IP 地址第 3 个字节数字相同的 VLAN ID，具体规划如表 2-3 所示。

表 2-3　VLAN 规划

序　号	功　能　区	VLAN ID	VLAN Name
1	行政部	10	XZB
2	人事部	20	RSB
3	信息部	30	XXB
4	技术部	40	JSB

4. IP 地址规划

本项目中的 4 个业务部门用户均采用一个 C 类地址段进行业务地址规划。具体业务地址规划如表 2-4 所示。

表 2-4　业务地址规划

序　　号	功　能　区	IP 地址	掩　　码
1	行政部	192.168.10.0	255.255.255.0
2	人事部	192.168.20.0	255.255.255.0
3	信息部	192.168.30.0	255.255.255.0
4	技术部	192.168.40.0	255.255.255.0

5. 端口互联规划

网络设备之间的端口互联规划规范为"Con_To_ 对端设备名称 _ 对端端口名"。本项目只针对网络设备互联端口进行描述，具体规划如表 2-5 所示。

表 2-5　端口互联规划

本端设备	端　　口	端口描述	对端设备	端　　口
ZR-JR-S2928-01	Gi0/1 ~ 2	Con_To_XZB_PC1	XZB_PC	—
	Gi0/3 ~ 4	Con_To_RSB_PC1	RSB_PC	—
	Gi0/5	Con_To_ZR-HX-S5750-01	ZR-HX-S5750-01	Gi0/5
	Gi0/6	Con_To_ZR-HX-S5750-02	ZR-HX-S5750-02	Gi0/6
ZR-JR-S2928-02	Gi0/1 ~ 2	Con_To_XXB_PC1	XXB_PC	—
	Gi0/3 ~ 4	Con_To_JSB_PC1	JSB_PC	—
	Gi0/5	Con_To_ZR-HX-S5750-02	ZR-HX-S5750-02	Gi0/5
	Gi0/6	Con_To_ZR-HX-S5750-01	ZR-HX-S5750-01	Gi0/6
ZR-HX-S5750-01	Gi0/7	Con_To_ZR-HX-S5750-02	ZR-HX-S5750-02	Gi0/7
	Gi0/8	Con_To_ZR-HX-S5750-02	ZR-HX-S5750-02	Gi0/8
	Gi0/1	Con_To_ZR-HX-S5750-03	ZR-HX-S5750-01	Gi0/1
	Gi0/5	Con_To_ZR-JR-S2928-01	ZR-JR-S2928-01	Gi0/5
	Gi0/6	Con_To_ZR-JR-S2928-02	ZR-JR-S2928-02	Gi0/6
ZR-HX-S5750-02	Gi0/7	Con_To_ZR-HX-S5750-02	ZR-HX-S5750-01	Gi0/7
	Gi0/8	Con_To_ZR-HX-S5750-01	ZR-HX-S5750-01	Gi0/8
	Gi0/2	Con_To_ZR-HX-S5750-03	ZR-HX-S5750-03	Gi0/2
	Gi0/5	Con_To_ZR-JR-S2928-02	ZR-JR-S2928-02	Gi0/5
	Gi0/6	Con_To_ZR-JR-S2928-01	ZR-JR-S2928-01	Gi0/6
ZR-HX-S5750-03	Gi0/1	Con_To_ZR-HX-S5750-01	ZR-HX-S5750-01	Gi0/1
	Gi0/2	Con_To_ZR-HX-S5750-02	ZR-HX-S5750-01	Gi0/2

6. 项目拓扑图

ZR 网络公司设有行政部、人事部、信息部和技术部 4 个部门，需要统一进行 IP 地址及业务资源的规划和分配。整体网络拓扑图如图 2-2 所示，采用两台型号为 S5750、编号分别为 SW1 和 SW2 的交换机作为整体网络的核心交换机；一台型号为 S5750、编号为 SW5 的交换机作为用户的网关交换机；两台型号为 S2928、编号分别为 SW3 和 SW4 的交换机作为各部门的接入交换机，以满足"千兆到桌面"的接入需求。

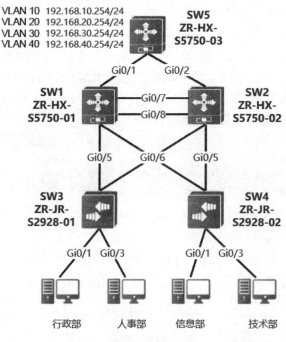

VLAN 10　192.168.10.254/24
VLAN 20　192.168.20.254/24
VLAN 30　192.168.30.254/24
VLAN 40　192.168.40.254/24

◎ 图 2-2　网络拓扑图

根据拓扑图完成对交换机 SW1 ～ SW5 的 MSTP 配置，在为用户数据转发提供冗余性和可靠性保障的同时，实现数据转发的负载均衡。对于行政部（VLAN 10）与人事部（VLAN 20）的数据，由核心交换机 SW1 作为根交换机进行转发，当 SW1 失效时由 SW2 进行转发。对于信息部（VLAN 30）和技术部（VLAN 40）的数据，由核心交换机 SW2 进行转发，当 SW2 失效时由 SW1 进行转发。因此本项目需要创建两个实例，实例 1 包含 VLAN 10 与 VLAN 20，实例 2 包含 VLAN 30 与 VLAN 40。

2.5　网络部署实施

2.5.1　交换机基本信息配置

在开始功能性配置之前，先完成设备的基本配置，包括主机名、端口描述、时钟等。

（1）配置主机名和端口描述。

依照项目前期准备中的设备主机名规划及端口互联规划，对项目中的网络设备进行主机名及端口描述的配置。在配置完成之后，使用 show run 命令查看上述端口描述的配置是否符合项目规划。以核心交换机 SW1 为例，主机名和端口描述相关配置命令如下：

```
Ruijie(config)#hostname ZR-HX-S5750-01                        // 配置主机名
ZR-HX-S5750-01(config)#interface gi0/7
ZR-HX-S5750-01(config-if)#description Con_To_ZR-HX-S5750-02_Gi0/7   // 配置端口描述
ZR-HX-S5750-01(config)#interface gi0/8
ZR-HX-S5750-01(config-if)#description Con_To_ZR-HX-S5750-02_Gi0/8   // 配置端口描述
```

其余交换机的配置与此同理。

（2）配置 VLAN。

本项目按部门进行 VLAN 划分，VLAN 配置主要包括 VLAN 创建和 VLAN 命名。根据拓扑图，接入交换机 SW3 需要创建行政部与人事部的 VLAN，接入交换机 SW4 需要创建信息部与技术部的 VLAN，核心交换机 SW1 和 SW2 需要创建所有部门的 VLAN。以接入交换机 SW3 为例，创建 VLAN 的过程如下：

```
ZR-JR-S2928-01 (config)#vlan 10                    // 创建行政部 VLAN
ZR-JR-S2928-01 (config-vlan)#name XZB              //VLAN 命名
ZR-JR-S2928-01 (config-vlan)#vlan 20               // 创建人事部 VLAN
ZR-JR-S2928-01 (config-vlan)#name RSB              //VLAN 命名
```

其余交换机的 VLAN 配置与此同理。

（3）配置交换机端口。

根据拓扑图及项目要求，接入交换机 SW3 和 SW4 与终端直接相连，因此与终端相连的端口应配置为 access 模式。同时，各交换机间的互联端口应该全部配置为 trunk 模式。以接入交换机 SW3 为例，相关配置命令如下：

```
ZR-JR-S2928-01 (config)#interface range gi0/1-2          // 进入端口范围
ZR-JR-S2928-01 (config-if-range)#switchport mode access  // 配置端口模式为 access
ZR-JR-S2928-01 (config-if-range)#switchport access vlan 10  // 将端口划分至 VLAN 10 中
ZR-JR-S2928-01 (config-if-range))#interface range gi0/3-4   // 进入端口范围
ZR-JR-S2928-01 (config-if-range)#switchport mode access  // 配置端口模式为 access
ZR-JR-S2928-01 (config-if-range)#switchport access vlan 20  // 将端口划分至 VLAN 20 中
ZR-JR-S2928-01 (config-if-range))#interface range gi0/5-6   // 进入端口范围
ZR-JR-S2928-01 (config-if-range)#switchport mode trunk   // 配置端口模式为 trunk
```

其余交换机的 VLAN 配置与此同理。

（4）配置用户网关。

在本项目中，核心交换机 SW5 作为各部门所在网络的网关，用于实现各部门之间的互联互通。根据 VLAN 规划与网段规划，需要在 SW5 上配置行政部网关（192.168.10.254/24）、人事部网关（192.168.20.254/24）、信息部网关（192.168.30.254/24），以及技术部网关（192.168.40.254/24），相关配置命令如下：

```
ZR-HC-S5750-03(config)#int vlan 10              // 进入 SVI 端口
ZR-HC-S5750-03(config-if)#ip address 192.168.10.254 255.255.255.0
// 配置 VLAN 10 区域网关地址
ZR-HC-S5750-03(config-if)#int vlan 20              // 进入 SVI 端口
ZR-HC-S5750-03(config-if)#ip address 192.168.20.254 255.255.255.0
// 配置 VLAN 20 区域网关地址
ZR-HC-S5750-03(config-if)#int vlan 30              // 进入 SVI 端口
ZR-HC-S5750-03(config-if)#ip address 192.168.30.254 255.255.255.0
// 配置 VLAN 30 区域网关地址
ZR-HC-S5750-03(config-if)#int vlan 40              // 进入 SVI 端口
ZR-HC-S5750-03(config-if)#ip address 192.168.40.254 255.255.255.0
// 配置 VLAN 40 区域网关地址
```

2.5.2 MSTP 配置

通过在交换机上进行 MSTP 配置，在为用户数据转发提供冗余性和可靠性保障的同时实现数据转发的负载均衡。对于行政部（VLAN 10）与人事部（VLAN 20）的数据，由核心交换机 SW1 作为根交换机进行转发，当 SW1 失效时由 SW2 进行转发。对于信息部（VLAN 30）和技术部（VLAN 40）的数据，由核心交换机 SW2 进行转发，当 SW2 失效时由 SW1 进行转发。

在本项目中，需要在 SW1、SW2、SW3、SW4 和 SW5 上配置 MSTP。根据项目需求，需要配置的参数如下。

- region-name 为 ruijie。
- revision 版本为 1。
- 创建实例 1，实例 1 包含 VLAN 10、VLAN 20。
- 创建实例 2，实例 2 包含 VLAN 30、VLAN 40。
- SW1 作为实例 1 的主根交换机、实例 2 的备份根交换机，SW2 作为实例 2 的主根交换机、实例 1 的备份根交换机。
- 主根交换机优先级为 0，备份根交换机优先级为 4096。

（1）核心交换机 SW1 的 MSTP 配置命令如下：

```
ZR-HX-S5750-01(config)#spanning-tree                          // 启用生成树
ZR-HX-S5750-01(config)#spanning-tree mode mstp                // 启用多生成树协议 MSTP
ZR-HX-S5750-01(config)#spanning-tree mst configuration        // 进入 MSTP 实例配置
ZR-HX-S5750-01(config-mst)# revision 1                        // 配置为版本 1
ZR-HX-S5750-01(config-mst)#name ruijie                        // 配置名称
ZR-HX-S5750-01(config-mst)#instance 1 vlan 10,20              // 实例 1 划分
ZR-HX-S5750-01(config-mst)#instance 2 vlan 30,40              // 实例 2 划分
ZR-HX-S5750-01(config-mst)#exit
ZR-HX-S5750-01(config)#spanning-tree mst 0 priority 0
// 配置实例优先级，SW1 为实例 0 的根交换机，实例 0 默认存在，未分配的 VLAN 默认都在实例 0 中
ZR-HX-S5750-01(config)#spanning-tree mst 1 priority 0
// 配置实例优先级，SW1 为实例 1 的主根交换机
ZR-HX-S5750-01(config)#spanning-tree mst 2 priority 4096
// 配置实例优先级，SW1 为实例 2 的备份根交换机
```

（2）核心交换机 SW2 的 MSTP 配置命令如下：

```
ZR-HX-S5750-02 (config)#spanning-tree                         // 启用生成树
ZR-HX-S5750-02 (config)#spanning-tree mode mstp               // 启用多生成树协议 MSTP
ZR-HX-S5750-02(config)#spanning-tree mst configuration        // 进入 MSTP 实例配置
ZR-HX-S5750-02(config-mst)# revision 1                        // 配置为版本 1
ZR-HX-S5750-02(config-mst)#name ruijie                        // 配置名称
ZR-HX-S5750-02(config-mst)#instance 1 vlan 10,20              // 实例 1 划分
ZR-HX-S5750-02(config-mst)#instance 2 vlan 30,40              // 实例 2 划分
ZR-HX-S5750-02(config-mst)#exit
ZR-HX-S5750-02(config)#spanning-tree mst 0 priority 4096
// 配置实例优先级，SW2 为实例 0 的备份根交换机
ZR-HX-S5750-02(config)#spanning-tree mst 1 priority 4096
// 配置实例优先级，SW2 为实例 1 的备份根交换机
```

```
ZR-HX-S5750-02(config)#spanning-tree mst 2 priority 0
//配置实例优先级，SW2 为实例 2 的主根交换机
```

（3）接入交换机 SW3 与 SW4 只需要配置实例信息即可，不需要进行根的配置。以接入交换机 SW3 为例，SW3 的 MSTP 配置命令如下：

```
ZR-JR-S2928-01 (config)#spanning-tree                        // 启用生成树
ZR-JR-S2928-01 (config)#spanning-tree mode mstp              // 启用多生成树协议 MSTP
ZR-JR-S2928-01(config)#spanning-tree mst configuration       // 进入 MSTP 实例配置
ZR-JR-S2928-01 (config-mst)# revision 1                      // 配置为版本 1
ZR-JR-S2928-01 (config-mst)#name ruijie                      // 配置名称
ZR-JR-S2928-01 (config-mst)#instance 1 vlan 10,20            // 实例 1 划分
ZR-JR-S2928-01 (config-mst)#instance 2 vlan 30,40            // 实例 2 划分
ZR-JR-S2928-01 (config-mst)#exit
```

SW4、SW5 的 MSTP 配置与 SW3 同理。

2.5.3　端口聚合配置

在本项目中，需要对核心交换机 SW1 与核心交换机 SW2 构建聚合链路，最终使得两台设备之间的链路具有冗余性。以核心交换机 SW1 为例，相关配置命令如下：

```
ZR-HX-S5750-01(config)#interface range gi0/7-8
ZR-HX-S5750-01(config-int-range)# port-group 1              // 将端口加入聚合组 1
ZR-HX-S5750-01(config-int-range)#exit
ZR-HX-S5750-01(config)# interface Aggregateport 1          // 进入聚合端口
ZR-HX-S5750-01(config-if-Aggregateport 1)#switchport
 mode trunk                                                 // 配置 trunk 模式
ZR-HX-S5750-01 (config-if-Aggregateport 1)#exit
```

SW2 的端口聚合配置与 SW1 同理。

2.5.4　端口安全配置

在本项目中，为了避免用户通过硬件扩展接入端口，从而导致接入交换机负载过高的情况，需要进行端口安全的配置。通过限制接入交换机连接用户的每个端口的最大连接数（值为 1），对超过连接数的端口执行违规处理操作（关闭交换机端口），从而实现对接入交换机的保护。以接入交换机 SW3 为例，相关配置命令如下：

```
ZR-JR-S2928-01(config)#interface range gi0/4
ZR-JR-S2928-01(config-int-range)# switchport port-security         // 开启端口安全
ZR-JR-S2928-01(config-int-range)# switchport port-security maximum 1
//设置端口的最大连接数为 1
ZR-JR-S2928-01(config-int-range)# switchport port-security violation protect
//违规处理操作
```

SW4 的端口安全配置与 SW3 同理。

2.5.5　全局地址安全配置

在本项目中，为了避免非法用户接入到网络中，可以使用全局地址绑定技术进行防护。通过在接入交换机上绑定每个员工的 MAC 地址和 IP 地址，使得员工可以在任意端口正常访问网络（只要 MAC 地址和 IP 地址合法），而未进行全局地址绑定的用户则无法访问网络，相关配置命令如下：

```
ZR-JR-S2928-01(config)#address-bind 192.168.10.1 00E0.4CA4.CE3F      // 绑定人事部用户
ZR-JR-S2928-01(config)#address-bind 192.168.20.1 00E0.4CA4.CE3E      // 绑定行政部用户
ZR-JR-S2928-01(config)#address-bind uplink Gi 0/23     // 绑定的例外端口（上联端口）
ZR-JR-S2928-01(config)#address-bind uplink Gi 0/24     // 绑定的例外端口（上联端口）
ZR-JR-S2928-01(config)#address-bind install            // 生效
```

SW4 的全局地址安全配置与 SW3 同理。

至此，整个项目的实施环节全部结束。

2.6　项目联调与测试

在项目实施完成之后需要对整体网络的连通性及功能性进行验证测试。

2.6.1　测试网络连通性

测试各部门 PC 间的网络连通性。以行政部为例，行政部的用户 PC1（IP 地址为 192.168.10.1）使用 Ping 测试到达 PC3（IP 地址为 192.168.30.1），结果如图 2-3 所示，可以看出连通性正常。

```
C:\Users\Administrator>ping 192.168.30.1

正在 Ping 192.168.30.1 具有 32 字节的数据:
来自 192.168.30.1 的回复: 字节=32 时间=1ms TTL=127
来自 192.168.30.1 的回复: 字节=32 时间=1ms TTL=127
来自 192.168.30.1 的回复: 字节=32 时间=1ms TTL=127
来自 192.168.30.1 的回复: 字节=32 时间=1ms TTL=127

192.168.30.1 的 Ping 统计信息:
    数据包: 已发送 = 4, 已接收 = 4, 丢失 = 0 (0% 丢失),
往返行程的估计时间(以毫秒为单位):
    最短 = 1ms, 最长 = 1ms, 平均 = 1ms
```

◎ 图 2-3　测试 PC1 与 PC3 之间的连通性

2.6.2　测试端口聚合功能

本项目的核心交换机 SW1 与 SW2 之间配置了端口聚合功能，该功能将在 SW1 与 SW2 之间构建一条冗余链路，即一旦 SW1 与 SW2 之间有一条物理链路失效，整体网络的通信将不会受到影响。先将核心交换机 SW1 的 Gi0/24 端口关闭，再测试各部门之间的连通性，结果如图 2-4 所示。

```
C:\Users\Administrator>ping 192.168.30.1

正在 Ping 192.168.30.1 具有 32 字节的数据:
来自 192.168.30.1 的回复: 字节=32 时间=1ms TTL=127
来自 192.168.30.1 的回复: 字节=32 时间=1ms TTL=127
来自 192.168.30.1 的回复: 字节=32 时间=1ms TTL=127
来自 192.168.30.1 的回复: 字节=32 时间=1ms TTL=127

192.168.30.1 的 Ping 统计信息:
    数据包: 已发送 = 4, 已接收 = 4, 丢失 = 0 (0% 丢失),
往返行程的估计时间(以毫秒为单位):
    最短 = 1ms, 最长 = 1ms, 平均 = 1ms
```

◎ 图 2-4　测试 PC1 与 PC3 之间的连通性

测试结果一致，说明即使断开一条链路，仍然不影响聚合链路的功能，即聚合链路为数据通信提供了冗余性与可靠性的保障。

2.6.3　测试 MSTP 功能

本项目通过部署 MSTP 功能实现链路的冗余与负载，通过查看生成树信息来测试链路的 MSTP 功能。

（1）查看各交换机的 MAC 地址。

```
ZR-HX-S5750-01#show sysmac
5869.6cf8.a072
ZR-HX-S5750-02#show sysmac
5869.9db2 _
ZR-JR-S2928-01#sh sysmac
5869.6cf8.a09c
ZR-JR-S2928-02#sh sysmac
5869.6cf8.a012
```

◎ 图 2-5　交换机 SW1 ～ SW4 的 MAC 地址

使用 show sysmac 命令查看交换机 SW1 ～ SW4 的 MAC 地址，如图 2-5 所示，便于在 MSTP 部署之后确认根交换机。

（2）在正常状态下，在 SW3 上通过 show spanning-tree summary 命令查看生成树信息。

SW3 上的生成树信息如图 2-6 所示，当前实例 1 的根交换机的 MAC 地址为 5869.6cf8.a072，即实例 1 的根交换机为 SW1。另外可以看到 SW3 的 Gi0/23 端口状态为 FWD，而 Gi0/24 端口状态为 BLK，说明 SW3 上 VLAN 10 与 VLAN 20 的数据只由 Gi0/23 端口进行转发；而 Gi0/23 端口连接 SW1，说明此时 VLAN 10 与 VLAN 20 的数据由 SW1 进行转发。

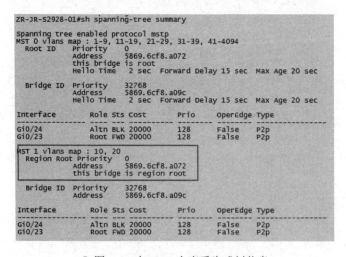

◎ 图 2-6　在 SW3 上查看生成树信息

（3）在正常状态下，在 SW4 上通过 show spanning-tree summary 命令查看生成树信息。

SW4 上的生成树信息如图 2-7 所示，当前实例 2 根交换机的 MAC 地址为 5869.6cf8.9db2，即实例 2 的根交换机为 SW2。另外，可以看到 SW4 的 Gi0/23 端口状态为 FWD，而 Gi0/24 端口状态为 BLK，说明 SW4 上 VLAN 30 与 VLAN 40 的数据只由 Gi0/23 端口进行转发。而 Gi0/23 端口连接 SW2，说明此时 VLAN 30 与 VLAN 40 的数据由 SW2 进行转发。

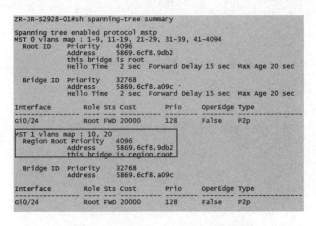

◎ 图 2-7 在 SW4 上查看生成树信息

（4）将 SW1 上的所有端口关闭，在 SW3 上使用 show spanning-tree summary 命令查看生成树信息。

SW3 上的生成树信息如图 2-8 所示，此时实例 1 的根交换机变为 SW2，测试 PC1 与 PC3 的连通性，测试结果如图 2-9 所示，说明 SW2 为 SW1 上的实例 1 提供冗余机制。

◎ 图 2-8 在 SW3 上查看生成树信息

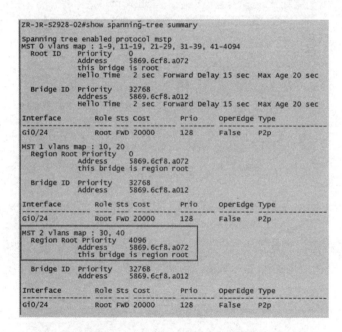

```
C:\Users\Administrator>ping 192.168.30.1

正在 Ping 192.168.30.1 具有 32 字节的数据:
来自 192.168.30.1 的回复: 字节=32 时间=1ms TTL=127
来自 192.168.30.1 的回复: 字节=32 时间=1ms TTL=127
来自 192.168.30.1 的回复: 字节=32 时间=1ms TTL=127
来自 192.168.30.1 的回复: 字节=32 时间=1ms TTL=127

192.168.30.1 的 Ping 统计信息:
    数据包: 已发送 = 4, 已接收 = 4, 丢失 = 0 (0% 丢失),
往返行程的估计时间(以毫秒为单位):
    最短 = 1ms, 最长 = 1ms, 平均 = 1ms
```

◎ 图 2-9 测试 PC1 与 PC3 的连通性

（5）在将 SW1 的各端口恢复到正常状态之后，关闭 SW2 的所有端口。在 SW4 上使用 show spanning-tree summary 命令查看生成树信息。

SW4 上的生成树信息如图 2-10 所示，此时实例 2 的根交换机变为 SW1。接着测试 PC1 与 PC3 的连通性，测试结果如图 2-11 所示，说明 SW1 为 SW2 上的实例 2 提供冗余机制。

```
ZR-JR-S2928-02#show spanning-tree summary
Spanning tree enabled protocol mstp
MST 0 vlans map : 1-9, 11-19, 21-29, 31-39, 41-4094
  Root ID   Priority    0
            Address     5869.6cf8.a072
            this bridge is root
            Hello Time  2 sec  Forward Delay 15 sec  Max Age 20 sec

  Bridge ID Priority    32768
            Address     5869.6cf8.a012
            Hello Time  2 sec  Forward Delay 15 sec  Max Age 20 sec

Interface        Role Sts Cost       Prio    OperEdge Type
---------------- ---- --- ---------- ------- -------- ----
Gi0/24           Root FWD 20000      128     False    P2p

MST 1 vlans map : 10, 20
  Region Root Priority    0
            Address     5869.6cf8.a072
            this bridge is region root

  Bridge ID Priority    32768
            Address     5869.6cf8.a012

Interface        Role Sts Cost       Prio    OperEdge Type
---------------- ---- --- ---------- ------- -------- ----
Gi0/24           Root FWD 20000      128     False    P2p

MST 2 vlans map : 30, 40
  Region Root Priority    4096
            Address     5869.6cf8.a072
            this bridge is region root

  Bridge ID Priority    32768
            Address     5869.6cf8.a012

Interface        Role Sts Cost       Prio    OperEdge Type
---------------- ---- --- ---------- ------- -------- ----
Gi0/24           Root FWD 20000      128     False    P2p
```

◎ 图 2-10 在 SW4 上查看生成树信息

```
C:\Users\Administrator>ping 192.168.30.1

正在 Ping 192.168.30.1 具有 32 字节的数据:
来自 192.168.30.1 的回复: 字节=32 时间=1ms TTL=127
来自 192.168.30.1 的回复: 字节=32 时间=1ms TTL=127
来自 192.168.30.1 的回复: 字节=32 时间=1ms TTL=127
来自 192.168.30.1 的回复: 字节=32 时间=1ms TTL=127

192.168.30.1 的 Ping 统计信息:
    数据包: 已发送 = 4, 已接收 = 4, 丢失 = 0 (0% 丢失),
往返行程的估计时间(以毫秒为单位):
    最短 = 1ms, 最长 = 1ms, 平均 = 1ms
```

◎ 图 2-11 测试 PC1 与 PC3 的连通性

不同 VLAN 的数据流量已按设定的路径进行了转发，实现了负载均衡的功能。同时，核心交换机之间互为冗余，增强了核心层网络的可靠性。

2.6.4　测试端口安全功能

（1）增加测试机并搭建相应拓扑结构。

使用一台二层交换机 SW6 对 SW3 与行政部的连接端口进行扩展，同时新增一台 PC5，拓扑图如图 2-12 所示。

（2）配置 PC5 的相关参数信息。

将 PC5 作为测试机来验证端口安全功能，根据图 2-12 所示的拓扑图，PC5 需要配置与行政部用户同网段的相关参数信息。配置信息如图 2-13 所示。

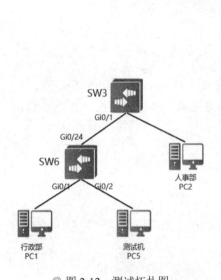

◎ 图 2-12　测试拓扑图

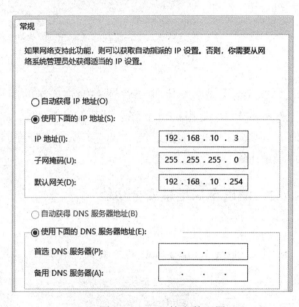

◎ 图 2-13　PC5 的参数配置

（3）在 SW1 中对 PC5 进行全局地址绑定配置。

由于在本项目中部署了全局地址安全技术，因此为了确保最终验证结果仅通过端口安全配置产生，需要对 PC5 进行全局地址绑定配置。在 SW1 中配置全局地址绑定，命令如下：

```
ZR-JR-S2928-01(config)#address-bind 192.168.10.3 00E0.4CA4.CE4D      // 绑定测试机用户
```

（4）使用 PC1 与 PC5 对网关进行访问，测试端口安全功能。

先使用 PC1（192.168.10.1）对网关（192.168.10.254）进行访问，如图 2-14 所示。PC1 访问网关成功。再使用 PC5（192.168.10.1）对网关（192.168.10.254）进行访问，如图 2-15 所示。PC5 访问网关失败。

```
C:\Users\Administrator>ping 192.168.10.254

正在 Ping 192.168.10.254 具有 32 字节的数据:
来自 192.168.10.254 的回复: 字节=32 时间=1ms TTL=64
来自 192.168.10.254 的回复: 字节=32 时间=1ms TTL=64
来自 192.168.10.254 的回复: 字节=32 时间=1ms TTL=64
来自 192.168.10.254 的回复: 字节=32 时间=1ms TTL=64
```

◎ 图 2-14　PC1 访问网关成功

```
C:\Users\Administrator>ping 192.168.10.254

正在 Ping 192.168.10.254 具有 32 字节的数据:
请求超时。
请求超时。
请求超时。
请求超时。

192.168.10.254 的 Ping 统计信息:
    数据包: 已发送 = 4, 已接收 = 0, 丢失 = 4 (100% 丢失),
```

◎ 图 2-15　PC5 访问网关失败

　　测试结果说明交换机 SW3 端口允许连接的用户 PC 数量只能有 1 台，对于超出规定连接数的 PC，交换机将不再学习其 MAC 地址，从而使得其余 PC 无法访问局域网，同时也证明端口安全配置已经生效。实验完毕需要删除测试机上的相关配置，对 PC5 进行地址解绑。

2.6.5　测试全局地址安全功能

　　（1）查看当前交换机上的地址绑定情况。
　　使用 show address-bind 命令查看交换机 SW3 当前的地址绑定情况，如图 2-16 所示。

```
ZR-JR-S2928-01#sh address-bind
Total Bind Addresses in System : 4
IpAddress                                    BindingMacAddr
---------------------------------------------
192.168.10.1                                 00e0.4ca4.ce3f
192.168.20.1                                 00e0.4ca4.ce3e
192.168.30.1                                 00e0.4ca4.ce3c
192.168.40.1                                 00e0.4ca4.ce3a
```

◎ 图 2-16　SW3 当前地址绑定情况

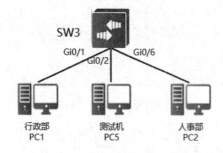

◎ 图 2-17　测试拓扑图

　　（2）增加新的测试机并配置相关参数信息。
　　首先，将测试端口安全功能的拓扑结构恢复到原项目的网络拓扑结构；然后，新增一台 PC6，并通过 SW3 的 Gi0/2 端口将其连接至项目网络中，测试拓补图如图 2-17 所示。
　　根据拓扑图，PC6 需要配置与行政部用户同网段的相关参数信息，如图 2-18 所示。

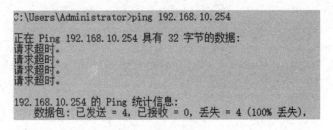

◎ 图 2-18　PC6 的参数配置

（3）测试 PC6 与网关之间的连通性。

使用 PC6 对网关进行访问，如图 2-19 所示，最终 PC6 访问网关超时。

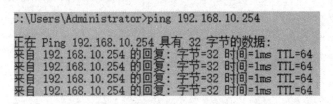

◎ 图 2-19　PC6 访问网关

先断开 PC6 与 SW3 的连接，将 PC1 与 SW3 的连接端口从 Gi0/1 变更为 Gi0/2；再使用 PC1 对网关进行访问。PC1 能够成功访问网关，如图 2-20 所示。这说明通过全局地址绑定的配置，未进行绑定的主机无法访问当前网络。

```
C:\Users\Administrator>ping 192.168.10.254

正在 Ping 192.168.10.254 具有 32 字节的数据:
来自 192.168.10.254 的回复: 字节=32 时间=1ms TTL=64
来自 192.168.10.254 的回复: 字节=32 时间=1ms TTL=64
来自 192.168.10.254 的回复: 字节=32 时间=1ms TTL=64
来自 192.168.10.254 的回复: 字节=32 时间=1ms TTL=64
```

◎ 图 2-20　PC1 访问网关

2.6.6　验收报告 – 设备服务检测表

请根据之前的验证操作，对任务完成度进行打分，这里建议和同学交换任务，进行互评。

名称：_____   序列号：_____

序号	测试步骤	评价指标	评分
1	行政部 PC1 与信息部 PC3 之间的通信	完成行政部与信息部的通信配置，使用 Ping 命令验证，可以通信得 10 分 C:\Users\Administrator>ping 192.168.30.1 正在 Ping 192.168.30.1 具有 32 字节的数据： 来自 192.168.30.1 的回复：字节=32 时间=1ms TTL=127 来自 192.168.30.1 的回复：字节=32 时间=1ms TTL=127 来自 192.168.30.1 的回复：字节=32 时间=1ms TTL=127 来自 192.168.30.1 的回复：字节=32 时间=1ms TTL=127 192.168.30.1 的 Ping 统计信息： 　　数据包：已发送 = 4，已接收 = 4，丢失 = 0 (0% 丢失)， 往返行程的估计时间(以毫秒为单位)： 　　最短 = 1ms，最长 = 1ms，平均 = 1ms	
2	端口功能聚合测试	将核心交换机 SW1 的 Gi0/24 端口关闭，使用 Ping 命令验证行政部与信息部的通信，可以通信得 10 分 C:\Users\Administrator>ping 192.168.30.1 正在 Ping 192.168.30.1 具有 32 字节的数据： 来自 192.168.30.1 的回复：字节=32 时间=1ms TTL=127 来自 192.168.30.1 的回复：字节=32 时间=1ms TTL=127 来自 192.168.30.1 的回复：字节=32 时间=1ms TTL=127 来自 192.168.30.1 的回复：字节=32 时间=1ms TTL=127 192.168.30.1 的 Ping 统计信息： 　　数据包：已发送 = 4，已接收 = 4，丢失 = 0 (0% 丢失)， 往返行程的估计时间(以毫秒为单位)： 　　最短 = 1ms，最长 = 1ms，平均 = 1ms	
3	MSTP 功能测试（1）	在 SW3 或 SW4 上通过 show spanning-tree summary 命令查看生成树信息。通过生成树信息系判断实例 1 的根交换机为 SW1，实例 2 的根交换机为 SW2，正确得 20 分 ZR-JR-S2928-02#sh spanning-tree summary Spanning tree enabled protocol mstp MST 0 vlans map : 1-9, 11-19, 21-29, 31-39, 41-4094 　Root ID　　Priority　　0 　　　　　　Address　　5869.6cf8.a072 　　　　　　this bridge is root 　　　　　　Hello Time　2 sec　Forward Delay 15 sec　Max Age 20 sec 　Bridge ID　Priority　　32768 　　　　　　Address　　5869.6cf8.a012 　　　　　　Hello Time　2 sec　Forward Delay 15 sec　Max Age 20 sec Interface　　　Role Sts Cost　　　Prio　　OperEdge Type ------------- ---- --- ---------- -------- -------- -------- Gi0/24　　　　Root FWD 20000　　128　　False　　P2p Gi0/23　　　　Altn BLK 20000　　128　　False　　P2p MST 1 vlans map : 10, 20 　Region Root Priority　0 　　　　　　Address　　5869.6cf8.a072 　　　　　　this bridge is region root 　Bridge ID　Priority　　32768 　　　　　　Address　　5869.6cf8.a012 Interface　　　Role Sts Cost　　　Prio　　OperEdge Type ------------- ---- --- ---------- -------- -------- -------- Gi0/24　　　　Root FWD 20000　　128　　False　　P2p Gi0/23　　　　Altn BLK 20000　　128　　False　　P2p MST 2 vlans map : 30, 40 　Region Root Priority　0 　　　　　　Address　　5869.6cf8.9db2 　　　　　　this bridge is region root 　Bridge ID　Priority　　32768 　　　　　　Address　　5869.6cf8.a012 Interface　　　Role Sts Cost　　　Prio　　OperEdge Type ------------- ---- --- ---------- -------- -------- -------- Gi0/24　　　　Altn BLK 20000　　128　　False　　P2p Gi0/23　　　　Root FWD 20000　　128　　False　　P2p	

序号	测试步骤	评价指标	评分

4	MSTP 功能测试（2）	将 SW1 上的所有端口关闭，在 SW3 上使用 show spanning-tree summary 命令查看生成树信息。此时实例 1 的根交换机变为 SW2 得 10 分
		
		``
		ZR-JR-S2928-01#sh spanning-tree summary
		
		Spanning tree enabled protocol mstp
		MST 0 vlans map : 1-9, 11-19, 21-29, 31-39, 41-4094
		    Root ID Priority 4096
		               Address 5869.6cf8.9db2
		               this bridge is root
		               Hello Time 2 sec Forward Delay 15 sec Max Age 20 sec
		
		           Bridge ID Priority 32768
		               Address 5869.6cf8.a09c
		               Hello Time 2 sec Forward Delay 15 sec Max Age 20 sec
		
		Interface Role Sts Cost Prio OperEdge Type
		---------------- ---- --- ---------- -------- -------- ----
		Gi0/24 Root FWD 20000 128 False P2p
		    MST 1 vlans map : 10, 20
		      Region Root Priority 4096
		               Address 5869.6cf8.9db2
		               this bridge is region root
		
		           Bridge ID Priority 32768
		               Address 5869.6cf8.a09c
		
		Interface Role Sts Cost Prio OperEdge Type
		---------------- ---- --- ---------- -------- -------- ----
		Gi0/24 Root FWD 20000 128 False P2p
		``
		
		测试 PC1 与 PC3 的连通性，使用 Ping 命令验证，可以通信得 10 分
		
		``
		C:\Users\Administrator>ping 192.168.30.1
		
		正在 Ping 192.168.30.1 具有 32 字节的数据:
		来自 192.168.30.1 的回复: 字节=32 时间=1ms TTL=127
		来自 192.168.30.1 的回复: 字节=32 时间=1ms TTL=127
		来自 192.168.30.1 的回复: 字节=32 时间=1ms TTL=127
		来自 192.168.30.1 的回复: 字节=32 时间=1ms TTL=127
		
		192.168.30.1 的 Ping 统计信息:
		    数据包: 已发送 = 4, 已接收 = 4, 丢失 = 0 (0% 丢失),
		往返行程的估计时间(以毫秒为单位):
		    最短 = 1ms, 最长 = 1ms, 平均 = 1ms
		``	

5	MSTP 功能测试（3）	将 SW1 的各端口恢复到正常状态后，关闭 SW2 的所有端口。可以在 SW4 上使用 show spanning-tree summary 命令查看生成树信息得 10 分
		
		``
		    MST 1 vlans map : 10, 20
		      Region Root Priority 0
		               Address 5869.6cf8.a072
		               this bridge is region root
		
		           Bridge ID Priority 32768
		               Address 5869.6cf8.a012
		
		Interface Role Sts Cost Prio OperEdge Type
		---------------- ---- --- ---------- -------- -------- ----
		Gi0/24 Root FWD 20000 128 False P2p
		    MST 2 vlans map : 30, 40
		      Region Root Priority 4096
		               Address 5869.6cf8.a072
		               this bridge is region root
		
		           Bridge ID Priority 32768
		               Address 5869.6cf8.a012
		
		Interface Role Sts Cost Prio OperEdge Type
		---------------- ---- --- ---------- -------- -------- ----
		Gi0/24 Root FWD 20000 128 False P2p
		``
		
		测试 PC1 与 PC3 的连通性，使用 Ping 命令验证，可以通信得 10 分
		
		``
		C:\Users\Administrator>ping 192.168.30.1
		
		正在 Ping 192.168.30.1 具有 32 字节的数据:
		来自 192.168.30.1 的回复: 字节=32 时间=1ms TTL=127
		来自 192.168.30.1 的回复: 字节=32 时间=1ms TTL=127
		来自 192.168.30.1 的回复: 字节=32 时间=1ms TTL=127
		来自 192.168.30.1 的回复: 字节=32 时间=1ms TTL=127
		
		192.168.30.1 的 Ping 统计信息:
		    数据包: 已发送 = 4, 已接收 = 4, 丢失 = 0 (0% 丢失),
		往返行程的估计时间(以毫秒为单位):
		    最短 = 1ms, 最长 = 1ms, 平均 = 1ms
		``	

序号	测试步骤	评价指标	评分
6	端口安全测试	按照要求添加测试机 PC5，分别使用 Ping 命令测试 PC1 和 PC5 与网关的通信。PC1 与网关可以通信得 5 分。PC5 与网关无法通信得 10 分 C:\Users\Administrator>ping 192.168.10.254 正在 Ping 192.168.10.254 具有 32 字节的数据： 来自 192.168.10.254 的回复：字节=32 时间=1ms TTL=64 来自 192.168.10.254 的回复：字节=32 时间=1ms TTL=64 来自 192.168.10.254 的回复：字节=32 时间=1ms TTL=64 来自 192.168.10.254 的回复：字节=32 时间=1ms TTL=64 C:\Users\Administrator>ping 192.168.10.254 正在 Ping 192.168.10.254 具有 32 字节的数据： 请求超时。 请求超时。 请求超时。 请求超时。 192.168.10.254 的 Ping 统计信息： 数据包：已发送 = 4，已接收 = 0，丢失 = 4（100% 丢失），	
7	全局地址安全测试	使用 show address-bind 命令查看当前的全局地址绑定情况，已接入网络的 PC 均已绑定对应的 MAC 地址和 IP 地址得 10 分 ZR-JR-S2928-01#sh address-bind Total Bind Addresses in System : 4 IpAddress BindingMacAddr -- 192.168.10.1 00e0.4ca4.ce3f 192.168.20.1 00e0.4ca4.ce3e 192.168.30.1 00e0.4ca4.ce3c 192.168.40.1 00e0.4ca4.ce3a	
备注			

用户：_____　　　检测工程师：_____　　　总分：_____

2.6.7　归纳总结

通过以上内容讲解了 MSTP、端口安全与全局地址安全技术的特性：（根据学到的知识完成空缺的部分）

1. MSTP 中，实例 _____ 是强制存在的。

2. 一个 _____ 只能映射到一个 MSTP 实例上。

3. 端口安全的违例处理方式有 _____、_____、_____。

4. 全局地址绑定技术需要手动配置全局的 _____ 地址和 _____ 地址绑定。

5. 在全局模式下配置了相关绑定之后，需要使用 _____
____ 命令使其生效。

2.7 工程师指南

网络工程师职业素养

——项目实施准备

在项目实施之前，工程师需要先确认以下关键信息是否有遗漏，并提前做好规划，避免上线后出现问题，同时为后续出现故障能够快速排查定位做铺垫。

1．网络拓扑信息（收集网络拓扑信息有助于网络方案的规划）。

2．现阶段网络设备配置（收集现阶段网络设备配置有助于更加深入地对网络进行分析）。

3．链路连接情况及端口状态（了解现阶段网络的链路状态）。

4．现阶段网络设备的路由信息（了解现阶段网络的路由规划及路由表详细信息）。

5．IP 地址规划（端口地址是否符合整体网络规范和未来扩展需求）。

6．NAT 规划（收集现阶段网络 NAT 规划，制定正确的 NAT 转换策略）。

7．服务器区的映射情况及访问情况（确认哪些服务器需要进行映射及映射的端口，检查割接前内外网用户是否可以正常访问服务器）。

8．设备当前的流量走向及带宽分布（有助于网络方案规划，判断路由设计和端口带宽是否满足需求）。

9．需要重点保障的带宽和应用（网络规划需要满足客户的业务需求，保障重点应用和带宽）。

> 🔔 **小提示**
>
> 本项目在新建的网络中使用 MSTP 技术、端口安全功能及全局地址绑定技术构建二层冗余网络。但在实际的项目中，结合规范要注意以下几点。
>
> （1）在配置前，需要了解现场是否存在设备利旧的情况。
>
> （2）若存在利旧情况，则需要收集旧设备上的配置信息，并询问用户是否要在原设备上保留旧的配置信息。
>
> （3）在部署 MSTP 之前，需要与用户沟通，了解并评估各业务部门的网络访问量，从而决定 MSTP 实例的划分。
>
> （4）在部署全局地址绑定之前，需要收集用户所有接入设备的 MAC 地址表，并做好各接入设备的 IP 地址规划，最终形成 IP 地址与 MAC 地址的映射表，便于地址绑定配置。
>
> （5）在部署端口安全与全局地址绑定之前，需要清空设备的动态 MAC 地址表。
>
> （6）在部署之前，需要先进行模拟环境的搭建与测试，最终形成配置脚本。
>
> （7）在配置过程中需要保存配置，防止设备断电导致配置失效。

2.8 思考练习

2.8.1 项目排错

问题描述:

工程师小王根据规划完成了 MSTP 部分的配置,在 SW4 上使用 show spanning-tree summary 命令查看生成树的情况,如图 2-24 所示,可以发现实例状态不正确。

```
ZR-JR-S2928-02#sh spanning-tree summary

Spanning tree enabled protocol mstp
MST 0 vlans map : 1-9, 11-19, 21-29, 31-39, 41-4094
   Root ID    Priority    0
              Address     5869.6cf8.a072
              this bridge is root
              Hello Time   2 sec Forward Delay 15 sec Max Age 20 sec

   Bridge ID  Priority    32768
              Address     5869.6cf8.a012
              Hello Time   2 sec Forward Delay 15 sec Max Age 20 sec

Interface          Role Sts Cost        Prio    OperEdge Type
------------------ -------- ----------   -----   -------- ------
Gi0/24             Root FWD 20000        128     False    P2p
Gi0/23             Altn BLK 20000        128     False    P2p

MST 1 vlans map : 10, 20
   Region Root Priority    0
              Address     5869.6cf8.a072
              this bridge is region root

   Bridge ID  Priority    32768
              Address     5869.6cf8.a012

Interface          Role Sts Cost        Prio    OperEdge Type
------------------ -------- ----------   -----   -------- ------
Gi0/24             Root FWD 20000        128     False    P2p
Gi0/23             Altn BLK 20000        128     False    P2p

MST 2 vlans map : 30, 40
   Region Root Priority    0
              Address     5869.6cf8.a072
              this bridge is region root

   Bridge ID  Priority    32768
              Address     5869.6cf8.a012

Interface          Role Sts Cost        Prio    OperEdge Type
------------------ -------- ----------   -----   -------- ------
Gi0/24             Root FWD 20000        128     False    P2p
Gi0/23             Altn BLK 20000        128     False    P2p
```

◎ 图 2-24 设备 MSTP 运行状态

请同学们根据学到的知识帮助小王分析问题可能出现在什么位置,或者还需要哪些步骤来更好地确定问题的位置。

排查思路:

_____

_____

_____

2.8.2 大赛挑战

本节以本章所学知识为基础,结合历年“全国职业院校技能大赛”高职组的题目,并对题目进行摘选简化,各位同学可以根据所学知识对题目发起挑战,完成相应的内容。

任务描述

CII 集团业务不断发展壮大,为适应 IT 行业技术的飞速发展,并满足集团业务发展需要，集团决定进行网络信息化建设。假设你作为火星公司网络工程师前往 CII 集团完成网络规划与建设任务。

任务清单

1．根据网络拓扑图和地址规划，配置设备端口信息（因任务只涉及 S3、S4 两台设备，故只需完成相应设备配置即可）。

2．在全网 trunk 链路上做 VLAN 修剪。

3．在校本部的网络中配置 MSTP，要求来自 VLAN 10、VLAN 100 中的数据流经过 S3 交换机转发，一旦 S3 交换机失效，则经过 S4 交换机转发。要求来自 VLAN 50、VLAN 60 的数据流经过 S4 交换机转发，一旦 S4 交换机失效，则经过 S3 交换机转发。其中，配置 MSTP 参数如下：region-name 为 testrevision，版本为 1，实例 1 包含 VLAN 10、VLAN 100，实例 2 包含 VLAN 50、VLAN 60。

4．配置校本部网络中的 S3 交换机为实例 1 的主根交换机、实例 2 的从根交换机，配置 S4 交换机为实例 2 的主根交换机、实例 1 的从根交换机。其中，主根交换机的优先级为 4096，从根交换机的优先级为 8192。

网络拓扑图如图 2-25 所示。地址规划如表 2-6 所示。

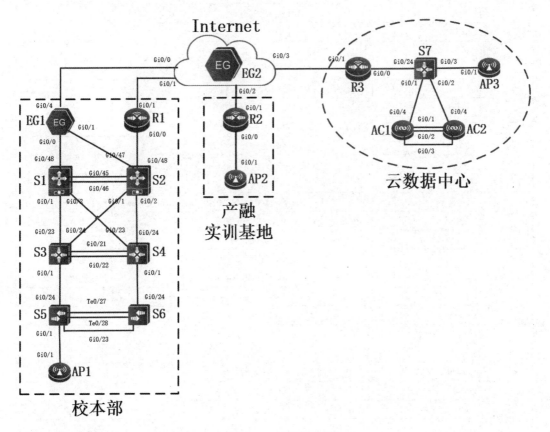

◎ 图 2-25　网络拓扑图

高级路由交换技术与应用

表 2-6　地址规划

设　　备	端口或 VLAN	VLAN 名称	二层或三层规划	说　　明
S1	Gi0/1	\	10.1.1.1/30	互联地址
	Gi0/2	\	10.1.1.5/30	互联地址
	AG1（Gi0/45～Gi0/46）	\	10.1.1.253/30	互联地址
	Gi0/48	\	10.1.1.250/30	互联地址
	Loopback 0	\	10.1.0.1/32	—
S2	Gi0/1	\	10.1.1.9/30	互联地址
	Gi0/2	\	10.1.1.13/30	互联地址
	AG1（Gi0/45～Gi0/46）	\	10.1.1.254/30	互联地址
	Gi0/47	\	10.1.1.245/30	互联地址
	Gi0/48	\	10.1.1.242/30	互联地址
	Loopback 0	\	10.1.0.2/32	—
S3	VLAN 10	Wire	192.1.10.252/24	有线用户地址
	VLAN 50	APManage_YWQ	192.1.50.252/24	校本部 AP 管理地址
	VLAN 60	Wireless	192.1.60.252/24	无线用户地址
	VLAN 100	Manage	192.1.100.252/24	设备管理地址
	Gi0/23	\	10.1.1.2/30	互联地址
	Gi0/24	\	10.1.1.10/30	互联地址
	Loopback 0	\	10.1.0.3/32	—
S4	VLAN 10	Wire	192.1.10.253/24	有线用户地址
	VLAN 50	APManage_YWQ	192.1.50.253/24	校本部 AP 管理地址
	VLAN 60	Wireless	192.1.60.253/24	无线用户地址
	VLAN 100	Manage	192.1.100.253/24	设备管理地址
	Gi0/23	\	10.1.1.6/30	互联地址
	Gi0/24	\	10.1.1.14/30	互联地址
	Loopback 0	\	10.1.0.4/32	—
VSU（S5～S6）	VLAN 10	Wire	Gi1/0/6～Gi1/0/20, Gi2/0/6～Gi2/0/20	有线用户地址
	VLAN 50	APManage_YWQ	Gi1/0/1～Gi1/0/5, Gi2/0/1～Gi2/0/5	校本部 AP 管理地址
	VLAN 100	Manage	192.1.100.1/24	设备管理地址
EG1	Gi0/0	\	10.1.1.249/30	互联地址
	Gi0/1	\	10.1.1.246/30	互联地址
	Gi0/4	\	100.1.1.2/29	联通出口地址
	Loopback 0	\	10.1.0.5/32	—
R1	Gi0/0	\	10.1.1.241/30	互联地址
	Gi0/1	\	101.1.1.2/29	电信出口地址
	Loopback 0	\	10.1.0.6/32	—
EG2	Gi0/0	\	100.1.1.1/29	ISP 联通地址
	Gi0/1	\	101.1.1.1/29	ISP 电信地址
	Gi0/2	\	101.2.1.1/29	ISP 电信地址
	Gi0/3	\	101.3.1.1/29	ISP 电信地址

续表

设　　备	端口或 VLAN	VLAN 名称	二层或三层规划	说　　明
R2	Gi0/0	\	194.1.50.254/24	产融基地 AP 管理地址
	Gi0/0.60	\	194.1.60.254/24	产融基地无线学员地址
	Gi0/0.70	\	194.1.70.254/24	产融基地无线教练地址
	Gi0/1	\	101.2.1.2/29	电信出口地址
	Loopback 0	\	10.2.0.1/32	—
R3	Gi0/0	\	10.3.1.253/30	互联地址
	Gi0/1	\	101.3.1.2/29	电信出口地址
	Loopback 0	\	10.3.0.1/32	—
S7	VLAN 550	APManage_YWQ	195.1.50.254/24	云中心 AP 管理地址
	VLAN 560	Wireless	195.1.60.254/24	云中心无线用户地址
	VLAN 100	Manage	195.1.100.254/24	云中心设备管理地址
	Gi0/24	\	10.3.1.254/30	互联地址
	Loopback 0	\	10.3.0.2/32	—
VAC	VLAN 100	Manage	195.1.100.1/24	设备管理地址
	Loopback 0	\	10.3.0.3/32	—

注：【根据 2022 年全国职业院校技能大赛高职组"网络系统管理"赛项，模块 A：网络构建（样题 10）摘录】

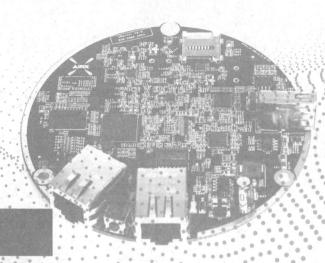

项目 3

企业网接入安全网络设计部署

知识目标

- 了解 RLDP 协议与 STP 等协议的区别。
- 掌握单口环路、ARP 攻击、DHCP 攻击的运作与防护原理。
- 熟悉 RLDP、DHCP Snooping、IP Source Guard 等技术的应用场景。

技能目标

- 熟练完成 RLDP、DHCP Snooping、IP Source Guard、端口保护的配置。
- 制定企业网络接入安全部署的设计方案。
- 完成企业网络接入安全部署的网络配置。
- 完成企业网络接入安全部署的联调与测试。
- 解决企业网络接入安全部署中的常见故障。
- 完成项目文档的编写。

素养目标

- 了解企业内网中的主要安全风险，养成相应的安全意识。
- 培养职业工程师素养，提前以职业人的标准规范自身行为。

教学建议

- 推荐课时数：6 课时。

 项目准备

3.1 任务描述

　　ZR 网络公司的业务不断发展壮大，企业网络在功能和性能上日益提升，网络安全问题也越来越突出。在一般情况下，人们认为企业局域网的安全威胁来自网络外部，但实际情况是大部分的安全威胁来源于网络内部，是由内部用户造成的。

　　公司内部面临的网络安全威胁有网络时断时续、频繁提示 IP 地址冲突、无法获取 IP 地址、无法访问外网或内网的其他用户等。经过分析梳理和逐一排查，发现造成安全威胁的主要内部原因如下。

　　（1）因公司规模不断扩大，导致信息面板数量不足，员工使用 5 口非管控交换机进行端口扩展，但在接线过程中因未对线缆进行标识，所以在这些非管控交换机中常常形成环路。

　　（2）员工为实现远程桌面或者其他诉求，不使用 DHCP 分发的地址，在未验证地址可用的情况下手动固定 IP 地址，从而导致 IP 地址冲突。

　　（3）员工认为无线网络信号不好，私自在工位加装路由器且安装错误，将工位网线插入路由器 LAN 口，致使路由器中的 DHCP 服务在公司内网中运行，造成部分员工获取错误的 IP 地址，从而无法上网。

　　（4）员工在网络不畅时下载各类网管工具，尝试提高网速，致使 ARP 攻击。

　　现在需要逐一解决分析梳理出的安全威胁，工作人员打算使用 RLDP、DHCP Snooping 等技术进行规划设计，从而避免各类问题再次发生。首先对一楼财务部接入层及核心层的网络实施网络安全相关配置。

3.2 知识结构

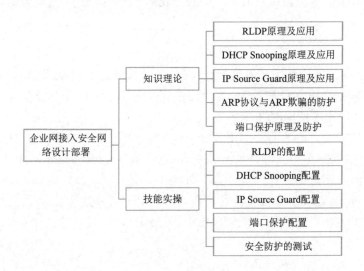

3.3 知识准备

3.3.1 RLDP

RLDP（Rapid Link Detection Protocol，快速链路检测协议）是一种以太网链路故障检测协议，用于快速检测单向链路故障、双向链路故障及下联环路故障。如果发现故障存在，则 RLDP 会根据用户配置的故障处理方式自动关闭或通知用户手动关闭相关端口，以避免流量的错误转发或者以太网二层环路。

3.3.2 DHCP Snooping

DHCP（Dynamic Host Configuration Protocol，动态主机配置协议）通常被应用在大型的局域网络环境中，主要作用是集中地管理、分配 IP 地址，使网络环境中的主机动态地获得 IP 地址、Gateway 地址、DNS 服务器地址等信息，并提升地址的利用率。

DHCP Snooping 意为 DHCP 窥探，通过对 Client 和服务器之间的 DHCP 交互报文进行窥探，从而实现对用户 IP 地址使用情况的记录和监控，同时过滤非法 DHCP 报文，包括客户端的请求报文和服务端的响应报文。DHCP Snooping 生成的用户数据表项可以为 IP Source Guard 等安全应用提供服务。

除了配置 DHCP Snooping 功能，还应该在上联端口开启 DHCP Trust 功能，用于接收 DHCP 可信任端口下发的 DHCP 报文，同时拒绝其他非信任端口的 DHCP 报文，从而解决用户私设 DHCP 服务器引发的安全威胁问题。

3.3.3 IP Source Guard

IP Source Guard（IP 源防护）维护一个 IP 源地址绑定数据库，可以在对应的主机端口报文上进行基于源 IP 地址和源 MAC 地址的报文过滤，从而保证只有源 IP 地址绑定数据库中的主机才能正常使用网络。

IP Source Guard 会自动将 DHCP Snooping 绑定数据库中的合法用户同步绑定到其源 IP 地址绑定的数据库中（硬件安全表项），这样 IP Source Guard 就可以在打开 DHCP Snooping 设备时对客户端进行严格过滤。在默认情况下，开启 IP Source Guard 功能的端口会过滤所有非 DHCP 的 IP 报文；只有当客户端通过 DHCP 从服务器获取到合法的 IP 地址或者管理员为客户端配置了静态的源 IP 地址绑定时，端口才允许和该客户端匹配的 IP 报文通过。

IP Source Guard 可以防止用户私设 IP 地址及变化源 IP 地址的扫描行为，要求用户必须以动态 DHCP 方式获取 IP 地址，否则无法使用网络。

3.3.4　ARP 和 ARP 欺骗

1. ARP 协议

地址解析协议，即 ARP（Address Resolution Protocol），是一个根据 IP 地址获取物理地址的 TCP/IP 协议。主机在发送信息时，会将包含目标 IP 地址的 ARP 请求广播到局域网上的所有主机，并接收返回消息，以此确定目标 IP 地址的物理地址；在收到返回消息之后，主机会将该 IP 地址和物理地址存入本机 ARP 缓存并保留一段时间，在处理下次请求时直接查询 ARP 缓存以节约资源。

2. ARP 欺骗

ARP 欺骗是一种针对地址解析协议（ARP）的攻击技术，通过欺骗局域网内访问者主机的网关 MAC 地址，使访问者主机错以为攻击者更改后的 MAC 地址是网关的 MAC 地址，从而导致网络不通。该攻击技术可以让攻击者获取局域网上的数据包甚至篡改数据包，且让局域网上特定主机或所有主机无法正常通信。

3.3.5　端口保护

端口保护用来保护端口之间的通信，在将端口设为保护口之后，保护口之间无法互相通信，但保护口与非保护口之间可以正常通信。保护口有两种配置模式，第一种是阻断保护口之间的二层交换，但允许保护口之间进行路由；第二种是同时阻断保护口之间的二层交换和路由。在支持两种模式的情况下，第一种模式将作为默认配置模式。

端口保护适用于同一台交换机下需要进行用户二层隔离的场景。例如，不允许同一个 VLAN 内的用户互访，此时必须完全隔离，从而防止病毒扩散。在开启端口保护时，建议交换机每个端口只接入一个用户，这样才能基于端口进行精确的访问控制。

微课视频

3.4　网络规划设计

3.4.1　项目需求分析

- 配置交换机的 VLAN，并对端口进行划分。
- 现有安全威胁包括私接 HUB、非法用户接入、DHCP 攻击、ARP 欺骗等。
- 配置核心交换机为 DHCP Server。

- 配置 RLDP，避免单向链路、双向链路以及下联环路故障。
- 配置 DHCP Snooping，防止用户私设 DHCP 服务器。
- 配置 IP Source Guard，防止用户手动配置 IP 地址。
- 防止 ARP 欺骗。
- 配置端口保护功能，防止病毒扩散。
- 配合常用 show 命令，完成项目测试。

3.4.2 项目规划设计

1. 设备清单

本项目设备清单如表 3-1 所示。

表 3-1 设备清单

序 号	类 型	设 备	厂 商	型 号	数 量	备 注
1	硬件	二层接入交换机	锐捷	RG-S2910-24GT4XS-E	1	
2	硬件	三层核心交换机	锐捷	RG-S5310-24GT4XS	1	
3	硬件	计算机	—	—	1	PC1
4	硬件	计算机	—	—	1	PC2

2. 设备主机名规划

本项目设备主机名规划如表 3-2 所示。其中，代号 ZR 代表 ZR 网络公司，JR 代表接入层设备，HX 代表核心。S2910、S5310 代表设备型号，01 代表设备编号。

表 3-2 设备主机名规划

设备型号	设备主机名
RG-S2910-24GT4XS-E	ZR-JR-S2910-01
RG-S5310-24GT4XS	ZR-HX-S5310-01

3. VLAN 规划

本项目中主机 PC1、PC2 所属 VLAN 不变，根据公司部门进行 VLAN 划分，只需一个 VLAN 编号（VLAN ID）即可。同时，VLAN 划分采用与 IP 地址第三个字节数字相同的 VLAN ID，具体规划如表 3-3 所示。

表 3-3 VLAN 规划

主 机	VLAN ID	VLAN Name
PC1/ PC2	10	CaiwuBu

4. IP 地址规划

IP 地址规划包括部门用户业务地址及设备管理地址。财务部主机 IP 地址获取方式为 DHCP 自动获取，从核心交换机的 IP 地址池 192.168.10.0/24 中获取。另外，交换机的网络由管理人员负责，交换机的管理地址需要从财务部业务地址中分配，即交换机管理地址与财务部业务地址采用相同网段。具体业务地址规划和设备管理地址规划如表 3-4 和

表 3-5 所示。

表 3-4　业务地址规划

功 能 区	IP 地址池	掩 码
财务部 PC1、PC2	192.168.10.1 -- 192.168.10.252	255.255.255.0

表 3-5　设备管理地址规划

序 号	设备名称	管理地址	掩 码
1	ZR-JR-S2910-01	192.168.10.253	255.255.255.0
2	ZR-HX-S5310-01	192.168.10.254	255.255.255.0

5. 端口互联规划

网络设备之间的端口互联规划规范为"Con_To_对端设备名称_对端端口名"。本项目只针对网络设备互联端口进行描述，具体规划如表 3-6 所示。

表 3-6　端口互联规划

本端设备	端 口	端口描述	对端设备	端 口
ZR-HX-S5310-01	Gi0/8	Con_To_ZR-JR-S2910-01_Gi0/8	ZR-JR-S2910-01	Gi0/8
ZR-JR-S2910-01	Gi0/8	Con_To_ZR-HX-S5310-01_Gi0/8	ZR-HX-S5310-01	Gi0/8
	Gi0/1	Con_To_SCB_PC1	PC1	—
	Gi0/2	Con_To_CWB_PC1	PC2	—

6. 项目拓扑图

ZR 网络公司财务部计划实施网络安全部署，需要统一进行 IP 地址及业务资源的规划和分配，网络拓扑如图 3-1 所示。采用两台交换机 S2910 和 S5310 作为财务部的接入交换机和公司的核心交换机，满足"千兆到桌面"的接入需求，并提供一个无网络安全威胁的网络环境。

◎ 图 3-1　网络拓扑图

3.5　网络部署实施

3.5.1　交换机 VLAN 的相关配置

按照项目规划，在交换机上更改设备名，创建 VLAN，并划分对应的端口。

使用设备自带的 Console 线缆连接 PC 的 COM 口和设备的 Console 端口。用 SecureCRT 连接设备进行配置。将接入交换机的 Gi0/1、Gi0/2 端口配置为 access 端口，划分到 VLAN 10 中；将核心交换机和接入交换机的互联口 Gi0/8 配置为 trunk 端口，并允许 VLAN 10 通过。ZR-HX-S5310-01 与 ZR-JR-S2910-01 配置相似，这里以 ZR-JR-S2910-01 为例进行配置。

```
Ruijie>enable
Ruijie#configure terminal
```

```
Ruijie(config)#hostname ZR-JR-S2910-01                      // 修改设备名
ZR-JR-S2910-01(config)#vlan 10                              // 创建 VLAN 10
ZR-JR-S2910-01(config-vlan)#name CaiwuBu                    //VLAN 命名
ZR-JR-S2910-01(config-vlan)#exit
ZR-JR-S2910-01(config)#interface gi0/8
ZR-JR-S2910-01(config-if)#switchport mode trunk            // 将上联端口配置为 trunk 口
ZR-JR-S2910-01(config-if)#switchport trunk
allowed vlan only 10                                       // 允许 VLAN 10 通过
ZR-JR-S2910-01(config-if)#exit
ZR-JR-S2910-01(config)#interface vlan 10
ZR-JR-S2910-01(config-if)#ip address
192.168.10.253 255.255.255.0                               // 配置 VLAN 10 的 SVI 地址
ZR-JR-S2910-01(config-if)#exit
ZR-JR-S2910-01(config)#interface gi0/1
ZR-JR-S2910-01(config-if)#switchport mode access          // 设置端口模式为 access
ZR-JR-S2910-01(config-if)#switchport access vlan 10       // 将端口划分至 VLAN 10 中
ZR-JR-S2910-01(config-if)#exit
ZR-JR-S2910-01(config)#interface gi0/2
ZR-JR-S2910-01(config-if)#switchport mode access          // 设置端口模式为 access
ZR-JR-S2910-01(config-if)#switchport access vlan 10       // 将端口划分至 VLAN 10 中
ZR-JR-S2910-01(config-if)#exit
```

3.5.2 DHCP Server 配置

完成核心交换机上 DHCP 服务器的配置。

（1）配置 DHCP 服务。

依照项目规划，在核心交换机上配置 DHCP 服务，使得财务部的主机能自动获取 IP 地址，而不用手动配置。DHCP 的相关配置命令如下：

```
ZR-HX-S5310-01:
ZR-HX-S5310-01#configure terminal
ZR-HX-S5310-01(config)#service dhcp                        // 开启 DHCP 服务
ZR-HX-S5310-01(config)#ip dhcp pool CaiwuBu                // 定义 DHCP 地址池
ZR-HX-S5310-01(config-dhcp)#network
192.168.10.0 255.255.255.0                                 // 定义分配的网段
ZR-HX-S5310-01(config-dhcp)#dns-server 8.8.8.8            // 配置 DNS 地址
ZR-HX-S5310-01(config-dhcp)#default-router 192.168.10.254 // 配置网关
ZR-HX-S5310-01(config-dhcp)#exit
```

（2）排除不能分配的 IP 地址。

在本项目中，192.168.10.254/24、192.168.10.253 两个地址由于被划分为交换机的管理地址，所以不能再分配给其他设备。此时需要排除不能分配的 IP 地址，相关配置命令如下：

```
ZR-HX-S5310-01:
ZR-HX-S5310-01#configure terminal
ZR-HX-S5310-01(config)#ip dhcp excluded-address
192.168.10.253 192.168.10.254                             // 排除不能分配的 IP 地址
ZR-HX-S5310-01(config)#exit
```

3.5.3　RLDP 配置

完成接入交换机的 RLDP 配置。

为了防止接入交换机的下联端口出现环路（交换机本身的环路及下联 HUB 出现的环路），需要在交换机上配置 RLDP 功能，防止用户私接 HUB 出现环路，影响网络的正常运行。

在配置 RLDP 时，需要特别注意在下联端口开启 RLDP 功能的同时，也可开启 BPDU Guard+Portfast 功能（需要注意在该功能生效之前必须先开启 STP 协议），缩短端口进入转发状态的收敛时间。如果网络中没有运行生成树协议（单核心网络环境），则可以在接入交换机上开启 STP 功能，同时在上联端口开启 BPDU Filter，防止 STP 报文被发送到核心交换机，影响整个网络。

```
ZR-JR-S2910-01:
ZR-JR-S2910-01(config)#spanning-tree                        // 开启生成树 STP
ZR-JR-S2910-01(config)#rldp enable                          // 全局开启 RLDP 功能
ZR-JR-S2910-01(config)#interface gi0/1
ZR-JR-S2910-01(config-if)#spanning-tree bpdugard enable     // 配置 BPDU Guard
ZR-JR-S2910-01(config-if)#spanning-tree portfast            // 配置 Portfast
ZR-JR-S2910-01(config-if)#rldp port
loop-detect shutdown-port                                   // 发现环路立即关闭端口
ZR-JR-S2910-01(config-if)#exit
ZR-JR-S2910-01(config)#interface gi0/2
ZR-JR-S2910-01(config-if)#spanning-tree bpdugard enable     // 配置 BPDU Guard
ZR-JR-S2910-01(config-if)#spanning-tree portfast            // 配置 Portfast
ZR-JR-S2910-01(config-if)#rldp port
loop-detect shutdown-port                                   // 发现环路立即关闭端口
ZR-JR-S2910-01(config-if)#exit
ZR-JR-S2910-01(config)#errdisable recovery interval 300
// 如果端口出现环路并 shutdown，那么 300 秒后会自动恢复，重新检测是否有环路
ZR-JR-S2910-01(config)#interface gi0/8
ZR-JR-S2910-01(config-if)#spanning-tree bpdufilter enable   // 在上联端口上配置 BPDU Filter
ZR-JR-S2910-01(config-if)#exit
```

3.5.4　交换机防私设 DHCP 服务器配置

完成接入交换机防止私设 DHCP 服务器的配置。

（1）接入交换机开启 DHCP Snooping。

接入交换机的下联 PC 使用动态 DHCP 获取 IP 地址，为了防止内网用户接入非法 DHCP 服务器，如自带的无线小路由器等，导致正常用户获取错误的地址而上不了网或地址冲突，要开启 DHCP Snooping（DHCP 监听）功能。

```
ZR-JR-S2910-01:
ZR-JR-S2910-01(config)#ip dhcp snooping                     // 开启 DHCP Snooping 功能
```

（2）连接 DHCP 服务器的端口配置为 trust 端口。

开启 DHCP Snooping 功能的交换机，其所有端口默认为 untrust 端口，交换机只转发

从 trust 端口收到的 DHCP 响应报文（offer、ACK），因此在接入交换机的上联端口开启信任端口，其余端口为非信任端口，避免私接 DHCP 服务器导致的网络问题。

ZR-JR-S2910-01：

```
ZR-JR-S2910-01(config)#interface gi0/8
ZR-JR-S2910-01(config-if)#ip dhcp snooping trust        // 设置端口为 trust 端口
ZR-JR-S2910-01(config-if)#exit
```

3.5.5 防私自更改 IP 地址

在接入交换机上配置 IP Source Guard 功能。

IP Source Guard 功能可以实现防止用户私设 IP 地址及变化源 IP 地址的扫描行为，要求用户必须以动态 DHCP 方式获取 IP 地址，否则将无法使用网络。

ZR-JR-S2910-01：

```
ZR-JR-S2910-01(config)#interface gi0/1
ZR-JR-S2910-01(config-if)#ip verify
source port-security                                     // 开启源 IP+MAC 的报文检测
ZR-JR-S2910-01(config)#interface gi0/2
ZR-JR-S2910-01(config-if)#ip verify
source port-security                                     // 开启源 IP+MAC 的报文检测
ZR-JR-S2910-01(config-if)#exit
```

3.5.6 防 ARP 欺骗配置

完成接入交换机上防 ARP 欺骗的相关配置。

为了防止 ARP 欺骗攻击带来的网络丢包、不能访问网关、IP 地址冲突等问题，必须进行防护。

ARP 欺骗主要有 ARP 主机欺骗、ARP 网关欺骗两种。在本项目中，主机自动获取 IP 地址组网，针对此特点，采用"DHCP Snooping + IP Source Guard + ARP-check"的防 ARP 欺骗方案。其中，"DHCP Snooping""IP Source Guard"在上述配置任务中已经配置过，不再赘述，只需在接入交换机的下联端口上完成"ARP-check"配置即可。

ZR-JR-S2910-01：

```
ZR-JR-S2910-01(config)#interface Gi0/1
ZR-JR-S2910-01(config-if)#arp-check                      // 开启 ARP 报文检测
ZR-JR-S2910-01(config)#interface Gi0/2
ZR-JR-S2910-01(config-if)#arp-check                      // 开启 ARP 报文检测
ZR-JR-S2910-01(config-if)#exit
```

3.5.7 端口保护配置

完成交换机端口保护的配置，防止企业局域网内部出现病毒并感染其余主机。

端口保护在局域网中经常被用来隔离用户二层互访，在配置端口保护之后，同一个 VLAN 的用户之间是不能互访的，从而防止病毒扩散攻击。

只有配置了端口保护的端口之间才会被隔离，非保护端口和保护端口之间是不能被隔离的。

ZR-JR-S2910-01：

```
ZR-JR-S2910-01(config)#interface Gi0/1
ZR-JR-S2910-01(config-if)#switchport protected          // 开启端口保护
ZR-JR-S2910-01(config)#interface Gi0/2
ZR-JR-S2910-01(config-if)#switchport protected          // 开启端口保护
ZR-JR-S2910-01(config-if)#exit
ZR-JR-S2910-01(config)#protected-ports route-deny
// 全局开启路由隔离功能，配置了端口保护的端口之间不能进行二层互访
```

至此，本项目的部署实施全部结束。

3.6　项目联调与测试

在项目实施完成之后，需要对设备的运行状态进行查看，确保设备能够正常、稳定运行，最简单的方法是使用 show 命令查看交换机 CPU、内存、端口等状态。

3.6.1　基本配置检查

确保设备 VLAN、端口等配置是正确的。

（1）主机名、VLAN 的检查。

在接入交换机、核心交换机上分别使用 show vlan 命令查看 VLAN 的创建情况，以及主机名的配置是否正确，具体步骤这里就不予展示了。

（2）交换机 trunk、access 端口划分与 SVI 端口地址配置的检查。

使用 show interface switchport 和 show interface trunk 命令查看设备 access、trunk 端口的划分情况，如图 3-2 ～图 3-5 所示。

ZR-JR-S2910-01：

```
ZR-JR-S2910-01#show interface switchport
Interface                      Switchport Mode      Access Native Protect
ed VLAN lists
------------------------------ ---------- --------- ------ ------ -------
-- --------------------
GigabitEthernet 0/1            enabled    ACCESS    10     1      Disable
d  ALL
GigabitEthernet 0/2            enabled    ACCESS    10     1      Disable
d  ALL
```

◎ 图 3-2　接入交换机的 access 端口划分

```
ZR-JR-S2910-01#show ip interface brief
Interface                      IP-Address(Pri)        IP-Address(Se
c)      Status           Protocol
VLAN 10                        192.168.10.253/24      no address
        up               up
ZR-JR-S2910-01#
```

◎ 图 3-3　接入交换机的 VLAN 10 的 SVI 地址配置

```
ZR-JR-S2910-01#show interface trunk
Interface                    Native VLAN VLAN lists
---------------------------- ----------- ----------------------
GigabitEthernet 0/24         1           10
ZR-JR-S2910-01#
```

◎ 图 3-4　接入交换机的 trunk 端口

ZR-HX-S5310-01：

```
ZR-HX-S5310-01#show ip interface brief
Interface      IP-Address(Pri)     IP-Address(Sec)    Status     Protocol
VLAN 1         no address          no address         up         down
VLAN 10        192.168.10.254/24   no address         up         up
ZR-HX-S5310-01#
```

◎ 图 3-5　核心交换机的 VLAN 10 的 SVI 地址配置

综上，设备命名、VLAN、access 端口、trunk 端口、SVI 地址均配置无误。

3.6.2　DHCP 验证

确认 PC1 和 PC2 能够获取正确的 IP 地址。在核心交换机上完成 DHCP 配置之后，查看 PC 是否能够获取 IP 地址并互相通信。

（1）在核心交换机上使用 show ip dhcp binding 命令查看 IP 地址分配情况，如图 3-6 所示。

从使用 show 命令的结果中可以得知，地址池 192.168.10.0/24 已给终端分配了两个 IP 地址：192.168.10.1 和 192.168.10.2。

```
ZR-HX-S5310-01#show ip dhcp binding

Total number of clients  : 2
Expired clients          : 0
Running clients          : 2

IP address       Hardware address      Lease expiration            Type
192.168.10.2     00e0.4d68.016e        000 days 23 hours 58 mins   Automatic
192.168.10.1     00e0.4d68.0174        000 days 23 hours 57 mins   Automatic
ZR-HX-S5310-01#
```

◎ 图 3-6　核心交换机分配给终端的 IP 地址

（2）在 PC1、PC2 上打开 cmd 窗口，使用 ipconfig /all 命令查看主机获取的 IP 地址，并进行连通性测试，如图 3-7 ～图 3-9 所示。

```
以太网适配器 以太网 2:

   连接特定的 DNS 后缀 . . . . . . . :
   描述. . . . . . . . . . . . . . . : Realtek USB GbE Family Controller
   物理地址. . . . . . . . . . . . . : 00-E0-4D-68-01-74
   DHCP 已启用 . . . . . . . . . . . : 是
   自动配置已启用. . . . . . . . . . : 是
   本地链接 IPv6 地址. . . . . . . . : fe80::7956:85d:cc47:d580%15(首选)
   IPv4 地址 . . . . . . . . . . . . : 192.168.10.1(首选)
   子网掩码. . . . . . . . . . . . . : 255.255.255.0
   获得租约的时间 . . . . . . . . . . : 2022年5月27日 15:41:12
   租约过期的时间 . . . . . . . . . . : 2022年5月28日 15:41:12
   默认网关. . . . . . . . . . . . . : 192.168.10.254
   DHCP 服务器 . . . . . . . . . . . : 192.168.10.254
   DHCPv6 IAID . . . . . . . . . . . : 234938445
   DHCPv6 客户端 DUID . . . . . . . . : 00-01-00-01-2A-22-38-EE-1C-69-7A-5C-E9-B0
   DNS 服务器 . . . . . . . . . . . . : 8.8.8.8
   TCPIP 上的 NetBIOS . . . . . . . : 已启用
```

◎ 图 3-7　PC1 获取的 IP 地址

```
以太网适配器 以太网 2:

   连接特定的 DNS 后缀 . . . . . . . :
   描述. . . . . . . . . . . . . . . : Realtek USB GbE Family Controller
   物理地址. . . . . . . . . . . . . : 00-E0-4D-68-01-6E
   DHCP 已启用 . . . . . . . . . . . : 是
   自动配置已启用. . . . . . . . . . : 是
   本地链接 IPv6 地址. . . . . . . . : fe80::885e:c736:648f:50db%15(首选)
   IPv4 地址 . . . . . . . . . . . . : 192.168.10.2(首选)
   子网掩码. . . . . . . . . . . . . : 255.255.255.0
   获得租约的时间 . . . . . . . . . . : 2022年5月27日 15:42:06
   租约过期的时间 . . . . . . . . . . : 2022年5月28日 15:41:46
   默认网关. . . . . . . . . . . . . : 192.168.10.254
   DHCP 服务器 . . . . . . . . . . . : 192.168.10.254
```

◎ 图 3-8　PC2 获取的 IP 地址

```
C:\Users\lenovo>PING 192.168.10.2

正在 Ping 192.168.10.2 具有 32 字节的数据:
来自 192.168.10.2 的回复: 字节=32 时间=369ms TTL=128
来自 192.168.10.2 的回复: 字节=32 时间=765ms TTL=128
来自 192.168.10.2 的回复: 字节=32 时间=250ms TTL=128
来自 192.168.10.2 的回复: 字节=32 时间=843ms TTL=128

192.168.10.2 的 Ping 统计信息:
    数据包: 已发送 = 4, 已接收 = 4, 丢失 = 0 (0% 丢失),
往返行程的估计时间(以毫秒为单位):
    最短 = 250ms, 最长 = 843ms, 平均 = 556ms
```

◎ 图 3-9　PC1 Ping PC2

综上，财务部主机获取 IP 地址正常，并且同部门互访正常。

3.6.3　RLDP 配置验证

在用户侧端口产生环路之后，端口立刻被 shutdown，待 300 秒后自动恢复正常，消除下联环路。

（1）查看接入交换机 RLDP 的配置，如图 3-10 所示。

```
ZR-JR-S2910-01#show rldp
rldp state          : enable
rldp hello interval: 3
rldp max hello      : 2
rldp local bridge   : c0b8.e676.8713
------------------------------------
GigabitEthernet 0/1
port state          : normal
neighbor bridge : 0000.0000.0000
neighbor port   :
loop detect information:
    action: shutdown-port
    state : normal

GigabitEthernet 0/2
port state          : normal
neighbor bridge : 0000.0000.0000
neighbor port   :
loop detect information:
    action: shutdown-port
    state : normal
```

◎ 图 3-10　Gi0/1、Gi0/2 端口已开启 RLDP

（2）将 Gi0/1、Gi0/2 端口接成环路，模拟环路的产生，查看端口状态。

当下联端口出现环路时，设备打印日志，如图 3-11 所示。

使用 show interface status 命令查看端口状态，如图 3-12 所示。可以发现 Gi0/1、Gi0/2 端口的状态已经是 disabled 状态。

在等待 300 秒之后，Gi0/1、Gi0/2 端口状态如图 3-13 所示，可以发现一个端口恢复了 up 状态，另一个端口还是 disabled 状态，下联端口的环路被消除，因此 RLDP 的配置是有效的。

```
ZR-JR-S2910-01#*May 27 16:24:29: %RLDP-3-LINK_DETECT_ERROR: Detected loop e
rror on interface GigabitEthernet 0/1.shutdown-port.
*May 27 16:24:29: %RLDP-3-LINK_DETECT_ERROR: Detected loop error on interfa
ce GigabitEthernet 0/2.shutdown-port.
*May 27 16:24:31: %LINK-3-UPDOWN: Interface GigabitEthernet 0/1, changed st
ate to down.
*May 27 16:24:31: %LINEPROTO-5-UPDOWN: Line protocol on Interface GigabitEt
hernet 0/1, changed state to down.
*May 27 16:24:31: %LINK-3-UPDOWN: Interface GigabitEthernet 0/2, changed st
ate to down.
*May 27 16:24:31: %LINEPROTO-5-UPDOWN: Line protocol on Interface GigabitEt
hernet 0/2, changed state to down.
```

◎ 图 3-11　当 Gi0/1、Gi0/2 端口接成环路时设备打印的日志

```
ZR-JR-S2910-01#show interface status
Interface                     Status    Vlan   Duplex   Speed
  Type
-------------------------- -------- ---- ------- -------
- ------
GigabitEthernet 0/1           disabled  10     Unknown  Unknown
  copper
GigabitEthernet 0/2           disabled  10     Unknown  Unknown
  copper
```

◎ 图 3-12　Gi0/1、Gi0/2 端口状态

```
ZR-JR-S2910-01#show interface status
Interface                                Status    Vlan   Duplex   Speed
  Type
----------------------------------------  --------  ----   -------  -------
- -----
GigabitEthernet 0/1                       disabled  10     Unknown  Unknown
  copper
GigabitEthernet 0/2                       up        10     Full     100M
  copper
```

◎ 图 3-13　Gi0/1、Gi0/2 端口环路被消除

拆掉 Gi0/1、Gi0/2 端口的环路，恢复线路。

3.6.4　安全接入配置测试

本项目采用 "DHCP Snooping + IP Source Guard + ARP-check" 和端口保护技术为企业提供接入安全保护，完成相关配置测试。

（1）DHCP Snooping 配置检查。

使用 show ip dhcp snooping 命令查看 DHCP Snooping 的 trust 端口配置，如图 3-14 所示。可以发现 Gi0/24 端口被配置为 trust 端口，交换机只接收来自这个端口的 DHCP 报文，从而防止用户私设 DHCP 服务器造成的网络故障。

```
ZR-JR-S2910-01#show ip dhcp snooping

Switch DHCP snooping status                   :   ENABLE
DHCP snooping Verification of hwaddr status   :   DISABLE
DHCP snooping database write-delay time       :   0 seconds
DHCP snooping option 82 status                :   DISABLE
DHCP snooping Support bootp bind status       :   DISABLE

Interface                      Trusted          Rate limit (pps)
------------------------       -------          ----------------
GigabitEthernet 0/24           YES              unlimited
Default                        No               unlimited
ZR-JR-S2910-01#
```

◎ 图 3-14　查看 DHCP Snooping 配置

（2）IP Source Guard 配置检查。

使用 show ip dhcp snooping binding 命令查看 Snooping 表，并将其作为后续安全接入检查的凭据，如图 3-15 所示。使用 show ip verify source 命令查看 IP Source Guard 的相关信息，如图 3-16 所示。

从图 3-16 中可以看到 IP 地址和 MAC 地址绑定的信息，其中 Deny-All 表示对于没有绑定的地址均做丢弃处理。

更改主机 IP 地址，验证用户私设 IP 地址后主机的连通性，如图 3-17、图 3-18 所示。

```
ZR-JR-S2910-01#show ip dhcp snooping binding

Total number of bindings: 2

NO.   MACADDRESS          IPADDRESS        LEASE(SEC)    TYPE            VLAN  I
NTERFACE
----- ------------------- ---------------- ------------- --------------- ----- -
-------------------
1     00e0.4d68.0174      192.168.10.1     86205         DHCP-Snooping   10    G
igabitEthernet 0/1
2     00e0.4d68.016e      192.168.10.2     86276         DHCP-Snooping   10    G
igabitEthernet 0/2
ZR-JR-S2910-01#
```

◎ 图 3-15 查看 DHCP Snooping 表

```
ZR-JR-S2910-01#show ip verify source
NO.   INTERFACE                 FilterType FilterStatus           IPADDRESS
      MACADDRESS       VLAN TYPE
----- ------------------------- ---- ------------- ----------- --------------- ---------
------ ------------------------- ---- -------------
1     GigabitEthernet 0/1            IP+MAC     Active                 192.168.1
0.1   00e0.4d68.0174   10   DHCP-Snooping
2     GigabitEthernet 0/2            IP+MAC     Active                 192.168.1
0.2   00e0.4d68.016e   10   DHCP-Snooping
3     GigabitEthernet 0/1            IP+MAC     Active                 Deny-All

4     GigabitEthernet 0/2            IP+MAC     Active                 Deny-All


Total number of bindings: 4

ZR-JR-S2910-01#
```

◎ 图 3-16 查看 IP Source Guard 配置

如果网络支持此功能，则可以获取自动指派的 IP 设置。否则，你需要从网络系统管理员处获得适当的 IP 设置。

○ 自动获得 IP 地址(O)
◉ 使用下面的 IP 地址(S):

IP 地址(I):   192 . 168 . 10 . 10

子网掩码(U):   255 . 255 . 255 . 0

默认网关(D):   192 . 168 . 10 . 254

○ 自动获得 DNS 服务器地址(B)
◉ 使用下面的 DNS 服务器地址(E):

首选 DNS 服务器(P):   .   .

备用 DNS 服务器(A):   .   .

◎ 图 3-17 在 PC1 上配置静态 IP

```
C:\Users\lenovo>ping 192.168.10.254

正在 Ping 192.168.10.254 具有 32 字节的数据:
请求超时。
请求超时。
请求超时。
请求超时。

192.168.10.254 的 Ping 统计信息:
    数据包: 已发送 = 4, 已接收 = 0, 丢失 = 4 (100% 丢失),

C:\Users\lenovo>
```

◎ 图 3-18　PC1 Ping 网关

小提示

　　如果手动设置 IP 后依然可以通信，那么这时需要检查配置 IP 是否生效。如果 IP 未生效，则可以先在 PC1 的命令提示符窗口中使用 ipconfig /release 命令，释放 IP 地址；然后手动配置一个静态 IP 地址；最后 ping 网关测试连通性。

　　由于在手动配置静态 IP 地址之后网络中断，因此用户是不能私设 IP 地址的。

（3）防 ARP 欺骗配置检查。

　　在下联端口上配置 ARP-check 之后，使用 show interface arp-check list 命令查看 ARP 检查表项，如图 3-19 所示。

```
ZR-JR-S2910-01#show interface arp-check list
INTERFACE               SENDER MAC          SENDER IP           POLICY S
OURCE
--------------------    -----------------   -----------------   --------
-----------
GigabitEthernet 0/1     00e0.4d68.0174      192.168.10.1        DHCP sno
oping
GigabitEthernet 0/2     00e0.4d68.016e      192.168.10.2        DHCP sno
oping
ZR-JR-S2910-01#
```

◎ 图 3-19　ARP-check 表

Gi0/1、Gi0/2 都开启了 ARP-check，将 DHCP Snooping 表作为检查依据，如图 3-20 所示。

```
ZR-JR-S2910-01#show ip dhcp snooping binding

Total number of bindings: 2

NO.   MACADDRESS        IPADDRESS       LEASE(SEC)   TYPE           VLAN  I
NTERFACE
----- ---------------   -------------   ----------   -----------    ----- -
-------------------
1     00e0.4d68.0174    192.168.10.1    86312        DHCP-Snooping  10    G
igabitEthernet 0/1
2     00e0.4d68.016e    192.168.10.2    85422        DHCP-Snooping  10    G
igabitEthernet 0/2
ZR-JR-S2910-01#
```

◎ 图 3-20　DHCP Snooping 表

只有在 DHCP Snooping 表中的端口才能通过 ARP 检查，从而防止 ARP 欺骗。

（4）端口保护配置检查。

在完成端口保护配置之前，可以看到 PC1、PC2 之间通信正常，如图 3-21 所示。

```
C:\Users\lenovo>ping 192.168.10.2

正在 Ping 192.168.10.2 具有 32 字节的数据:
来自 192.168.10.2 的回复: 字节=32 时间=668ms TTL=128
来自 192.168.10.2 的回复: 字节=32 时间=594ms TTL=128
来自 192.168.10.2 的回复: 字节=32 时间=282ms TTL=128
来自 192.168.10.2 的回复: 字节=32 时间=672ms TTL=128

192.168.10.2 的 Ping 统计信息:
    数据包: 已发送 = 4, 已接收 = 4, 丢失 = 0 (0% 丢失),
往返行程的估计时间(以毫秒为单位):
    最短 = 282ms, 最长 = 672ms, 平均 = 554ms

C:\Users\lenovo>
```

◎ 图 3-21　PC1、PC2 之间通信正常

使用 show interface switchport 命令查看 Gi0/1、Gi0/2 端口在配置端口保护之后的状态，如图 3-22 所示，可以看到 Protect 都是 enabled 状态的，端口保护已开启。

```
ZR-JR-S2910-01#show interface switchport
Interface                        Switchport Mode       Access Native Protect
ed VLAN lists
--------------------------       ---------- ---------  ------ ------ -------
-- ---------------------
GigabitEthernet 0/1              enabled    ACCESS     10     1      Enabled
   ALL
GigabitEthernet 0/2              enabled    ACCESS     10     1      Enabled
   ALL
```

◎ 图 3-22　查看端口状态

保护端口之间无法通信，此时 Ping 测试超时，如图 3-23 所示。

```
C:\Users\lenovo>ping 192.168.10.2

正在 Ping 192.168.10.2 具有 32 字节的数据:
请求超时。
请求超时。
请求超时。
请求超时。

192.168.10.2 的 Ping 统计信息:
    数据包: 已发送 = 4, 已接收 = 0, 丢失 = 4 (100% 丢失),

C:\Users\lenovo>
```

◎ 图 3-23　PC 之间 Ping 超时

3.6.5　验收报告 – 设备服务检测表

请根据之前的验证操作，对任务完成度进行打分，这里建议和同学交换任务，进行

互评。

名称：_____　　序列号：_____

序　号	测试步骤	评价指标	评　分
1	查看交换机 VLAN 及 SVI 端口信息	查看 VLAN 的配置及端口 VLAN 是否正确，正确得 10 分；SVI 端口 IP 地址是否正确，正确得 15 分。 注：结果比对请查看图 3-3 ～图 3-5	
2	查看 DHCP 服务，IP 地址分配情况检查	PC1、PC2 可以正常获取 IP 地址，得 10 分；PC1、PC2 可以互访，得 15 分。 注：结果比对请查看图 3-7 ～图 3-9	
3	RLDP 测试	将 Gi0/1、Gi0/2 端口接成环路，端口为 disabled 状态，接触环路后端口为 up 状态，得 10 分 ZR-JR-S2910-01#show interface status Interface　　　　　　　Status　Vlan　Duplex　Speed 　Type GigabitEthernet 0/1　　disabled　10　Unknown　Unknown 　copper GigabitEthernet 0/2　　disabled　10　Unknown　Unknown 　copper	
4	DHCP Snooping 检查	在接入交换机上查看信任端口是否为 Gi0/24，正确得 10 分 ZR-JR-S2910-01#show ip dhcp snooping Switch DHCP snooping status　　　　　　　：ENABLE DHCP snooping Verification of hwaddr status　：DISABLE DHCP snooping database write-delay time　　：0 seconds DHCP snooping option 82 status　　　　　　：DISABLE DHCP snooping Support bootp bind status　　：DISABLE Interface　　　　　　Trusted　　Rate limit (pps) GigabitEthernet 0/24　YES　　unlimited Default　　　　　　No　　unlimited	
5	IP Source Guard 检查	在接入交换机上查看端口、IP+MAC、VLAN、处理动作的绑定情况，与规划相符得 20 分 注：结果比对请查看图 3-16	
6	防 ARP 欺骗检查	在接入交换机上查看检查表项及 DHCP Snooping 表项，与规划相符得 10 分 注：结果比对请查看图 3-19	
7	端口保护检查	在接入交换机上查看 Gi0/1、Gi0/2 端口保护是否开启，已开启得 10 分 ZR-JR-S2910-01#show interface switchport Interface　　　　　Switchport Mode　　Access Native Protect ed VLAN lists GigabitEthernet 0/1　enabled　ACCESS　10　1　Enabled 　ALL GigabitEthernet 0/2　enabled　ACCESS　10　1　Enabled 　ALL	
备注			

用户：_____　　检测工程师：_____　　总分：_____

3.6.6 归纳总结

通过以上内容讲解了接入网安全的特性：（根据学到的知识完成空缺的部分）

1．RLDP 可以检查 ＿＿＿＿＿、＿＿＿＿＿、＿＿＿＿＿ 环路故障。
2．DHCP Snooping 生成的表项包含 ＿＿＿＿＿、＿＿＿＿＿、＿＿＿＿＿、＿＿＿＿＿ 内容。
3．IP Source Guard 可以基于报文的 ＿＿＿＿＿、＿＿＿＿＿、＿＿＿＿＿ 进行过滤。
4．ARP 欺骗使用端口的 ＿＿＿＿＿ 地址。
5．开启端口保护的端口之间 ＿＿＿＿＿（能／不能）通信。

 综合拓展

3.7 工程师指南

网络工程师职业素养
——对企业内网面临的安全风险的认识

无论是单位领导，还是网络安全管理者，都必须紧跟安全趋势，把最新的网络安全防护技术应用到内网管理当中，常见的网络安全风险如下：

1．网络被随意接入，无法定位身份

单位网络可以被外部设备随意介入，极易被外部病毒入侵，对单位造成巨大损失。

2．非法外联不可控：终端连接互联网的方式众多

私接无线网卡、无线 Wi-Fi、4G 手机代理等方式均可以绕过内网的监控直接连接外网，向外部敞开大门。

3．维护成本高，耗时费力

单位范围大，上网设备多，维护人员需要对产品进行多点维护，增加维护时间。

4．无法迅速定位异常设备

单位网络不具备预警、自动判断、处理、归档等流程化的事件追踪机制，无法快速定位异常设备。

5．移动 U 盘随意使用，导致数据泄密

单位对移动储存介质无法进行管控，时常造成 U 盘泄密事件，无法跟踪管理。

针对网络安全风险，常见的解决方式如下：

1．杜绝非法入网

对网络的入网权限进行接管，终端入网强制身份认证，禁止未经授权的设备接入网络，确保只有合法终端才能入网。

2. 终端通信过滤

对网络访问数据包的源地址、目的地址、源端口号、目的端口号、协议、URL 地址等信息进行过滤，为数据流提供明确的允许 / 拒绝访问的规则。

3. 入网权限设置

根据入网终端类型的不同，对网络进行细分区域设置，满足需要的最小网络访问权限，提高网络的安全系数。

4. 非法入侵列表

详细记录所有入侵主机的信息，并发送报警信息，系统会自动阻断其访问用户所有的内、外网资源，提高用户网络的抗风险能力。

> **🔔 小提示**
>
> 本项目在现网中使用接入网安全技术，通过部署 RLDP、DHCP Snooping、IP Source Guard、端口保护、ARP 检测，来增强接入网络的安全可靠性，除了这些手段，还可以使用端口隔离来对二层网络进行防护。
>
> 端口隔离的基本原理是在交换机上创建一个端口隔离组，加入同一端口隔离组的端口之间不能通信，不同端口隔离组的端口、同一端口隔离组的端口和未加入端口隔离组的端口之间可以通信。端口隔离技术提供一种同一 VLAN 内主机禁止互访的基本机制，交换机所做的就是基于 MAC 转发表（二层转发）或路由表（三层转发）判断出端口，如果出端口和入端口在同一端口隔离组内则丢弃该报文。

3.8　思考练习

基础练习在线测试

项目排错

问题描述：

工程师小王根据 VSU 以及 BFD 的规划进行图 3-24 和图 3-25 所示的配置。

主机箱 SW2 中的配置：

```
Ruijie(config)#switch virtual domain 1          //设置 Domain ID
Ruijie(config-vs-domain)#switch 1               //设置 Switch ID
Ruijie(config-vs-domain)#switch 1 priority 150  //设置交换机优先级
```

从机箱 SW3 中的配置：

```
Ruijie(config)#switch virtual domain 1          //设置 Domain ID
Ruijie(config-vs-domain)#switch 1               //设置 Switch ID
Ruijie(config-vs-domain)#switch 1 priority 120  //设置交换机优先级
```

◎ 图 3-24　在 SW2 和 SW3 中的 VSU 配置

```
Ruijie(config)#vsl-port                                    //进入 VSL 链路
Ruijie(config-vs-port)#port-member interface Tengi0/49    //VSL 中加入成员接口
Ruijie(config-vs-port)#port-member interface Tengi0/50    //VSL 中加入成员接口
```

◎ 图 3-25　在 SW2 和 SW3 中的 VSL 配置

　　小王特意在完成配置之后插入第二根线缆，但等待许久 VSU 始终无法建立连接。请同学们根据学到的知识帮助小王分析问题可能出现在什么地方，或者需要哪些步骤来更好地确定问题的位置。

　　排查思路：

_____

_____

_____

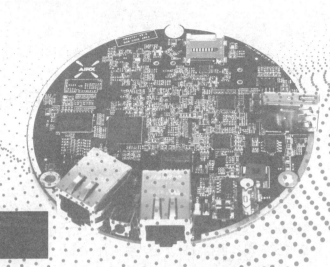

项目 4

企业网数据中心网络设计部署

知识目标

- 了解 VSU 与 VRRP 之间的区别。
- 掌握 VSU 与双机检测的工作原理。
- 熟悉 VSU 与双机检测的应用场景。

技能目标

- 熟练完成交换机虚拟化的配置。
- 制定高可靠性数据中心网络的设计方案。
- 完成高可靠性数据中心网络的配置。
- 完成高可靠性数据中心网络的联调与测试。
- 解决高可靠性数据中心网络的常见故障。
- 完成项目文档的编写。

素养目标

- 了解冗余设计的概念，养成在项目中进行冗余备份的习惯。
- 培养职业工程师素养，提前以职业人的标准规范自身行为。

教学建议

- 推荐课时数：8 课时。

 项目准备

4.1 任务描述

ZR 公司业务不断发展壮大，逐步建立了确保公司日常运营的办公网络和数据中心网络。其中，办公网络区设有两个部门：市场部（15 人）、技术研发部（10 人），要求建成后能够实现各部门互联互通，并且能够适应未来几年公司人员的增长。

数据中心网络用来承载公司相关业务系统，比如 Web 网站、公司 OA 系统、FTP 服务器等。因为数据中心承担无纸化办公、数据共享等重要任务，所以为了确保公司内部用户访问数据中心链路的可靠性，要求在增加设备实现链路级冗余的同时，还要保证管理的简单与发生故障时毫秒级的恢复时间。经过评估，技术人员决定使用 VSU 虚拟化技术来实现相关要求。另外，需要部署相关接入安全策略保证网络安全。公司现阶段只需一条出口链路，用于互联网接入与外部的访问，因此申请一条普通 ADSL 链路即可满足互联网访问的需求。

4.2 知识结构

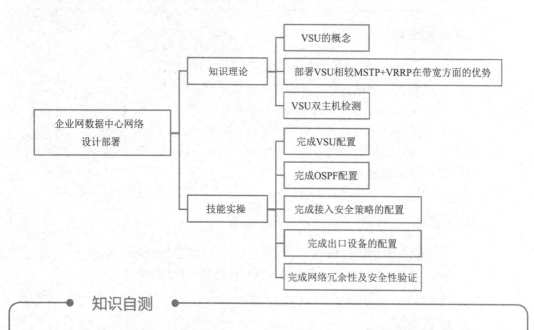

知识自测

◎ 在网络中经常见到多台网络设备和冗余链路的情况，其中网关和冗余链路的作用是什么？

冗余链路是物理上的冗余线路，使用冗余链路是为了防止单点故障，网关和冗余链路都是为了增强网络的稳定性。

◎ 你学过哪些网关冗余技术？

VRRP 即虚拟路由器冗余协议。

◎ 你学过哪些接入安全技术？

通过端口安全的绑定来保护接入安全。

4.3　知识准备

4.3.1　VSU

VSU 是把两台物理交换机组合成一台虚拟交换机的新技术，全称是 Virtual Switch Unit，即虚拟交换单元。两台交换机在经过 VSU 之后，其管理维护及应用都相当于一台交换机。

在上述 VSU 规划中涉及 5 个相关概念，具体说明如下：

1. Domain ID

Domain ID 是 VSU 的一个属性，也是 VSU 的标识符，可以用来区分不同的 VSU。两台交换机只有在 Domain ID 相同时才能组成 VSU。Domain ID 的取值范围是 1～255，默认值是 10。本项目的两台核心交换机 SW2 和 SW3 工作在编号为 1 的域中。

2. Switch ID

Switch ID 是成员交换机的一个属性，是交换机在 VSU 中的成员编号，取值是 1 或者 2，默认值是 1。在一个 VSU 中，成员设备的编号必须是唯一的，如果两个成员设备的编号相同，则不能建立 VSU。主机箱的编号一般设置为 1，从机箱的编号为 2。

3. 交换机优先级

交换机优先级是成员交换机的一个属性，用来在角色选举过程中确定成员交换机的角色。交换机优先级越高，该交换机被选举为主机箱的可能性越大。交换机优先级的取值范围是 1～255，默认值是 100。如果想让某台交换机被选举为主机箱，则应该提高该交换机的优先级。在本项目中，主机箱优先级为 150，从机箱优先级为 120。

4. VSL

虚拟交换链路（Virtual Switching Link，VSL）是一条用来在两台成员交换机之间传输控制报文的特殊聚合链路。除了控制报文，VSL 还可以传输跨机箱的数据报文。为了降低控制报文丢失的可能性，控制报文的优先级应高于数据报文。

5. 机箱角色

本项目中的 VSU 由两台核心交换机组成，在刚开始组建 VSU 时，两台机箱通过选举算法确定主、从身份，其中一台机箱作为主机箱，另外一台机箱作为从机箱。在控制面上，主机箱处于 active 状态，从机箱处于 standby 状态，主机箱把控制面信息实时同步到从机箱，从机箱在收到控制报文时需要将其转交给主机箱处理。在数据面上，两台机箱都处于 active 状态，即都参与数据报文的转发。

4.3.2 VSU 的技术优势

在传统网络中，为了增强网络的可靠性，一般会在核心层部署两台交换机，所有汇聚层交换机都有两条链路分别连接这两台核心层交换机。为了消除环路，在汇聚层交换机和核心层交换机上配置 MSTP 协议；为了提供冗余网关，在核心层交换机上配置 VRRP 协议。传统网络存在的缺陷如下：

1. 网络拓扑复杂，管理困难

为了增强可靠性而设计的冗余链路会使网络中出现环路，因此必须配置 MSTP 协议消除环路。另外，实际应用中可能由于链路流量比较大导致 BPDU 报文丢失和 MSTP 拓扑振荡，从而影响网络的正常运行。

2. 故障恢复时间一般在秒级

如 VRRP 协议，当状态为 master 的交换机发生故障时，处于 backup 状态的交换机至少要等 3 秒钟才会切换成 master 状态。

3. 造成资源浪费

生成树协议为了消除环路，需要阻塞一些链路，而没有利用这些链路的带宽会造成资源浪费。

为了弥补传统网络的缺陷，VSU 应运而生，其结构如图 4-1 所示。把传统网络中的两台核心层交换机用 VSU 替换，VSU 和接入层交换机通过聚合链路连接。

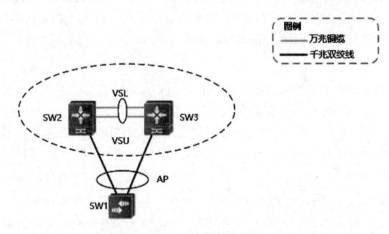

◎ 图 4-1 VSU 虚拟化组网

在外围设备看来，VSU 相当于一台交换机。因此，和传统的 MSTP+VRRP 环境相比，VSU 具有如下优势：

1. 简化管理

两台交换机之间通过两根万兆铜缆连接（也可以使用单模光纤，但是要使用万兆光模块），在组成 VSU 之后，管理员可以实现将两台核心交换机作为一台交换机进行配置和管理，而不需要对两台交换机分别进行配置和管理。对两台交换机进行虚拟化之后的逻辑拓扑图如图 4-2 所示。

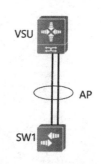

2. 简化网络拓扑

VSU 在网络中相当于一台交换机，通过聚合链路和外围设备连接，不存在二层环路，因此无须配置 MSTP 协议，

◎ 图 4-2　VSU 组网逻辑拓扑图

各种控制协议在一台交换机上运行，如单播路由协议。通过 VSU 组合交换机可以减少设备间大量协议报文的交互，并缩短路由收敛时间。

3. 故障恢复时间缩短到毫秒级

VSU 和外围设备通过聚合链路连接，如果其中一条成员链路出现故障，那么从该成员链路切换到另一条成员链路的时间是 50ms ～ 200ms；既提供冗余链路，又可以实现负载均衡，从而充分利用所有带宽。

综上所述，在不部署 VSU 的情况下，如果汇聚层交换机与接入层交换机连接要满足链路冗余、防止环路、负载均衡的需求，则需要部署 MSTP+VRRP；而 MSTP+VRRP 配置复杂、维护困难且存在阻塞链路，不能充分利用带宽。在部署 VSU 之后，汇聚层交换机对其他交换机呈现的是一台设备，因此无须部署 MSTP+VRRP，将接入层交换机与汇聚层交换机相连的链路聚合即可在正常转发数据的同时提升带宽。

4.3.3　VSU 的双主机检测

两台核心层交换机形成 VSU 的过程称为 VSU 的合并，即 SW2 和 SW3 可以单独从单模模式切换至 VSU 模式，并独立以 VSU 模式运行，如图 4-3 所示。

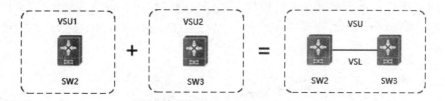

◎ 图 4-3　VSU 的合并

如果两台交换机组成的 VSU 中的 VSL 链路发生故障中断，则会导致 VSU 的两个相邻成员设备物理上不连通，由原来的一个 VSU 变为两个 VSU，这个过程称为 VSU 的分裂，如图 4-4 所示。

VSU 的分裂在真实网络中的表现如图 4-5 所示，这里我们可以思考一下 VSU 的分裂会导致什么问题。当发生 VSU 分裂时，网络上会出现两个配置相同的主机，称为双主机。当两个 VSU 中任何一个三层虚拟端口（VLAN 端口和环回端口等）的配置相同时，网络中会出现 IP 地址冲突，因此需要一种策略来解决双主机存在的问题。

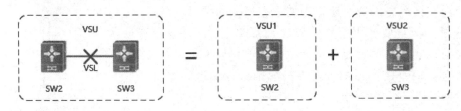

◎ 图 4-4　VSU 的分裂

要避免双主机问题的出现，首先要能够及时检测出网络中的双主机。目前检测双主机有两种方式，一种是基于 BFD 的检测，另一种是基于 VSU 与接入交换机之间组建的聚合链路的检测。本项目采用 BFD 的检测方式，需要在两台交换机之间建立一条独立的双主机检测链路。当 VSL 断开时，两台交换机开始通过双主机检测链路发送检测报文，若能收到对端发来的双主机检测报文，则说明对端仍在正常运行，即此时存在两台主机，如图 4-6 所示。

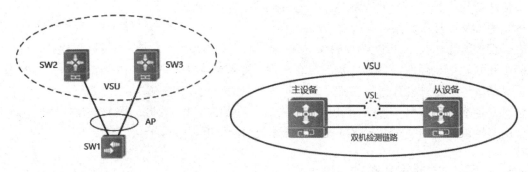

◎ 图 4-5　真实网络中的 VSU 分裂　　　　◎ 图 4-6　双主机检测

BFD 的双主机检测端口必须是三层路由端口，二层端口、三层 AP 端口或 SVI 端口都不能作为 BFD 的检测端口，因此需要将进行双主机检测的端口由交换机配置为路由端口。这里需要注意的是，在单机模式下，端口编号采用二维格式（如 GigabitEthernet 1/1），而在 VSU 中，端口编号采用三维格式（如 GigabitEthernet 1/1/1），第一个维度表示成员编号。

 项目任务

4.4　网络规划设计

微课视频

4.4.1　项目需求分析

· 规划及配置 VSU。

- 配置交换机基本信息。
- 配置 VLAN 及 SVI。
- 配置端口聚合。
- 配置远程管理。
- 配置 OSPF。
- 配置接入层安全策略。
- 配置出口设备。
- 网络巡检与优化。
- 项目联调与测试。

4.4.2　项目规划设计

1. 设备清单

本项目的设备清单如表 4-1 所示。

表 4-1　设备清单

序　号	类　型	设　备	厂商	型　号	数　量	备　注
1	硬件	二层接入交换机	锐捷	RG-S2928G-E	1	—
2	硬件	三层核心交换机	锐捷	RG-S6000C-48GT4XS-E	2	—
3	硬件	路由器	锐捷	RG-RSR20	1	—
4	硬件	数据中心接入交换机	锐捷	RG-S5750-28GT-L	1	—

2. 设备主机名规划

设备名称用于标识一台设备，在实际应用过程中可以根据需求进行命名。对设备进行合理命名，可以便于对设备进行维护和管理。在项目中需要制定统一的设备命名规范（如 AA-BB-CC-DD）。本项目的设备主机名规划如表 4-2 所示。其中代号 ZR 代表 ZR 公司，JR 代表该交换机为接入层设备，S2928G 代表设备型号，01 代表设备编号，其他设备命名同理。

表 4-2　设备主机名规划

序　号	设备名称	设备主机名	备　注
1	RG-S2928G-E	ZR-JR-S2928G-01	办公区接入
2	RG-S5750-28GT-L	ZR-Server-S5750-01	服务器区接入
3	RG-S6000C-48GT4XS-E	ZR-HX-S6000C-01	核心
4	RG-S6000C-48GT4XS-E	ZR-HX-S6000C-02	核心
5	RG-S6000C-48GT4XS-E	ZR-HX-S6000C-VSU	虚拟核心
6	RG-RSR20	ZR-CK-RSR20-01	出口设备

3. VLAN 规划

在本项目中，为每个部门（办公区）及服务器区分配各自的 VLAN，办公区的接入交换机管理采用单独的管理 VLAN，VLAN 规划如表 4-3 所示。

表 4-3　VLAN 规划

序　号	VLAN ID	VLAN Name	备　注
1	10	ShiChangBu_VLAN	市场部 VLAN
2	20	JiShuYaFaBu_VLAN	技术研发部 VLAN
3	50	Manage_VLAN	二层设备管理 VLAN
4	100	Server_VLAN	业务服务器 VLAN

4. IP 地址规划表

办公区和服务器区共有 3 个业务 VLAN，因此需要规划 3 个业务网段。同时，分别规划二层和三层设备管理地址。二层设备管理地址采用单独的管理网段，管理网关位于核心交换机上；三层设备管理地址采用 SVI 端口地址。另外，还需要规划三层设备之间端口的互联地址。综上所述，本项目的 IP 地址规划如表 4-4 ～表 4-7 所示。

表 4-4　用户业务 IP 地址规划

序　号	区　域	IP 地址	掩　码	网　关
1	市场部	192.168.10.0	255.255.255.0	192.168.10.254
2	技术研发部	192.168.20.0	255.255.255.0	192.168.20.254
3	服务器区	192.168.100.0	255.255.255.0	192.168.100.254

表 4-5　二层设备管理地址规划

序　号	设备名称	管理端口	IP 地址	掩　码	网　关
1	ZR-JR-S2928G-01	SVI50	192.168.50.1	255.255.255.0	192.168.50.254
2	ZR-HX-S6000C-VSU	SVI50	192.168.50.254	255.255.255.0	—

表 4-6　三层设备管理地址规划

序　号	设备名称	管理端口	IP 地址	掩　码	网　关
1	ZR-HX-S6000C-01	Loopback0	192.168.255.1	255.255.255.255	—
2	ZR-Server-S5750-01	Loopback0	192.168.255.2	255.255.255.255	—
3	ZR-CK-RSR20-01	Loopback0	192.168.255.3	255.255.255.255	—

表 4-7　设备互联 IP 地址规划

序　号	本端设备名称	本端 IP 地址	对端设备名称	对端 IP 地址
1	ZR-HX-S6000C-01	10.1.0.1/30	ZR-CK-RSR20-01	10.1.0.2/30
2	ZR-HX-S6000C-02	10.1.0.5/30	ZR-CK-RSR20-01	10.1.0.6/30
3	ZR-HX-S6000C-VSU	10.1.0.10/30	ZR-Server-S5750-01	10.1.0.9/30
4	ZR-CK-RSR20-01	200.1.100.1/30	ISP	200.1.100.2/30

5. 端口互联规划表

本项目中网络设备之间的端口互联规划规范为"Con_To_ 对端设备名称 _ 对端端口名"，具体规划如表 4-8 所示。

表 4-8　端口互联规划

本端设备	端　　口	端口描述	对端设备	端　　口
ZR-JR-S2928G-01	Gi0/23	Con_To_ZR-HX-S6000C-01_Gi0/1	ZR-HX-S6000C-01	Gi0/1
	Gi0/24	Con_To_ZR-HX-S6000C-02_Gi0/1	ZR-HX-S6000C-02	Gi0/1
ZR-Server-S5750-01	Gi0/23	Con_To_ZR-HX-S6000C-01_Gi0/2	ZR-HX-S6000C-01	Gi0/2
	Gi0/24	Con_To_ZR-HX-S6000C-02_Gi0/2	ZR-HX-S6000C-02	Gi0/2
ZR-HX-S6000C-01	TenGi0/49	Con_To_ZR-HX-S6000C-02_TenGi0/49	ZR-HX-S6000C-02	TenGi0/49
	TenGi0/50	Con_To_ZR-HX-S6000C-02_TenGi0/50	ZR-HX-S6000C-02	TenGi0/50
	Gi0/48	Con_To_ZR-HX-S6000C-02_Gi0/48	ZR-HX-S6000C-02	Gi0/48
	Gi0/1	Con_To_ZR-JR-S2928G-01_Gi0/23	ZR-JR-S2928G-01	Gi0/23
	Gi0/2	Con_To_ZR-Server-S5750-01_Gi0/23	ZR-Server-S5750-01	Gi0/23
	Gi0/3	Con_To_ZR-CK-RSR20-01_Gi0/1	ZR-CK-RSR20-01	Gi0/1
ZR-HX-S6000C-02	TenGi0/49	Con_To_ZR-HX-S6000C-01_TenGi0/49	ZR-HX-S6000C-01	TenGi0/49
	TenGi0/50	Con_To_ZR-HX-S6000C-01_TenGi0/50	ZR-HX-S6000C-01	TenGi0/50
	Gi0/48	Con_To_ZR-HX-S6000C-01_Gi0/48	ZR-HX-S6000C-01	Gi0/48
	Gi0/3	Con_To_ ZR-CK-RSR20-01_Gi0/2	ZR-CK-RSR20-01	Gi0/2
ZR-CK-RSR20-01	Gi0/1	Con_To_ZR-HX-S6000C-01	ZR-HX-S6000C-01	Gi0/3
	Gi0/2	Con_To_ZR-HX-S6000C-02	ZR-HX-S6000C-02	Gi0/2
	Gi0/3	Con_To_ISP	ISP	—

6. 项目拓扑图

本项目的网络拓扑图如图 4-7 所示。

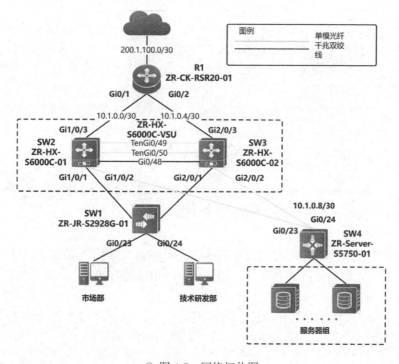

◎ 图 4-7　网络拓扑图

4.5 网络部署实施

4.5.1 在核心交换机中配置 VSU

在开始配置设备基本信息之前，要先进行 VSU 配置，包括物理连接、VSU 基本参数、VSL 链路、交换机模式、双机检测等。

（1）配置物理连接。

SW2 和 SW3 之间使用两根万兆铜缆（型号：XG-SFP-CU-1M）连接 TenGi0/49 和 TenGi0/50 端口。这里需要注意一点，可以先连接一根线缆，防止两台交换机之间出现二层环路，从而导致 VSU 配置失败。在设备重启之后，再连接另一根线缆。

（2）配置 VSU 基本参数。

主机箱 SW2 中的配置：

```
Ruijie(config)#switch virtual domain 1              //设置 Domain ID
Ruijie(config-vs-domain)#switch 1                   //设置 Switch ID
Ruijie(config-vs-domain)#switch 1 priority 150      //设置交换机优先级
```

从机箱 SW3 中的配置：

```
Ruijie(config)#switch virtual domain 1              //设置 Domain ID
Ruijie(config-vs-domain)#switch 2                   //设置 Switch ID
Ruijie(config-vs-domain)#switch 2 priority 120      //设置交换机优先级
```

🔔 小提示

这里先不设置交换机的主机名，否则在组建 VSU 之后，原来每台设备中的主机名配置都会丢失，应该在 VSU 组建之后再设置主机名。

（3）配置 VSL 链路。

VSL 是 VSU 配置的一个重要部分，两台交换机必须都要进行配置，否则 VSU 将无法正常建立。以 SW2 为例，VSL 的配置命令如下。

```
Ruijie(config)#vsl-port                                    //进入 VSL 链路
Ruijie(config-vs-port)#port-member interface Tengi0/49     //在 VSL 中加入成员端口
Ruijie(config-vs-port)#port-member interface Tengi0/50     //在 VSL 中加入成员端口
```

同理，按照上述配置命令完成 SW3 中的 VSL 配置。

（4）转换交换机工作模式。

交换机默认工作在单机模式（Standalone）下，因此必须将设备的工作模式从单机模式转换为虚拟化模式（Virtual）。在两台设备中执行相同的转换命令，建议先转换主机箱，再转换从机箱，在转换时需要保存 VSU 配置。

```
Ruijie#wr                            //保存配置
Ruijie#switch convert mode virtual   //将工作模式转换为虚拟化模式
Convert switch mode will automatically backup the "config.text" file and then delete
it, and reload the switch. Do you want to convert switch to virtual mode? [no/yes]y
```

// 输入 "yes" 并按回车键确认

● 小提示 ●

交换机在转换模式之后会重新启动。两台设备重新启动后，会通过 VSL 收发控制报文，完成 VSU 的建立，整个过程需要 10 ～ 15 分钟。VSU 建立之后，用户只需要登录主机箱就可以完成核心的相关配置，从机箱 Console 登录是没有输出的，也就是说后续的设备配置及运行状态的查看只能通过主设备进行，这一点需要注意。

在配置 VSU 虚拟化之后，后续一定要登录 master 设备进行配置，slave 设备控制台是没有输出的。但是只要在 master 设备中进行了相关配置，那么配置就是由两台设备共享的，后续的其他配置也是如此。

在 VSU 建立完成之后，用户可以查看其成员设备的状态信息，如图 4-8 所示。可以看出 "Slot" 列表示主、从机的线卡槽位，"Dev" 列表示当前两台编号分别为 1 和 2 的设备加入了虚拟化组，"Port" 列表示其端口数目均为 52，"Software Status" 列表示 dev1 设备的角色为 master，而 dev2 设备的角色为 backup，由此可以说明 VSU 虚拟化配置是没有问题的。

```
Ruijie#show version slots
  Dev Slot Port Configured Module          Online Module            Software Status
  --- ---- ---- ------------------------   --------------------     ---------------
  1   0    52   S6000C-48GT4XS-E           S6000C-48GT4XS-E         master
  1   1    0    N/A                        none                     none
  2   0    52   S6000C-48GT4XS-E           S6000C-48GT4XS-E         backup
  2   1    0    N/A                        none                     none
```

◎ 图 4-8　查看成员设备的状态信息

（5）配置双主机检测。

双主机检测配置命令如下。

```
Ruijie(config)#interface gi1/0/48                        // 进入参与双主机检测的端口
Ruijie(config-if)#no switchport                          // 将参与三层聚合的端口转换为路由口
Ruijie(config-if)#interface gi2/0/48                     // 进入参与双主机检测的端口
Ruijie(config-if)#no switchport                          // 将参与三层聚合的端口转换为路由口
Ruijie(config-if)#exit  // 退出端口模式
Ruijie(config)#switch virtual domain 1                   // 设置 Domain ID
Ruijie(config-vs-domain)#dual-active detection bfd              // 设置双主机检测模式为 BFD
Ruijie(config-vs-domain)#dual-active bfd interface gi1/0/48    // 添加参与双主机检测的端口
Ruijie(config-vs-domain)#dual-active bfd interface gi2/0/48    // 添加参与双主机检测的端口
```

命令执行过程如图 4-9 所示。

```
Ruijie(config)#interface gi1/0/48
Ruijie(config-if-GigabitEthernet 1/0/48)#no switchport
Ruijie(config-if-GigabitEthernet 1/0/48)#interface gi2/0/48
Ruijie(config-if-GigabitEthernet 2/0/48)#no switchport
Ruijie(config-if-GigabitEthernet 2/0/48)#exit
Ruijie(config)#switch virtual domain 1
Ruijie(config-vs-domain)#dual-active detection bfd
Ruijie(config-vs-domain)#dual-active bfd interface gi1/0/48
Ruijie(config-vs-domain)#dual-active bfd interface gi2/0/48
```

◎ 图 4-9　双主机检测配置执行过程

4.5.2　交换机基本信息配置

在开始功能性配置之前，要先完成设备的基本配置，包括主机名、端口描述、时钟等。

（1）配置主机名和端口描述。

依照项目前期的设备主机名规划及端口互联规划，对网络设备进行主机名及端口描述的配置。由于篇幅限制，相关配置在此不再赘述。

（2）配置 VLAN。

在 VSU 建立完成之后，核心设备只有一台，因此需要在 VSU 和接入交换机 SW1 中配置市场部、技术研发部的部门 VLAN 及设备的管理 VLAN。而服务器 VLAN 需要配置在服务器接入交换机 SW4 中。具体的配置命令这里不再赘述。

（3）配置 SVI。

同理，两台核心交换机在虚拟化之后，将作为一台设备进行管理配置，因此用户网关的配置将会变得非常简单，不像在 MSTP+VRRP 场景中那么复杂。在虚拟核心交换机中进行用户网关配置的命令如下。

```
ZR-HX-S6000C-VSU(config)#interface vlan10              // 配置市场部用户网关
ZR-HX-S6000C-VSU(config-if)#description GW_shichangbu  // 配置 SVI 端口描述
ZR-HX-S6000C-VSU(config-if)#ip address 192.168.10.254 255.255.255.0 // 配置 SVI 端口地址
ZR-HX-S6000C-VSU(config-if)#interface vlan20           // 配置技术部用户网关
ZR-HX-S6000C-VSU(config-if)#description GW_jishubu     // 配置 SVI 端口描述
ZR-HX-S6000C-VSU(config-if)#ip address 192.168.20.254 255.255.255.0 // 配置 SVI 端口地址
ZR-HX-S6000C-VSU(config-if)#interface vlan 50          // 配置二层设备管理网关
ZR-HX-S6000C-VSU(config-if)#description GW_manage      // 配置 SVI 端口描述
ZR-HX-S6000C-VSU(config-if)#ip address 192.168.50.254 255.255.255.0 // 配置 SVI 端口地址
```

4.5.3　设备聚合端口配置

在交换机上配置三层聚合端口和二层聚合端口。

（1）配置三层聚合端口。

在 SW4 与 VSU 之间配置三层聚合端口。以 SW4 为例，相关配置命令如下。

```
ZR-Server-S5750-01(config)#interface range gi0/23-24 // 进入参与聚合的端口
ZR-Server-S5750-01(config-if)#no switchport         // 将参与三层聚合的端口转换为路由口
ZR-Server-S5750-01(config-if)#exit                  // 退出端口模式
ZR-Server-S5750-01(config)#int aggregateport 1      // 创建聚合口 Ag1
ZR-Server-S5750-01(config-if)#no switchport         // 将参与三层聚合的端口转换为路由口
ZR-Server-S5750-01(config-if)#ip address 10.1.0.9 255.255.255.252   // 配置互联 IP 地址
ZR-Server-S5750-01(config-if)#exit                  // 退出端口模式
ZR-Server-S5750-01(config)#interface range gi0/23-24 // 进入参与聚合的端口
ZR-Server-S5750-01(config-if)#port-group 1          // 将成员端口加入聚合组 Ag1 中
```

对端的三层聚合端口配置方法类似，这里不再赘述。

（2）配置二层聚合端口。

因为用户网关在 VSU 上，所以 VSU 与 SW1 之间要采用二层聚合端口进行互联，有两个聚合组。二层聚合端口的配置在此不再赘述。

配置完成后，用户可以在 VSU 中查看聚合端口的状态信息，如图 4-10 所示。

```
ZR-HX-S6000C-VSU#show aggregatePort summary
AggregatePort MaxPorts SwitchPort Mode    Load balance          Ports
------------- -------- ---------- ------  -----------           --------------
----------------
Ag1           8        Disabled           src-dst-mac           Gi1/0/2 ,Gi2/0/2
Ag2           8        Enabled    TRUNK   src-dst-mac           Gi1/0/1 ,Gi2/0/1
```

◎ 图 4-10   聚合端口状态信息

需要注意的是，VSU 与出口设备之间是两条链路，用户需要将这两条链路分别配置为三层互联链路，而办公区接入交换机 SW1 与核心交换机之间的互联采用普通的二层聚合端口即可。

4.5.4   设备远程管理配置

在全网交换机上开启 Telnet，实现远程管理。自助业务区和服务器区只允许网管 PC（技术部用户 IP 地址为 192.168.20.1/24）登录。

以 SW1 为例，相关配置命令如下。SW2 的远程管理管理配置同理。

```
ZR-JR-S2928G-01(config)#username admin password ruijie@123    // 配置全局用户名和密码
ZR-JR-S2928G-01(config)#enable secret ruijie@123             // 配置加密的特权密码
ZR-JR-S2928G-01(config)#line vty 0 4                         // 进入远程配置模式
ZR-JR-S2928G-01(config-line)#login local                    // 使用本地用户名密码进行远程登录认证
ZR-JR-S2928G-01(config-line)#exit                           // 退出远程配置模式
ZR-JR-S2928G-01(config)#interface vlan50                    // 配置远程管理的 IP 地址
ZR-JR-S2928G-01(config-if)#ip address 192.168.50.1 255.255.255.0    // 配置 SVI 口地址
ZR-JR-S2928G-01(config-if)#exit                             // 退出端口模式
ZR-JR-S2928G-01(config)#ip route 0.0.0.0 0.0.0.0 192.168.50.254    // 配置远程管理网关
ZR-JR-S2928G-01(config)#ip access-list standard 10         // 配置允许远程登录 ACL
ZR-JR-S2928G-01(config-std-nacl)#permit host 192.168.20.1  // 运行主机 IP 通过
ZR-JR-S2928G-01(config-std-nacl)#exit                      // 返回特权模式
ZR-JR-S2928G-01(config)#line vty 0 4                       // 进入远程配置模式
ZR-JR-S2928G-01(config-line)#access-class 10 in            // 线程模式下调用 ACL
```

4.5.5   OSPF 规划与配置

（1）OSPF 的规划设计。

全网采用 OSPF 路由协议组网，具体规划如下：

a. SW4、VSU 及出口设备运行在 OSPF10 中，区域号分别为 0 和 11，VSU 下联区域为末梢区域。

b. 要求业务网段中不出现协议报文。

c. 要求所有路由协议都发布具体网段。

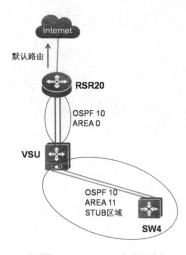

◎ 图 4-11　OSPF 路由规划

d. 为了管理方便，需要发布 Loopback 地址。

e. 优化 OSPF 相关配置，以尽量加快 OSPF 收敛。

f. 在出口设备到运营商中配置默认路由，将出口设备作为 ASBR 执行重发布策略，向 OSPF 进程注入默认路由，实现内网到外网的互联互通。具体规划如图 4-11 所示。

（2）配置 OSPF 基本参数。

VSU 核心交换机 OSPF 具体配置命令如下。

```
ZR-HX-S6000C-VSU(config)#router ospf 10
// 进入 OSPF 进程 10
ZR-HX-S6000C-VSU(config-router)#router-id 192.168.255.1
// 手动指定 Router ID
Change router-id and update OSPF process! [yes/no]:yes
// 确认更改 Router ID
ZR-HX-S6000C-VSU(config-router)#network 10.1.0.0 0.0.0.3 area 0    // 发布出口设备的互联网段
ZR-HX-S6000C-VSU(config-router)#network 10.1.0.4 0.0.0.3 area 0 // 发布出口设备的互联网段
ZR-HX-S6000C-VSU(config-router)#network 10.1.0.8 0.0.0.3 area11 // 发布 SW4 的互联网段
ZR-HX-S6000C-VSU(config-router)#network 192.168.10.0 0.0.0.255 area11
// 发布市场部业务网段
ZR-HX-S6000C-VSU(config-router)#network 192.168.20.0 0.0.0.255 area11
// 发布技术研发部业务网段
ZR-HX-S6000C-VSU(config-router)#network 192.168.50.0 0.0.0.255 area11
// 发布二层设备管理网段
ZR-HX-S6000C-VSU(config-router)#network 192.168.255.1 0.0.0.0 area11
// 发布 Router ID 地址
ZR-HX-S6000C-VSU(config-router)#area11 stub                      // 将区域 11 定义为末梢区域
```

数据中心核心交换机具体配置命令如下。

```
ZR-Server-S5750-01(config)#router ospf 10                       // 进入 OSPF 进程 10
ZR-Server-S5750-01(config-router)#router-id 192.168.255.2       // 手动指定 Router ID
Change router-id and update OSPF process! [yes/no]:yes          // 确认更改 Router ID
ZR-Server-S5750-01(config-router)#network 192.168.255.2 0.0.0.0 area11
// 发布 Router ID 地址
ZR-Server-S5750-01(config-router)#network 10.1.0.8 0.0.0.3 area11      // 发布 SW4 的互联网段
ZR-Server-S5750-01(config-router)#network 192.168.100.0 0.0.0.255 area11
// 发布服务器区网段
ZR-Server-S5750-01(config-router)#area11 stub                     // 将区域 11 定义为末梢区域
```

出口设备具体配置命令如下。

```
ZR-CK-RSR20-01(config)#router ospf 10                           // 进入 OSPF 进程 10
ZR-CK-RSR20-01(config-router)#router-id 192.168.255.3 /          / 手动指定 Router ID
yes      // 确认更改 Router ID
ZR-CK-RSR20-01(config-router)#network 192.168.255.3 0.0.0.0 area 0
// 发布 Router ID 地址
ZR-CK-RSR20-01(config-router)#network 10.1.0.0 0.0.0.3 area 0              // 发布互联网段
ZR-CK-RSR20-01(config-router)#network 10.1.0.4 0.0.0.3 area 0              // 发布互联网段
ZR-CK-RSR20-01(config-router)#exit
```

```
ZR-CK-RSR20-01(config)#int gi0/1
ZR-CK-RSR20-01(config-if)#ip ospf cost 10                        // 修改端口开销, 控制选路
ZR-CK-RSR20-01(config-if)#int gi0/2
ZR-CK-RSR20-01(config-if)#ip ospf cost 20                        // 修改端口开销, 控制选路
ZR-CK-RSR20-01(config-if)#exit
```

（3）配置 OSPF 优化。

为了加快 OSPF 协议的收敛速度，一般会在完成 OSPF 基本配置之后对 OSPF 进行相关的优化。OSPF 优化包括配置端口网络类型、被动端口等。以 VSU 核心交换机为例，OSPF 优化配置命令如下。

```
ZR-HX-S6000C-VSU(config)#router ospf 10                          // 进入 OSPF 进程 10
ZR-HX-S6000C-VSU(config-router)#passive-interface default        // 将所有端口配置为被动端口
ZR-HX-S6000C-VSU(config-router)#no passive-interface Gi1/0/3     // 排除与出口设备互联的端口
ZR-HX-S6000C-VSU(config-router)#no passive-interface Gi2/0/3     // 排除与出口设备互联的端口
ZR-HX-S6000C-VSU(config-router)#no passive-interface Agg1        // 排除与 SW4 互联的 AGG1 端口
ZR-HX-S6000C-VSU(config-router)#exit                             // 返回全局模式
ZR-HX-S6000C-VSU(config)#interface Aggregateport 1               // 进入参与聚合的端口
ZR-HX-S6000C-VSU(config-if)#ip ospf network point-to-point       // 将网络端口类型修改为 P2P
```

其余设备中的 OSPF 配置与此类似。在配置完成之后可以在各设备中确认 OSPF 邻居状态是否正常，如图 4-12 所示。可以看出 SW4 的邻居为 VSU 核心交换机。

```
ZR-Server-S5750-01#show ip ospf neighbor

OSPF process 10, 1 Neighbors, 1 is Full:
Neighbor ID     Pri   State           Dead Time   Address     Interface
192.168.255.1    1    Full/ -         00:00:38    10.1.0.10   AggregatePort 1
```

◎ 图 4-12　查看 OSPF 邻居状态信息

4.5.6　接入层安全策略配置

在接入交换机中配置安全策略。

（1）在办公区接入交换机 SW1 中配置安全策略。

对于市场部和技术研发部的用户来讲，常见的来自接入层的安全威胁有 ARP 攻击、私设 DHCP 服务器导致用户终端地址获取异常而无法正常访问网络等。因此，需要在接入交换机 SW1 上部署相应的接入层安全策略，具体配置命令如下。

```
ZR-JR-S2928G-01(config)#ip dhcp snooping                         // 开启 DHCP Snooping 功能
ZR-JR-S2928G-01(config)#int Aggregateport1                       // 进入二层聚合端口
ZR-JR-S2928G-01(config-if)#ip dhcp snooping trust                // 配置上联端口为 trust 模式
ZR-JR-S2928G-01(config-if)#exit                                  // 返回全局模式
ZR-JR-S2928G-01(config)#interface range gi0/1-22                 // 进入连接各部门用户的端口
ZR-JR-S2928G-01(config-if)#ip verify source port-security        // 禁止私设 IP 地址
ZR-JR-S2928G-01(config-if)#arp-check                             // 开启防 ARP 攻击功能
ZR-JR-S2928G-01(config-if)#exit                                  // 返回全局模式
```

（2）在数据中心区接入交换机 SW4 中配置安全策略。

在数据中心区接入交换机 SW4 中也可以根据实际情况配置防环策略，与 SW1 的配

置方法相同。这里重点讲解防 ARP 攻击的配置策略部署。由于服务器 IP 地址一般是静态地址，因此上述应用在办公区中的 "DHCP Snooping+IPSG+ARP-Check" 的防 ARP 攻击方案将变得不可行。这里可以采用"全局地址绑定 +ARP-Check"的方法防止 ARP 攻击。

全局地址绑定（Address-bind）的工作原理与端口安全类似，但是只能绑定 IP 地址和 MAC 地址，只有被绑定的 IP 地址和 MAC 地址才能接入到网络中。因此，可以在 SW4 中先绑定服务器 IP 地址与提供服务的网卡 MAC 地址，再结合 ARP-Check 防止 ARP 攻击。

```
ZR-Server-S5750-01(config)#address-bind install            // 开启全局绑定地址功能
ZR-Server-S5750-01(config)#address-bind uplink agg1
// 配置全局绑定地址上联端口为三层聚合端口
ZR-Server-S5750-01(config)#address-bind 192.168.100.1 d89d.6713.5328
// 配置全局绑定地址 1
......                                                      // 配置全局绑定地址 n
ZR-Server-S5750-01(config)#interface range gi0/1-22        // 进入连接服务器的端口
ZR-Server-S5750-01(config-if)#arp-check                    // 开启 ARP-Check 功能
```

> 🔔 小提示
>
> 　　用户可以在 SW4 上绑定多台服务器的 IP 地址与 MAC 地址。这里需要注意，在锐捷设备中 MAC 地址的书写方式是每两个字节为一个段，共 3 个段，段与段之间用 "." 隔开，字母不区分大小写。这种 MAC 地址的格式与 Windows 操作系统下 MAC 地址的格式有所不同。在 SW4 中查看全局地址绑定表，如图 4-13 所示。
>
> ```
> ZR-Server-S5750-01#show address-bind
> Total Bind Addresses in System : 1
> IP Address              Binding MAC Addr
> ---------------         -----------------
>    192.168.100.1        d89d.6713.5328
> ```
>
> ◎ 图 4-13　查看全局地址绑定表
>
> 　　由于绑定了合法服务器的 IP 地址与 MAC 地址的对应关系，因此该列表之外的主机将无法正常接入网络，从而增强服务器的安全性。

4.5.7　配置出口设备

在出口设备上配置 NAT、默认路由等信息。

（1）配置 NAT。

```
ZR-CK-RSR20-01(config)#interface range gi 0/1-2            // 进入内网口
ZR-CK-RSR20-01(config-if)#ip nat inside                    // 设置端口类型
ZR-CK-RSR20-01(config-if)#int gi 0/3                        // 进入外网口
ZR-CK-RSR20-01(config-if)#ip nat outside                   // 设置端口类型
ZR-CK-RSR20-01(config-if)#exit
ZR-CK-RSR20-01(config)#ip access-list stand 1              // 创建 ACL
ZR-CK-RSR20-01(config-nacl)#permit 192.168.0.0 0.0.255.255
ZR-CK-RSR20-01(config-nacl)#exit
ZR-CK-RSR20-01(config)#ip nat pool nat netmask 255.255.255.252    // 创建 NAT 地址池
```

```
ZR-CK-RSR20-01(config-nat)#address 200.1.100.1 200.1.100.1
ZR-CK-RSR20-01(config-nat)#exit
ZR-CK-RSR20-01(config)#ip nat inside source list 1 pool nat overload  // 创建 NAT 规则
```

（2）配置路由。

RSR20 中的路由配置包括前面已经完成的 OSPF 配置、默认路由配置及默认路由的引入。相关配置命令如下：

```
ZR-CK-RSR20-01(config)#ip route 0.0.0.0 0.0.0.0 200.1.100.2       // 创建默认路由
ZR-CK-RSR20-01(config)#Router ospf 10                            // 进入 OSPF 进程
ZR-CK-RSR20-01(config-router)#default-information origin always   // 路由重发布
ZR-CK-RSR20-01(config-router)#exit
```

至此，整个项目的部署实施全部结束。

4.6　项目联调与测试

4.6.1　查看设备的运行状态

在项目实施完成之后需要对设备的运行状态进行查看，确保设备能够正常稳定运行，最简单的方法是使用 show 命令查看交换机 CPU、内存、端口等状态。

4.6.2　查看协议运行状态

1）查看 VSU 状态

（1）查看 VSU 的配置信息。

VSU 的详细配置内容是无法通过 show run 命令查看的，但是可以通过 show switch virtual config 命令进行查询，如图 4-14 所示。

```
ZR-HX-S6000C-VSU#show switch virtual config
switch_id: 1 (mac: 8005.88cb.840f)
!
switch virtual domain 1
!
switch 1
switch 1 priority 150
!
port-member interface TenGigabitEthernet 0/49
port-member interface TenGigabitEthernet 0/50
switch convert mode virtual
!

switch_id: 2 (mac: 8005.88cb.83a6)
!
switch virtual domain 1
!
switch 2
switch 2 priority 120
switch 2 description S6000-1
!
port-member interface TenGigabitEthernet 0/49
port-member interface TenGigabitEthernet 0/50
switch convert mode virtual
```

◎ 图 4-14　查看 VSU 配置信息

（2）查看双主机检测链路状态。

这里必须保证双主机检测链路状态为 up，否则一旦 VSL 链路中断，就相当于双主机检测机制没有生效，如图 4-15 所示。

```
ZR-HX-S6000C-VSU#show switch virtual dual-active bfd
BFD dual-active detection enabled: Yes
BFD dual-active interface configured:
    GigabitEthernet 1/0/48: UP
    GigabitEthernet 2/0/48: UP
```

◎ 图 4-15　查看双主机检测链路状态

（3）查看 VSU 的角色表。

使用 show switch virtual role 命令可以非常清晰地查看成员设备的角色，如图 4-16 所示。

```
ZR-HX-S6000C-VSU#show switch virtual role
Switch_id   Domain_id    Priority    Position    Status    Role       Description
-------------------------
1(1)        1(1)         150(150)    LOCAL       OK        ACTIVE
2(2)        1(1)         120(120)    REMOTE      OK        STANDBY    S6000-1
```

◎ 图 4-16　查看成员设备角色

（4）查看 VSU 的拓扑。

使用 show switch virtual topology 命令可以查看文字版的 VSU 拓扑，以及各成员设备的 MAC 地址、角色等信息，如图 4-17 所示。

```
ZR-HX-S6000C-VSU#show switch virtual topology
Introduction: '[num]' means switch num, '(num/num)' means vsl-aggregateport num.

Chain topology:
[1](1/1)---(2/1)[2]

Switch[1]: master, MAC: 8005.88cb.840f, Description:
Switch[2]: standby, MAC: 8005.88cb.83a6, Description: S6000-1
```

◎ 图 4-17　查看 VSU 的拓扑

2）查看 OSPF 状态

以核心交换机 VSU 为例，查看 OSPF 邻居状态表，如图 4-18 所示。此时，邻居数目为 3 条。

```
ZR-HX-S6000C-VSU#show ip ospf neighbor

OSPF process 10, 3 Neighbors, 3 is Full:
Neighbor ID     Pri  State      BFD State  Dead Time  Address    Interface
192.168.255.3   1    Full/ -    -          00:00:31   10.1.0.2   GigabitEthernet 1/0/3
192.168.255.3   1    Full/ -    -          00:00:31   10.1.0.6   GigabitEthernet 2/0/3
192.168.255.2   1    Full/ -    -          00:00:38   10.1.0.9   AggregatePort 1
```

◎ 图 4-18　查看核心交换机 VSU 的 OSPF 邻居表

另外，可以使用 show ip ospf database 命令查看核心交换机 VSU 中的 LSDB，如图 4-19 所示。整体的 LSDB 非常简单，只有 LSA1（Router LSA）和 LSA5（AS External LSA）产生的路由信息。由于所有链路都是 P2P 类型的，所以没有 LSA2 的。

```
ZR-HX-S6000C-VSU#show ip ospf database

          OSPF Router with ID (192.168.255.1) (Process ID 10)

          Router Link States (Area 0.0.0.0)

Link ID         ADV Router       Age    Seq#        CkSum  Link count
192.168.255.1   192.168.255.1    424    0x80000019  0xe958 10
192.168.255.2   192.168.255.2    23     0x8000000c  0xec8b 4
192.168.255.3   192.168.255.3    438    0x8000000b  0x2b8f 5

          AS External Link States

Link ID         ADV Router       Age    Seq#        CkSum  Route           Tag
0.0.0.0         192.168.255.3    798    0x80000002  0x81d8 E2 0.0.0.0/0     10
```

◎ 图 4-19 查看核心交换机 VSU 中的 LSDB

3）查看路由表

在核心交换机 VSU 中查看路由表，如图 4-20 所示。

```
ZR-HX-S6000C-VSU#show ip route

Codes:  C - Connected, L - Local, S - Static
        R - RIP, O - OSPF, B - BGP, I - IS-IS, V - Overflow route
        N1 - OSPF NSSA external type 1, N2 - OSPF NSSA external type 2
        E1 - OSPF external type 1, E2 - OSPF external type 2
        SU - IS-IS summary, L1 - IS-IS level-1, L2 - IS-IS level-2
        IA - Inter area, EV - BGP EVPN, * - candidate default

Gateway of last resort is 10.1.0.2 to network 0.0.0.0
O*E2  0.0.0.0/0 [110/1] via 10.1.0.2, 00:00:45, GigabitEthernet 1/0/3
C     10.1.0.0/30 is directly connected, GigabitEthernet 1/0/3
C     10.1.0.1/32 is local host.
C     10.1.0.4/30 is directly connected, GigabitEthernet 2/0/3
C     10.1.0.5/32 is local host.
C     10.1.0.8/30 is directly connected, AggregatePort 1
C     10.1.0.10/32 is local host.
C     192.168.10.0/24 is directly connected, VLAN 10
C     192.168.10.254/32 is local host.
C     192.168.20.0/24 is directly connected, VLAN 20
C     192.168.20.254/32 is local host.
C     192.168.50.0/24 is directly connected, VLAN 50
C     192.168.50.254/32 is local host.
O     192.168.100.0/24 [110/2] via 10.1.0.9, 01:37:31, AggregatePort 1
C     192.168.255.1/32 is local host.
O     192.168.255.2/32 [110/1] via 10.1.0.9, 02:22:00, AggregatePort 1
O     192.168.255.3/32 [110/10] via 10.1.0.2, 00:00:47, GigabitEthernet 1/0/3
```

◎ 图 4-20 查看核心交换机 VSU 中的路由表

4.6.3 验收报告 – 设备服务检测表

请根据之前的验证操作，对任务完成度进行打分，这里建议和同学交换任务，进行互评。

名称：_____   序列号：_____

序 号	测试步骤	评价指标	评 分
1	远程登录到设备	可以通过 TELNET 正确登录到设备得 10 分	
2	查看交换机 VSU 角色表	可以正常输出正确角色和优先级，优先级正确得 10 分，角色正确得 10 分，共 20 分 ZR-HX-S6000C-VSU#show switch virtual role Switch_id Domain_id Priority Position Status Role --- 1(1) 1(1) 150(150) LOCAL OK ACTIVE 2(2) 1(1) 120(120) REMOTE OK STANDBY	
3	查看双机检测链路状态	输出的链路状态为 up，正确得 20 分 ZR-HX-S6000C-VSU#show switch virtual dual-active bfd BFD dual-active detection enabled: Yes BFD dual-active interface configured: GigabitEthernet 1/0/48: UP GigabitEthernet 2/0/48: UP	

续表

序　号	测试步骤	评价指标	评　分
4	查看 OSPF 邻居状态	可以正确输出 OSPF 邻居状态，正确得 20 分 ZR-HX-S6000C-VSU#show ip ospf neighbor OSPF process 10, 3 Neighbors, 3 is Full: Neighbor ID　　Pri　State 192.168.255.3　　1　　Full/ - 192.168.255.3　　1　　Full/ - 192.168.255.2　　1　　Full/ -	
5	查看路由表	能正常输出对应的直连路由、OSPF 内部和外部路由。能显示正确的 C 路由得 10 分，能显示正确的 O 路由得 10 分，能显示正确的 OE2 的默认路由得 10 分，共 30 分 ZR-HX-S6000C-VSU#show ip route Codes: C - Connected, L - Local, S - Static 　　R - RIP, O - OSPF, B - BGP, I - IS-IS, V - Overflow route 　　N1 - OSPF NSSA external type 1, N2 - OSPF NSSA external type 2 　　E1 - OSPF external type 1, E2 - OSPF external type 2 　　SU - IS-IS summary, L1 - IS-IS level-1, L2 - IS-IS level-2 　　IA - Inter area, EV - BGP EVPN, * - candidate default Gateway of last resort is 10.1.0.2 to network 0.0.0.0 O*E2　0.0.0.0/0 [110/1] via 10.1.0.2, 00:00:45, GigabitEthernet 1/0/3 C　10.1.0.0/30 is directly connected, GigabitEthernet 1/0/3 C　10.1.0.1/32 is local host. C　10.1.0.4/30 is directly connected, GigabitEthernet 2/0/3 C　10.1.0.5/32 is local host. C　10.1.0.8/30 is directly connected, AggregatePort 1 C　10.1.0.10/32 is local host. C　192.168.10.0/24 is directly connected, VLAN 10 C　192.168.10.254/32 is local host. C　192.168.20.0/24 is directly connected, VLAN 20 C　192.168.20.254/32 is local host. C　192.168.50.0/24 is directly connected, VLAN 50 C　192.168.50.254/32 is local host. O　192.168.100.0/24 [110/2] via 10.1.0.9, 01:37:31, AggregatePort 1 C　192.168.255.1/32 is local host. O　192.168.255.2/32 [110/1] via 10.1.0.9, 02:22:00, AggregatePort 1 O　192.168.255.3/32 [110/10] via 10.1.0.2, 00:00:47, GigabitEthernet 1/0/3	
备注			

用户：＿＿＿＿＿＿　　检测工程师：＿＿＿＿＿＿　　　　总分：＿＿＿＿＿＿

4.6.4　归纳总结

通过以上内容讲解了 VSU 的特性：（根据学到的知识完成空缺的部分）

1．VSU 的中文名称是＿＿＿＿＿＿。

2．两台交换机在部署 VSU 时，其型号需要一致。＿＿＿＿＿＿（填是或否）

3．在部署 VSU 时，交换机优先级默认是＿＿＿＿＿＿。

4．在配置 VSU 的设备时，需要将 Console 线连接到＿＿＿＿＿＿设备上。

5．可以通过＿＿＿＿＿＿＿＿命令查看 VSU 角色。

综合拓展

4.7　工程师指南

网络工程师职业素养

——要具备冗余备份的意识

在实际项目中，对于一些重要的数据，网络工程师一定要有冗余备份的意识。这样

可以在发生意外时保证网络正常使用，以及保护用户数据等重要信息。

冗余备份包括但不限于以下内容。

1. 自动故障转移

自动故障转移意味着可以立即平稳地将准备好的备份转换成硬件或基础架构，这样网络就不会出现宕机的情况。换句话说，故障转移是一种备份措施，可以确保网络、系统、服务器等不会崩溃，在备份过程中的每一步都做好备份。在这种情况下系统会将备份设置为自动化，因此当网络组件出现故障时，备用数据库的备份会自动跳入。自动故障转移使网络的可用性得到保障。

2. 一级网络提供商

一级网络提供商（也称为第一层运营商）完全拥有自己的网络，并将网络连接转移到数据中心。一级网络提供商具有巨大的基础设施和广泛的 Internet 覆盖范围，如中国电信、中国移动、中国联通等。

3. N + 1 冗余

"N"表示数字，即网络正常运行所需的元素数；"+1"表示加上一个作为可靠备份存储的组件。"1"表示添加到网络中的一个附加独立元素，其唯一目的是在其他组件发生故障时立即进行备份。因此，N + 1 冗余是指所有网络的组件全部成立，并在此基础之上，将一个额外的备份组件安装到网络的基础设施上以防出现差错。在这种情况下，备份将代替发生故障的组件，网络将继续正常运行。

为配合 N + 1 冗余，应在数据中心内设置 A + B 电源。

4. A + B 电源

A + B 电源需要使用两条总线向服务器主板供电。如果某一条连接到总线的电路发生故障，则另一条电路会自动生成电源，从而确保电源永远不会耗尽。

5. 硬件冗余

硬件冗余是指设置了多个硬件设备，运行其中一个，将另一个作为备份。一般需要在机房中准备好备用硬件，以确保即使有一部分硬件出现故障,基础设施也始终安全可靠。例如，在网络基础架构中放置冗余硬盘。

管理完全冗余的网络需要确保在连接丢失的情况下立即将其重新路由。备用路径全天候处于备用状态，可以时刻重新进行路由连接，从而确保不会丢失任何连接。

所谓的"冗余"网络是指拥有组成网络的所有组件的冗余（比网络正常运行所需的AKA 更多）备份副本，可以保证用户网络不会停机。

作为网络工程师，需要定期或不定期地对设备配置等相关内容进行冗余备份，保证在设备发生故障时，可以迅速完成设备的替换工作。最好的情况是拥有从未使用过的组件备份副本，使它们变得冗余，从而实现迅速替换。

小提示

本项目组建双核心冗余的网络，需要使用 VSU、端口聚合、OSPF、静态路由等技术，要注意以下内容。

（1）先配置 VSU，再配置核心交换机的相关功能。如果先在两台核心交换机上做了配置，那么在配置完 VSU 后，之前的配置就都不生效了。

（2）在配置聚合口时，要先对物理端口进行聚合，再对聚合端口进行配置。如果先配置物理端口，那么在配置完端口聚合端之后，之前的配置就都不生效了。

（3）在配置 OSPF 优化时，如果将端口设置为 point-to-point 类型，那么两端端口都需要进行这种设置，否则无法正确地学习到路由条目。

4.8 思考练习

基础练习在线测试

4.8.1 项目排错

问题描述：

工程师小王根据规划完成了前期的基本配置，接着在配置 IPv6 种子的 VRRP 时发现虚拟网关无法配置，输出结果如图 4-21 所示。请同学们根据学到的知识帮助小王分析这里为什么无法配置 IPv6 的虚拟网关。

IPv6

```
GX-HJ-S5310-02(config-if-VLAN 10)#ipv6 enable
GX-HJ-S5310-02(config-if-VLAN 10)#ipv6 address 2001:192:10::252/64
GX-HJ-S5310-02(config-if-VLAN 10)#vrrp 1 ipv6 2001:192:10::254
VRRP: the first address assigned to IPv6 virtual router must be link-local address.
GX-HJ-S5310-02(config-if-VLAN 10)#
```

◎ 图 4-21 配置虚拟网关时的输出结果

排查思路：

_____

_____

4.8.2 大赛挑战

本部分内容以本章讲解的知识为基础，结合历年"全国职业院校技能大赛"高职组的题目，并进行摘选简化，各位同学可以根据所学知识对题目发起挑战，完成相对应的内容。

任务描述

CII 集团业务不断发展壮大，为适应 IT 技术的飞速发展，满足公司业务发展需要，

集团决定建设广州总部与福州分部的信息化网络。你将作为火星公司的网络工程师前往
CII 集团完成网络规划与建设任务。

任务清单

1. 根据网路拓扑图和地址规划，配置设备端口信息。（因任务只涉及 S1、S3、S4
三台设备，故只需完成相应设备配置即可）

2. 在全网 trunk 链路上做 VLAN 修剪。

3. 在总部交换机 S1、S3、S4 中配置 MSTP 来防止二层环路。要求 VLAN 10、
VLAN 20、VLAN 50、VLAN 60、VLAN 100 的数据流经过 S3 转发，当 S3 失效时经过
S4 转发；VLAN 30、VLAN 40 的数据流经过 S4 转发，当 S4 失效时经过 S3 转发。配置
参数的要求如下：region-name 为 testrevision；版本为 1；S3 作为实例 1 的主根交换机、
实例 2 的从根交换机，S4 作为实例 2 的主根交换机、实例 2 的从根交换机；生成树优先
级可设置为 4096、8192 或保持默认值。在 S3 和 S4 上配置 VRRP，实现主机的网关冗余，
配置的参数要求如表 4-9 所示。将 S3、S4 中各个 VRRP 组的高优先级设置为 150，低优
先级设置为 120。

表 4-9　S3 和 S4 的 VRRP 参数

VLAN	VRRP 备份组号（VRID）	VRRP 虚拟 IP
VLAN 10	10	192.1.10.254
VLAN 20	20	192.1.20.254
VLAN 30	30	192.1.30.254
VLAN 40	40	192.1.40.254
VLAN 50	50	192.1.50.254
VLAN 60	60	192.1.60.254
VLAN 100（交换机间）	100	192.1.100.254

4. 在 S3 和 S4 上配置 VRRP for IPv6，实现主机的 IPv6 网关冗余，并在 S3 和 S4 上配置
VRRP 与 MSTP，VRRP 和 MSTP 的主备状态与 IPv4 网络一致。IPv6 地址规划如表 4-10 所示。

表 4-10　IPv6 地址规划

设　　备	端　　口	IPv6 地址	VRRP 组号	虚拟 IP
S3	VLAN 10	2001:192:10::252/64	10	2001:192:10::254/64
	VLAN 20	2001:192:20::252/64	20	2001:192:20::254/64
	VLAN 30	2001:192:30::252/64	30	2001:192:30::254/64
	VLAN 40	2001:192:40::252/64	40	2001:192:40::254/64
	VLAN 60	2001:192:60::252/64	60	2001:192:60::254/64
	VLAN 100	2001:192:100::252/64	100	2001:192:100::254/64
S4	VLAN 10	2001:192:10::253/64	10	2001:192:10::254/64
	VLAN 20	2001:192:20::253/64	20	2001:192:20::254/64
	VLAN 30	2001:192:30::253/64	30	2001:192:30::254/64
	VLAN 40	2001:192:40::253/64	40	2001:192:40::254/64
	VLAN 60	2001:192:60::253/64	60	2001:192:60::254/64
	VLAN 100	2001:192:100::253/64	100	2001:192:100::254/64

网络拓扑图如图 4-21 所示。

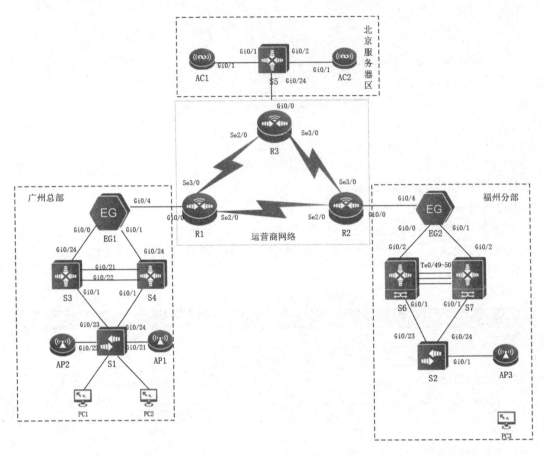

◎ 图 4-21　拓扑图

地址规划如表 4-11 所示。

表 4-11　地址规划

设　　备	端口或 VLAN	VLAN 名称	二层或三层规划	说　　明
S1	VLAN 10	CAIWU	Gi0/1 至 Gi0/4	财务部
	VLAN 20	XIAOSHOU	Gi0/5 至 Gi0/8	销售部
	VLAN 30	YANFA	Gi0/9 至 Gi0/12	研发部
	VLAN 40	SHICHANG	Gi0/13 至 Gi0/16	市场部
	VLAN 50	AP	Gi0/20 至 Gi0/21	无线 AP 管理
	VLAN 100	Manage	192.1.100.1/24	设备管理 VLAN
S3	VLAN 10	CAIWU	192.1.10.252/24	财务部
	VLAN 20	XIAOSHOU	192.1.20.252/24	销售部
	VLAN 30	YANFA	192.1.30.252/24	研发部
	VLAN 40	SHICHANG	192.1.40.252/24	市场部
	VLAN 50	AP	192.1.50.252/24	AP

续表

设　　备	端口或 VLAN	VLAN 名称	二层或三层规划	说　　明
S3	VLAN 60	Wireless	192.1.60.252/24	无线用户
	VLAN 100	Manage	192.1.100.252/24	设备管理 VLAN
	Gi0/24		10.1.0.1/30	
	LoopBack 0		11.1.0.33/32	
S4	VLAN 10	CAIWU	192.1.10.253/24	财务部
	VLAN 20	XIAOSHOU	192.1.20.253/24	销售部
	VLAN 30	YANFA	192.1.30.253/24	研发部
	VLAN 40	SHICHANG	192.1.40.253/24	市场部
	VLAN 50	AP	192.1.50.253/24	AP
	VLAN 60	Wireless	192.1.60.253/24	无线用户
	VLAN 100	Manage	192.1.100.253/24	设备管理 VLAN
	Gi0/24		10.1.0.5/30	
	LoopBack 0		11.1.0.34/32	

任务验证

```
S3#show vrrp brief
Interface   Grp Pri timer  Own Pre State  Master addr       Group addr
VLAN 10      10 150 3.29   -   P   Master 192.1.10.252      192.1.10.254
VLAN 20      20 150 3.29   -   P   Master 192.1.20.252      192.1.20.254
VLAN 30      30 150 3.29   -   P   Master 192.1.30.252      192.1.30.254
VLAN 40      40 150 3.29   -   P   Master 192.1.40.252      192.1.40.254
VLAN 50      50 120 3.57   -   P   Backup 192.1.50.253      192.1.50.254
VLAN 60      60 120 3.57   -   P   Backup 192.1.60.253      192.1.60.254
VLAN 70      70 120 3.57   -   P   Backup 192.1.70.253      192.1.70.254
VLAN 100    100 120 3.57   -   P   Backup 192.1.100.253     192.1.100.254
S4#show ipv6 vrrp brief
Interface   Grp Pri timer  Own Pre State  Master addr             Group addr
VLAN 10      10 120 3.57   -   P   Backup FE80::C2B8:E6FF:FE49:DACE   FE80::1
VLAN 20      20 120 3.57   -   P   Backup FE80::C2B8:E6FF:FE49:DACE   FE80::1
VLAN 30      30 120 3.57   -   P   Backup FE80::C2B8:E6FF:FE49:DACE   FE80::1
VLAN 40      40 120 3.57   -   P   Backup FE80::C2B8:E6FF:FE49:DACE   FE80::1
VLAN 60      60 150 3.29   -   P   Master FE80::C2B8:E6FF:FE49:DAD1   FE80::1
VLAN 70      70 150 3.29   -   P   Master FE80::C2B8:E6FF:FE49:DAD1   FE80::1
VLAN 100    100 150 3.29   -   P   Master FE80::C2B8:E6FF:FE49:DAD1   FE80::1
```

注:【根据 2022 年全国职业院校技能大赛"网络系统管理"赛项，模块 A：网络构建（样题 1）摘录】

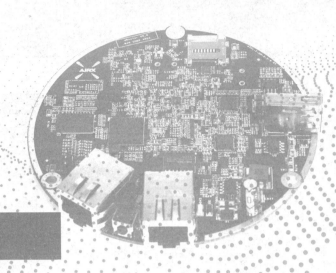

项目 5

IPv6 冗余网络设计部署

知识目标

- 了解 IPv4 协议下的 VRRP 与 IPv6 协议下的 VRRP 的区别。
- 了解 IPv4 协议下的 OSPFv2 与 OSPFv3 的区别。
- 掌握 IPv6 协议下的 DHCP、VRRP、OSPF 的工作原理。

技能目标

- 熟练完成 IPv6 DHCP、OSPFv3、VRRP 的配置。
- 制定高校 IPv6 网络的设计方案。
- 完成高校 IPv6 网络的配置。
- 完成高校 IPv6 网络的联调与测试。
- 解决高校 IPv6 网络中的常见故障。
- 完成项目文档的编写。

素养目标

- 了解 IPv6 在信息化发展中的重要性。
- 拓展职业工程师视野，提前以专业技术人才的标准要求自己。

教学建议

- 推荐课时数：8 课时。

 项目准备

5.1 任务描述

　　某高校新建一栋教学楼，需要进行网络部署，结合学校未来的业务发展需求与国家战略要求，在新部署的网络中采用 IPv6 技术。目前，该校教学楼内有教务处和教学区两个区域，要求全网的用户采用动态方式获取 IP 地址。汇聚层采用双节点冗余，将汇聚层作为用户接入点网关设备，运行 VRRP 以实现网关冗余，从而保证 IPv6 网络的可靠性和数学业务的稳定性。在确保网络运行的稳定性以及各区域的安全性的情况下，采用动态路由实现各区域之间的互访。

5.2 知识结构

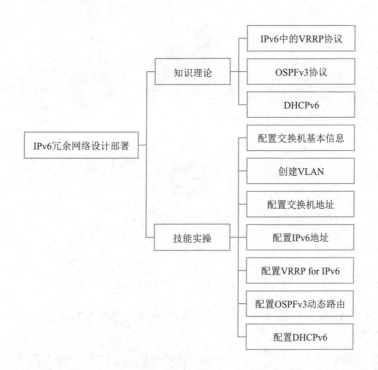

● 知识自测 ●

◎ IPv4 使用点分十进制作为表示方法，那么 IPv6 使用什么方式作为表示方法？

　IPv6 地址长度为 128 位，写作十六进制字符串，IPv6 地址的首选格式为 ×:×:×:×:×:×:×:×，每个"×"均包括 4 个十六进制值。

◎ IPv6 的简写遵从什么规则？

（1）忽略 16 位部分或十六进制数中的所有前导 0（零）。

（2）使用双冒号（::）替换任何一个或多个全由 0 组成的 16 位数据段（十六进制数）组成的连续字符串。

5.3 知识准备

5.3.1 IPv6 中的 VRRP 协议

虚拟路由冗余协议（Virtual Router Redundancy Protocol, 简称 VRRP）是由 IETF 提出的，可以处理在局域网中配置静态网关时出现的单点失效现象的路由协议。VRRP 能够在不改变组网的情况下，将多台路由器虚拟化为一个虚拟路由器，如图 5-1 所示。通过将虚拟路由器的 IP 地址配置为默认网关来实现网关的备份，从而解决单点故障问题。

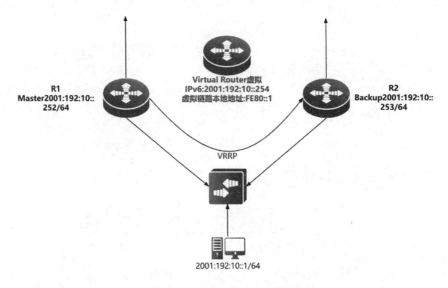

◎ 图 5-1　IPv6 中的 VRRP 协议

VRRP 有两个版本，分别是 VRRPv2 和 VRRPv3。VRRPv2 仅适用于 IPv4 网络，而 VRRPv3 适用于 IPv4 和 IPv6 两种网络。

IPv6 中的 VRRPv3 的工作原理与 IPv4 基本一致。在配置 IPv6 VRRP 时，需要配置本地 IPv6 链路地址的虚拟网关地址，若未配置则会导致无法配置 IPv6 虚拟网关。另外，Virtual IP 对应的 MAC 地址固定为 0000-5e00-02XX（VRRPv2 版本是 0000-5e00-01）。

5.3.2 OSPFv3 路由协议

OSPF 是一个内部网关协议，具有适应范围广、收敛迅速、无自环、便于层级化网络设计等特点，在 IPv4 网络中使用时称为 OSPFv2。IETF 组织在保留了 OSPFv2 优点的基础上针对 IPv6 网络进行修改进而形成了 OSPFv3。

OSPFv3 基于链路运行，一条链路上可以有多个子网，不在同一个网段也能建立邻居。OSPFv3 使用链路本地地址作为发送协议报文的源地址，使用链路本地地址作为下一跳地址，并且每条链路上都可以运行多个 OSPF 实例。另外，OSPFv3 协议自身不再提供认证，而是依靠 IPv6 报文扩展字段中的认证字段，取消原 OSPFv2 报文中的认证方式。

IPv6 使用 128 位的 IP 地址结构，对 LSA 的设计进行了相应的修改，各 LSA 类型信息如表 5-1 所示。

表 5-1　OSPFv3 LSA 信息

OSPFv3 LSA	作　用
Router-LSAs (Type 1)	由设备自身生成，描述了每台设备在指定区域内各链路的状态和到各链路的代价，但不再记录网络地址信息。允许每台设备在每个区域中生成多个 Router-LSAs
Network-LSAs (Type 2)	只在广播网络或者 NBMA 网络中出现，由网络的 DR（指派路由器）生成，描述了在网络上指定区域内连接的所有 routers 信息，但不再记录网络地址信息
Inter-Area-Prefix-LSAs (Type 3)	由区域的 ABR 生成，用来描述到达其他区域的网络信息。取代 OSPFv2 中的 Type 3 Summary-LSAs，使用前缀结构来描述目的网络信息
Inter-Area-Router-LSAs (Type 4)	由区域的 ABR 生成，用来描述到达其他区域 ASBR 的路径信息，取代 OSPFv2 中的 Type 4 Summary-LSAs
AS-external-LSAs (Type 5)	由 ASBR 生成该类型的 LSA，用来描述到达 AS 外部的网络信息。通常这些网络信息通过其他路由协议生成，使用前缀结构来描述目的网络信息
NSSA-LSA (Type 7)	与 Type 5 AS-external-LSAs 的作用相同，不同的是 NSSA-LSA 由 NSSA 区域中的 ASBR 生成
Link-LSAs (Type 8)	在 OSPFv3 中新增的 LSA 类型，由每台设备为其连接的每条链路生成，描述了该设备在当前链路上的链路本地地址和所有设置的 IPv6 地址前缀信息
Intra-Area-Prefix-LSAs (Type 9)	在 OSPFv3 中新增的 LSA 类型，主要为 Router-LSA 或者 Network-LSA 提供附加地址信息，有两个作用： （1）关联 Network-LSA，记录 transit network 的前缀信息； （2）关联 Router-LSA，记录 router 在当前区域中所有的 Loopback 端口、点对点链路、点对多点链路、虚链路和 Stub network 的前缀信息

OSPFv2 和 OSPFv3 的异同点如下。

1）相同点

（1）报文类型相同：两者都拥有 5 种报文类型，包含 hello、DD、LSR、LSU、LSAck。

（2）区域划分相同：骨干区域、非骨干区域，Stub、Total Stub、NSSA 区域等。

（3）LSA 的泛洪同步机制相同。

（4）路由计算方法相同：采用最短路径优先算法。

（5）网络类型相同：包含 Broadcast、P2P、P2MP、NBMA。

（6）邻居发现及形成邻接方式相同。

（7）DR 选举机制相同。

（8）OSPFv3 的 Router ID 配置与 OSPFv2 相同，使用 32 位；在实际使用中与 OSPFv2 相同，通常使用 Loopback 端口的 IPv4 地址。

2）不同点

（1）运行机制不同：一个基于子网，一个基于链路，这种不同也体现在配置上。

（2）协议报文不同：IPv4 切换到 IPv6 后协议报文内部字段会发生变化。

（3）LSA 格式不同：IPv6 场景中对 5 种 LSA 使用变化及新引入 LSA。

5.3.3 DHCPv6

在 IPv6 中有两种自动分配地址的方式，分别是无状态的地址自动配置与有状态的 DHCPv6。RFC3315 定义的 DHCPv6（Dynamic Host Configuration Protocol for IPv6）支持 DHCP Server 发送如 IPv6 地址这样的配置参数给 IPv6 节点，该协议提供了灵活添加和重复使用网络地址的功能。

DHCPv6 的应用模型基本延续了 DHCPv4 的框架，由 Server、Client 和 Relay 组成，Client 和 Server 通过一问一答的方式来获取配置参数，Relay 可以将 Client 和非本地链路内的 Server 透明连接起来。

1. DHCPv6 报文格式

由于 DHCPv6 属于 OSI 七层协议栈的应用层，所以需要先封装网络层 IPv6 头部及传输层 UDP 头部。DHCPv6 报文头部如图 5-2 所示。

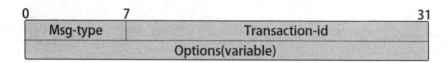

◎ 图 5-2 DHCPv6 报文头部

- Msg-type：长度为 8 位，表示报文的类型，共定义了 13 种消息类型。
- Transaction-id：长度为 24 位，表示 DHCPv6 客户端随机生成的交互 ID（服务端发起的报文交互 ID 为 0），用来标识一次来回交互的 DHCPv6 报文。例如，Solicit/Advertise 报文为一次交互，Request/Reply 报文为另外一次交互，两者有不同的交互 ID。
- Options：根据消息类型的不同，可以判断 DHCPv6 的可选字段。此字段包含 DHCPv6 服务器分配给 IPv6 主机的配置信息，如客户端标识、服务器标识和有效生命周期等信息。

2. DHCP 唯一标识符（DUID）

对于 DHCP 唯一标识符 DUID（DHCPv6 Unique Identifier），每个服务器或客户端有且只有一个，服务器使用 DUID 来识别不同的客户端，客户端则使用 DUID 来识别服务器。

客户端和服务器的 DUID 分别通过 DHCPv6 报文中的 Client Identifier 和 Server

Identifier 选项来携带，两种选项的格式一样，可以通过 option-code 字段的取值来区分是 Client Identifier 还是 Server Identifier 选项。DHCPv6 服务器将终端的 DUID 作为唯一标识，为终端分配 IPv6 地址，客户端 UUID 如图 5-3 所示。

```
以太网适配器 以太网:

   连接特定的 DNS 后缀 . . . . . . . :
   描述. . . . . . . . . . . . . . . : Intel(R) Ethernet Connection I217-V
   物理地址. . . . . . . . . . . . . : 54-EE-75-13-54-58
   DHCP 已启用 . . . . . . . . . . . : 否
   自动配置已启用. . . . . . . . . . : 是
   本地链接 IPv6 地址. . . . . . . . : fe80::1e4:b270:160:daaa%12(首选)
   IPv4 地址 . . . . . . . . . . . . : 172.18.158.155(首选)
   子网掩码  . . . . . . . . . . . . : 255.255.255.0
   默认网关. . . . . . . . . . . . . : 172.18.158.1
   DHCPv6 IAID . . . . . . . . . . . : 39120501
   DHCPv6 客户端 DUID . . . . . . . . : 00-01-00-01-20-1A-50-11-54-EE-75-13-54-58
   DNS 服务器  . . . . . . . . . . . : 192.168.58.110
   TCPIP 上的 NetBIOS  . . . . . . . : 已启用
```

◎ 图 5-3　客户端 UUID

3. 租约更新

T1 时刻（默认为优先生命周期的 50%），终端发送 Renew 单播报文提交地址租约更新请求，如果该地址可用，则 DHCPv6 服务器回应 Reply 报文；如果该地址不可以再分配给 DHCPv6 客户端，则 DHCPv6 服务器回应续约失败的 Reply 报文。

如果在 T1 时刻没有收到服务器的 Reply 报文，则在 T2 时刻（默认为优先生命周期的 80%），向所有 DHCPv6 服务器组播发送 Rebind 报文请求更新租约。在 DHCPv6 服务器收到报文之后，如果地址可用，则回应 Reply 报文；如果地址不可用，则回应续约失败的 Reply 报文。

如果 DHCPv6 客户端没有收到 DHCPv6 服务器回应的 Reply 报文，则在到达有效生命周期之后，DHCPv6 客户端会停止使用该地址。

4. DHCPv6 首次获取地址流程

DHCPv6 获取地址分为 4 个阶段，流程如图 5-4 所示。

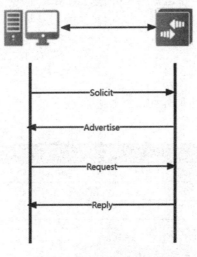

◎ 图 5-4　IPv6 获取地址流程

（1）DHCPv6 Client 在本地链路内发送一个目的地址为 FF02::1:2、目的 UDP 端口为 547 的多播 Solicit 请求报文，本地链路内所有的 DHCPv6 Server 和 DHCPv6 Relay 都会收到该报文。

（2）DHCPv6 Server 在收到多播 Solicit 请求报文之后，单播回应 Advertise 响应报文，携带可以分配的相关信息。

（3）DHCPv6 Client 在选择 Server 之后，在本地链路内发送一个目的地址为 FF02::1:2、目的 UDP 端口为 547 的多播 Request 请求报文。

（4）DHCPv6 Server 在收到 Request 报文之后，单播发送 Reply 报文，完成配置过程。

另外，需要注意 DHCPv6 Server 不支持为客户端分配网关地址，因此需要在设备上开启 RA 通告功能。只有在路由器公告报文中的"managed address configuration"被设置为 1 时，才能支持全状态自动分配 IPv6 地址；只有在路由器公告报文中的"other stateful configuration"被设置为 1 时，才能支持通过全状态的自动配置来获取地址之外的信息。

 项目任务

微课视频

5.4 网络规划设计

5.4.1 项目需求分析

- 完成全网的基本配置。
- 完成 VRRP 的配置。
- 完成 OSPFv3 的路由配置。
- 完成 DHCPv6 的配置。
- 使用 show 命令查看设备运行信息并进行网络连通性测试。

5.4.2 项目规划设计

1. 设备清单

本项目的设备清单如表 5-3 所示。

表 5-3 设备清单

序 号	类 型	设 备	厂 商	型 号	数 量	备 注
1	硬件	二层接入交换机	锐捷	RG-S2910-24GT4XS-E	1	用户终端接入
2	硬件	三层核心交换机	锐捷	RG-S5310-24GT4XS	2	汇聚交换机
3	硬件	路由器	锐捷	RG-RSR20	1	核心设备

2. 设备主机名规划

本项目的设备主机名规划如表 5-4 所示。其中代号 GX 代表高校，JR 代表接入层设备，

S5310 和 S2910 指明设备型号，01 指明设备编号。

表 5-4　设备主机名规划

设备型号	设备主机名	备　注
RG-S2910-24GT4XS-E	GX-JR-S2910-01	接入交换机
RG-S5310-24GT4XS	GX-HJ-S5310-01	汇聚交换机 1
	GX-HJ-S5310-02	汇聚交换机 2
RG-RSR20	GX-HX-RSR20-01	核心路由器

3．VLAN 规划

本项目针对教学楼区域进行 VLAN 划分，所以需要两个 VLAN 编号（VLAN ID），如表 5-5 所示。

表 5-5　VLAN 规划

序　号	功　能　区	VLAN ID	VLAN Name
1	教务处	10	jiaowuchu
2	教学区	20	jiaoxuequ

4．IPv6 地址规划

本项目的 IPv6 地址规划包括两个区域业务地址，分别为 2001:192:10::/64 和 2002:192:10::/64，以及设备互联地址，具体 IPv6 地址规划如表 5-6 和表 5-7 所示。

表 5-6　业务地址规划

序　号	功　能　区	IPv6 前缀	前缀长度
1	教务处	2001:192:10::	/64
2	教学区	2002:192:10::	/64

表 5-7　设备互联地址规划

序　号	本端设备	本端地址	对端设备	对端地址
1	GX-HJ-S5310-01	2010::2/64	GX-HJ- RSR20-01	2010::1/64
2	GX-HJ-S5310-02	2011::2/64	GX-HJ- RSR20-01	2011::1/64

5．端口互联规划

本项目网络设备之间的端口互联规划规范为"Con_To_ 对端设备名称 _ 对端端口名"。只针对网络设备互联端口进行描述，具体规划如表 5-8 所示。

表 5-8　端口互联规划表

本端设备	端　口	端口描述	对端设备	端　口
GX-JR-S2910-01	Gi0/1	Con_To_JWC_PC1	JWC_PC1	—
	Gi0/4	Con_To_WXQ_PC1	JXQ_PC1	—
	Gi0/7	Con_To_GX-HJ-S5310-01_Gi0/7	GX-HJ-S5310-01	Gi0/7
	Gi0/8	Con_To_GX-HJ-S5310-02_Gi0/8	GX-HJ-S5310-02	Gi0/8
GX-HJ-S5310-01	Gi0/1	Con_To_GX-HX-RSR20-01_Gi0/1	GX-HX-RSR20-01	Gi0/1
	Gi0/7	Con_To_GX-JR-S2910-01_Gi0/7	GX-JR-S2910-01	Gi0/7

续表

本端设备	端口	端口描述	对端设备	端口
GX-HJ-S5310-02	Gi0/1	Con_To_GX-HX-RSR20-01_Gi0/2	GX-HX-RSR20-01	Gi0/2
	Gi0/8	Con_To_GX-JR-S2910-01_Gi0/8	GX-JR-S2910-01	Gi0/8
GX-HX-RSR20-01	Gi0/1	Con_To_GX-HJ-S5310-01_Gi0/1	GX-HJ-S5310-01	Gi0/1
	Gi0/2	Con_To_GX-HJ-S5310-02_Gi0/1	GX-HJ-S5310-02	Gi0/1

6. 项目拓扑图

某高校为响应国家 IPv6 网络建设的要求，现启动 IPv6 项目改造，对教学楼进行改造。教学楼设有教务处和教学区两个区域，需要统一进行 IPv6 地址及业务资源的规划和分配，网络拓扑图如图 5-5 所示。采用一台 S2910 交换机作为两个区域的接入交换机，满足"千兆到桌面"的接入需求；采用两台 S5310 交换机作为两个区域的冗余网关，将核心路由器 RSR20 作为 DHCPv6 服务器，全网采用动态路由 OSPFv3 实现互联互通。

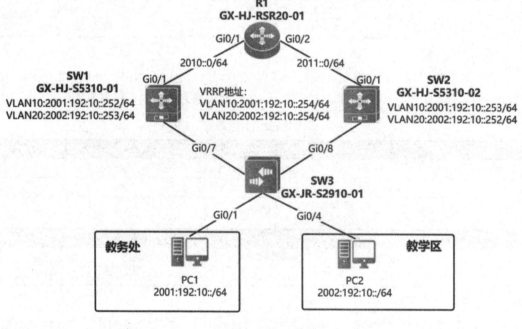

◎ 图 5-5　网络拓扑图

5.5　网络部署实施

5.5.1　交换机基本信息配置

（1）配置主机名和端口描述。

在开始功能性配置之前，先完成设备的基本配置，包括主机名、端口描述、端口状态配置，这里不再赘述。

（2）创建 VLAN。

本项目按区域进行 VLAN 划分，VLAN 配置主要包括 VLAN 创建和 VLAN 命名，需要在汇聚交换机和接入交换机中完成配置。在此省略相关配置过程。

（3）创建 VLAN。

将连接区域用户的端口配置为 access 端口并划分至对应的 VLAN 中；在接入交换机 GX-JR-S2910-01 中，将连接教务处用户 PC 的 Gi0/1 ～ Gi0/3 端口划分至 VLAN 10 中；将连接教学区用户 PC 的 Gi0/4 ～ Gi0/6 端口划分至 VLAN 20 中。

相关配置命令如下：

```
GX-JR-S2910-01 (config)#interface range gi0/1-3          // 进入端口范围
GX-JR-S2910-01 (config-if-range)#switchport mode access  // 设置端口模式为 access
GX-JR-S2910-01 (config-if-range)#switchport access vlan 10 // 将端口划分至 VLAN 10 中
GX-JR-S2910-01 (config)#interface range gi0/4-6          // 进入端口范围
GX-JR-S2910-01 (config-if-range)#switchport mode access  // 设置端口模式为 access
GX-JR-S2910-01 (config-if-range)#switchport access vlan 20 // 将端口划分至 VLAN 20 中
```

将交换机之间互联的端口配置为 trunk 端口，便于在一条物理链路上传输多个 VLAN 的数据帧。在汇聚交换机和接入交换机上完成上述配置，以接入交换机 GX-JR-S2910-01 为例，相关配置命令如下：

```
GX-JR-S2910-01(config)#interface range gi0/7-8          // 进入 Gi0/7 ~ Gi0/8 端口
GX-JR-S2910-01(config-if-range)#switchport mode trunk // 配置为 trunk 模式
GX-JR-S2910-01(config-if-range)#exit
```

为了保证一定的安全性，需要在 trunk 端口上禁止不必要的 VLAN 通过，以接入交换机 GX-JR-S2910-01 为例，相关配置命令如下：

```
GX-JR-S2910-01(config)#int range gi0/7-8          // 进入上联核心交换机的端口范围
GX-JR-S2910-01(config-if-range)#switchport trunk allowed vlan only 10,20
// 只允许 VLAN 10、VLAN 20 通过
```

5.5.2　IPv6 地址配置

两台汇聚交换机与核心路由器的互联端口均为三层互联端口，通过 no switchport 命令可以将交换机的二层端口转换为三层端口，之后就可以配置互联 IPv6 地址了。以汇聚交换机 GX-HJ-S5310-01 为例，相关配置命令如下：

```
GX-HJ-S5310-01(config)#interface gi0/1                           // 进入互联的 Gi0/1 端口
GX-HJ-S5310-01(config-if-GigabitEthernet 0/1)#no switchport
// 关闭二层端口，使其成为三层端口
GX-HJ-S5310-01(config-if-GigabitEthernet 0/1)#ipv6 enable       // 开启 IPv6 功能
GX-HJ-S5310-01(config-if-GigabitEthernet0/1)#ipv6 address 2010::2/64
// 配置互联的 IPv6 地址
GX-HJ-S5310-01(config-if-GigabitEthernet0/1)#no ipv6 nd suppress-ra
// 关闭对 RA 报文的抑制功能
```

在核心路由器与两台汇聚交换机互联的两个端口上配置 IPv6 地址。端口互联 IP 地址配置命令如下：

```
GX-HX-RSR20-01(config)#interface gi0/1          // 进入与 GX-HJ-S5310-01 互联的 Gi0/1 端口
```

```
GX-HX-RSR20-01(config-if-GigabitEthernet 0/1)#ipv6 enable        // 开启 IPv6 功能
GX-HX-RSR20-01(config-if-GigabitEthernet0/1)#ipv6 address 2010::1/64
// 配置与 Gi0/1 端口互联的 IPv6 地址
GX-HX-RSR20-01(config-if-GigabitEthernet0/1)#no ipv6 nd suppress-ra
// 关闭对 RA 报文的抑制功能
GX-HX-RSR20-01(config-if-GigabitEthernet0/1)#exit                 // 退出
GX-HX-RSR20-01(config)#interface gi0/2                            // 进入 Gi0/2 端口
GX-HX-RSR20-01(config-if-GigabitEthernet 0/2)#ipv6 enable        // 开启 IPv6 功能
GX-HX-RSR20-01(config-if-GigabitEthernet0/2)#ipv6 address 2011::1/64
// 配置与 GX-HJ-S5310-02 互联的 IPv6 地址
GX-HX-RSR20-01(config-if-GigabitEthernet0/2)#no ipv6 nd suppress-ra
// 关闭对 RA 报文的抑制功能
GX-HX-RSR20-01(config-if-GigabitEthernet0/2)#exit                 // 退出
```

5.5.3　VRRP for IPv6 配置

配置 IPv6 VRRP 备份组，通过配置备份组号和虚拟 IPv6 地址，可以在指定的局域网段上添加一个备份组，从而启动对应端口的 VRRP 备份功能。两台汇聚交换机分别为教务处与教学区的冗余网关，具体规划如表 5-9 所示。

表 5-9　VRRP 地址规划

设　　备	端　　口	IPv6 地址	VRRP 组	虚拟 IPv6	虚拟链路本地地址
GX-HJ-S5310-01	VLAN 10	2001:192:10::252/64	1	2001:192:10::254/64	FE80::1/64
	VLAN 20	2002:192:10::253/64	2	2002:192:10::254/64	FE80::100/64
GX-HJ-S5310-02	VLAN 10	2001:192:10::253/64	1	2001:192:10::254/64	FE80::1/64
	VLAN 20	2002:192:10::252/64	2	2002:192:10::254/64	FE80::100/64

GX-HJ-S5310-01：

```
GX-HJ-S5310-01(config)#interface vlan 10            // 进入 VLAN 10 的 SVI 端口
GX-HJ-S5310-01(config-if-VLAN 10)#ipv6 enable // 开启 IPv6 功能
GX-HJ-S5310-01(config-if-VLAN 10)#ipv6 address 2001:192:10::252/64      // 配置端口地址
GX-HJ-S5310-01(config-if-VLAN 10)#vrrp 1 ipv6 fe80::1 // 启用 VRRP 组 1，并配置链路本地地址
GX-HJ-S5310-01 (config-if-VLAN 10)#vrrp 1 ipv6 2001:192:10::254
// 配置 VRRP 组 1 的虚拟网关地址
GX-HJ-S5310-01 (config-if-VLAN 10)#vrrp ipv6 1 priority 150   // 调整 VRRP 组 1 的优先级
GX-HJ-S5310-01 (config-if-VLAN 10)#vrrp ipv6 1 accept_mode
// 设置 VRRP 组 1 为 Accept_Mode 模式
GX-HJ-S5310-01 (config-if-VLAN 10)#exit
GX-HJ-S5310-01(config)#interface vlan 20            // 进入 VLAN 20 的 SVI 端口
GX-HJ-S5310-01(config-if-VLAN 20)#ipv6 enable // 开启 IPv6 功能
GX-HJ-S5310-01(config-if-VLAN 20)#ipv6 address 2002:192:10::253/64      // 配置端口地址
GX-HJ-S5310-01(config-if-VLAN 20)#vrrp 2 ipv6 fe80::100
// 启用 VRRP 组 2 并配置链路本地地址
GX-HJ-S5310-01 (config-if-VLAN 20)#vrrp 2 ipv6 2002:192:10::254
// 配置 VRRP 组 2 为虚拟网关地址
GX-HJ-S5310-01 (config-if-VLAN 20)#vrrp ipv6 2 accept_mode
// 设置 VRRP 组 2 为 Accept_Mode 模式
```

GX-HJ-S5310-02：

```
GX-HJ-S5310-02(config)#interface vlan 10              // 进入 VLAN 10 的 SVI 端口
GX-HJ-S5310-02(config-if-VLAN 10)#ipv6 enable            // 开启 IPv6 功能
GX-HJ-S5310-02(config-if-VLAN 10)#ipv6 address 2001:192:10::253/64  // 配置端口地址
GX-HJ-S5310-02(config-if-VLAN 10)#vrrp 1 ipv6 fe80::1 // 启用 VRRP 组 1 并配置链路本地地址
GX-HJ-S5310-02 (config-if-VLAN 10)#vrrp 1 ipv6 2001:192:10::254
// 配置 VRRP 组 1 的虚拟网关地址
GX-HJ-S5310-02 (config-if-VLAN 10)#vrrp ipv6 1 accept_mode
// 设置 VRRP 组 1 为 Accept_Mode 模式
GX-HJ-S5310-02 (config-if-VLAN 10)#exit
GX-HJ-S5310-02(config)#interface vlan 20              // 进入 VLAN 20 的 SVI 端口
GX-HJ-S5310-02(config-if-VLAN 20)#ipv6 enable            // 开启 IPv6 功能
GX-HJ-S5310-02(config-if-VLAN 20)#ipv6 address 2002:192:10::252/64  // 配置端口地址
GX-HJ-S5310-02(config-if-VLAN 20)#vrrp 2 ipv6 fe80::100
// 启用 VRRP 组 2，并配置链路本地地址
GX-HJ-S5310-02 (config-if-VLAN 20)#vrrp 2 ipv6 2002:192:10::254
// 配置 VRRP 组 2 的虚拟网关地址
GX-HJ-S5310-02 (config-if-VLAN 20)#vrrp ipv6 2 priority 150  // 调整 VRRP 组 2 的优先级
GX-HJ-S5310-02 (config-if-VLAN 20)#vrrp ipv6 2 accept_mode
// 设置 VRRP 组 2 为 Accept_Mode 模式
```

使用 track 追踪路由的可达性，并开启 VRRP 监测上行链路，当上行链路出现故障时，实现主备切换。本项目的 GX-HJ-S5310-01 为 VLAN 10 的主网关设备，故在 GX-HJ-S5310-01 中配置 VLAN 10 的监测上行链路；GX-HJ-S5310-02 为 VLAN 20 的主网关设备，故在 GX-JR-S2910-01 中配置 VLAN 20 的监测上行链路。

GX-HJ-S5310-01：

```
GX-HJ-S5310-01(config)#interface vlan 10         // 进入 VLAN 10 的 SVI 端口
GX-HJ-S5310-01(config-if-VLAN 10)#vrrp ipv6 1 track gigabitEthernet 0/1  60
// 开启 VRRP 监测上行链路，当上行链路出现故障时，优先级降低 60
```

GX-HJ-S5310-02：

```
GX-HJ-S5310-02(config)#interface vlan 20         // 进入 VLAN 20 的 SVI 端口
GX-HJ-S5310-02(config-if-VLAN 20)#vrrp ipv6 2 track gigabitEthernet 0/1  60
// 开启 VRRP 监测上行链路，当上行链路出现故障时，优先级降低 60
```

5.5.4 OSPFv3 动态路由配置

考虑到后续还会进行一定的扩容和变更，使用动态路由协议能够极大地减少网络管理和运维的工作量。全网通过动态路由协议 OSPFv3 实现各个区域的互联互通，具体路由规划如下。

（1）在 GX-HJ-S5310-01、GX-HJ-S5310-02 与 GX-HX-RSR20-01 上启用 OSPFv3 协议，协议进程为 1，采用单区域，区域号为 Area0。

（2）宣告 GX-HJ-S5310-01 与 GX-HX-RSR20-01、GX-HJ-S5310-02 与 GX-HX-RSR20-01 的互联网段。

（3）宣告 GX-HJ-S5310-01 与 GX-HJ-S5310-02 的用户业务网段。

（4）将用户 VLAN 的 SVI 端口配置为 passive-interface（被动端口）。

具体规划及相关配置命令如下。

GX-HX-RSR20-01：

```
GX-HX-RSR20-01(config)#ipv6 unicast-routing                    // 开启 IPv6 功能
GX-HX-RSR20-01(config)#ipv6 router ospf 1                      // 进入 OSPF 进程 1
GX-HX-RSR20-01 (config-router)#router-id 1.1.1.1              // 设置 Router ID
Change router-id and update OSPFv3 process! [yes/no]:yes      // 输入 "yes" 并按回车键
GX-HX-RSR20-01 (config-router)#exit
GX-HX-RSR20-01(config)#int gigabitEthernet 0/1                // 进入与 S5310-01 互联的端口
GX-HX-RSR20-01(config-if-GigabitEthernet 0/1)#ipv6 ospf 1 area 0
// 在端口上开启 OSPFv3 协议，区域为 0
GX-HX-RSR20-01(config-if-GigabitEthernet 0/1)#exit
GX-HX-RSR20-01(config)#int gigabitEthernet 0/2                // 进入与 S5310-02 互联的端口
GX-HX-RSR20-01(config-if-GigabitEthernet 0/2)#ipv6 ospf 1 area 0
// 在端口上开启 OSPFv3 协议，区域为 0
GX-HX-RSR20-01(config-if-GigabitEthernet 0/2)#exit
```

GX-HJ-S5310-01：

```
GX-HJ-S5310-01 (config)#ipv6 unicast-routing                  // 开启 IPv6 功能
GX-HJ-S5310-01(config)#ipv6 router ospf 1                     // 进入 OSPF 进程 1
GX-HJ-S5310-01 (config-router)#router-id 2.2.2.2             // 设置 Router ID
Change router-id and update OSPFv3 process! [yes/no]:yes     // 输入 "yes" 并按回车键
GX-HJ-S5310-01 (config-router)#exit
GX-HJ-S5310-01(config)#int gigabitEthernet 0/1              // 进入与 GX-HX-RSR20-01 互联的端口
GX-HJ-S5310-01(config-if-GigabitEthernet 0/1)#ipv6 ospf 1 area 0
// 在端口上开启 OSPFv3 协议，区域为 0
GX-HJ-S5310-01(config-if-GigabitEthernet 0/1)#exit
GX-HJ-S5310-01(config)#int vlan 10                           // 进入 VLAN 10 端口
GX-HJ-S5310-01(config-if-VLAN 10)#ipv6 ospf 1 area 0        // 在端口上开启 OSPFv3 协议，区域为 0
GX-HJ-S5310-01(config)#int vlan 20                           // 进入 VLAN 20 端口
GX-HJ-S5310-01(config-if-VLAN 20)#ipv6 ospf 1 area 0        // 在端口上开启 OSPFv3 协议，区域为 0
GX-HJ-S5310-01(config-if-VLAN 20)#exit
GX-HJ-S5310-01(config)#ipv6 router ospf 1                    // 进入 OSPF 进程 1
GX-HJ-S5310-01(config-router)#passive-interface vlan 10
// 配置 VLAN 10 的 SVI 端口为被动端口
GX-HJ-S5310-01(config-router)#passive-interface vlan 20
// 配置 VLAN 20 的 SVI 端口为被动端口
```

GX-HJ-S5310-02：

```
GX-HJ-S5310-02(config)#ipv6 unicast-routing                  // 开启 IPv6 功能
GX-HJ-S5310-02(config)#ipv6 router ospf 1                    // 进入 OSPF 进程 1
GX-HJ-S5310-02 (config-router)#router-id 3.3.3.3            // 设置 Router ID
Change router-id and update OSPFv3 process! [yes/no]:yes    // 输入 "yes" 并按回车键
GX-HJ-S5310-02 (config-router)#exit
GX-HJ-S5310-02(config)#int gigabitEthernet 0/1             // 进入与 GX-HX-RSR20-01 互联的端口
GX-HJ-S5310-02(config-if-GigabitEthernet 0/1)#ipv6 ospf 1 area 0
// 在端口上开启 OSPFv3 协议，区域为 0
GX-HJ-S5310-02(config-if-GigabitEthernet 0/1)#exit
GX-HJ-S5310-02(config)#int vlan 10                          // 进入 VLAN 10 端口
```

```
GX-HJ-S5310-02(config-if-VLAN 10)#ipv6 ospf 1 area 0   //在端口上开启OSPFv3协议, 区域为0
GX-HJ-S5310-01(config)#int vlan 20                      //进入VLAN 20端口
GX-HJ-S5310-01(config-if-VLAN 20)#ipv6 ospf 1 area 0   //在端口上开启OSPFv3协议, 区域为0
GX-HJ-S5310-01(config-if-VLAN 20)#exit
GX-HJ-S5310-02(config)#ipv6 router ospf 1              //进入OSPF进程1
GX-HJ-S5310-02(config-router)#passive-interface vlan 10
//配置VLAN 10的SVI端口为被动端口
GX-HJ-S5310-02(config-router)#passive-interface vlan 20
//配置VLAN 20的SVI端口为被动端口
```

5.5.5 DHCPv6 配置

教学区全网用户的地址由核心路由器 GX-HX-RSR20-01 统一进行 IPv6 地址的分配,将核心路由器 GX-HJ-S5310-01 配置为 DHCPv6 Server, 全网用户网关分别部署在汇聚交换机 GX-HJ-S5310-01 与 GX-HJ-S5310-02 中并互为主备。将 GX-HJ-S5310-01 与 GX-HJ-S5310-02 配置为 DHCPv6 Relay。在网关上配置前缀 no-autoconfig, 避免生成多个 IPv6 地址占用表项。DHCPv6 Server 与 DHCPv6 Relay 的具体规划及相关配置命令如下。

GX-HX-RSR20-01:

```
GX-HX-RSR20-01(config)#ipv6 local pool JWC 2001:192:10::/64 64
//创建教务处用户的地址池前缀
GX-HX-RSR20-01(config)#ipv6 local pool JXQ 2002:192:10::/64 64
//创建教学区用户的地址池前缀
GX-HX-RSR20-01(config)#ipv6 dhcp pool JWC                       //创建教务处IPv6地址池
GX-HX-RSR20-01(dhcp-config)# domain-name www.jwc.com.cn         //配置分配给客户端的域名
GX-HX-RSR20-01(dhcp-config)# dns-server 2001:192:10::254        //配置DNS地址
GX-HX-RSR20-01(dhcp-config)# prefix-delegation pool JWC         //应用教务处的IPv6地址池前缀
GX-HX-RSR20-01 (dhcp-config)#exit                               //退出
GX-HX-RSR20-01(config)#ipv6 dhcp pool JXQ                       //创建教学区IPv6地址池
GX-HX-RSR20-01(dhcp-config)# domain-name www.jxq.com.cn         //配置分配给客户端的域名
GX-HX-RSR20-01(dhcp-config)# dns-server 2002:192:10::254        //配置DNS地址
GX-HX-RSR20-01(dhcp-config)# prefix-delegation pool JXQ         //应用教务处的IPv6地址池前缀
GX-HX-RSR20-01 (dhcp-config)#exit                               //退出
GX-HX-RSR20-01(config)# interface GigabitEthernet 0/1 //进入Gi 0/1端口
GX-HX-RSR20-01(config-if-GigabitEthernet 0/1)#ipv6 nd managed-config-flag
//设置RA通告的M位
GX-HX-RSR20-01(config-if-GigabitEthernet 0/1)# ipv6 nd other-config-flag
//设置RA通告的O位
GX-HX-RSR20-01(config-if-GigabitEthernet 0/1)# ipv6 dhcp server JWC
//上端口上关联教务处DHCPv6地址池
GX-HX-RSR20-01(config-if-GigabitEthernet 0/1)#exit             //退出
GX-HX-RSR20-01(config)# interface GigabitEthernet 0/2          //进入Gi 0/2端口
GX-HX-RSR20-01(config-if-GigabitEthernet 0/2)#ipv6 nd managed-config-flag
//设置RA通告的M位
GX-HX-RSR20-01(config-if-GigabitEthernet 0/2)# ipv6 nd other-config-flag
//设置RA通告的O位
GX-HX-RSR20-01(config-if-GigabitEthernet 0/2)# ipv6 dhcp server JXQ
//在端口上关联教学区DHCPv6地址池
```

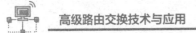

```
GX-HX-RSR20-01(config-if-GigabitEthernet 0/2)#exit              // 退出
```

GX-HJ-S5310-01 与 GX-HJ-S5310-02 配置命令类同，以 GX-HJ-S5310-01 配置命令为例：

```
GX-HJ-S5310-01(config)#interface vlan 10                        // 进入 VLAN 10 的 SVI 端口
GX-HJ-S5310-01 (config-if-VLAN 10)#ipv6 nd managed-config-flag  // 设置 RA 通告的 M 位
GX-HJ-S5310-01 (config-if-VLAN 10)#ipv6 nd other-config-flag    // 设置 RA 通告的 O 位
GX-HJ-S5310-01 (config-if-VLAN 10)#ipv6 nd prefix 2001:192:10::/64  no-autoconfig
// 指明通告的前缀不能用于无状态自动配置
GX-HJ-S5310-01(config-if-VLAN 10)#ipv6 dhcp relay destination 2010::1
// 配置 DHCPv6 中继指向 DHCPv6 Server 的地址
GX-HJ-S5310-01(config-if-VLAN 10)#exit                          // 退出
GX-HJ-S5310-01(config)#interface vlan 20                        // 进入 VLAN 20 的 SVI 端口
GX-HJ-S5310-01 (config-if-VLAN 20)#ipv6 nd managed-config-flag  // 设置 RA 通告的 M 位
GX-HJ-S5310-01 (config-if-VLAN 20)#ipv6 nd other-config-flag    // 设置 RA 通告的 O 位
GX-HJ-S5310-01 (config-if-VLAN 20)#ipv6 nd prefix 2002:192:10::/64  no-autoconfig
// 指明通告的前缀不能用于无状态自动配置
GX-HJ-S5310-01(config-if-VLAN 20)#ipv6 dhcp relay destination 2011::1
// 配置 DHCPv6 中继指向 DHCPv6 Server 的地址
GX-HJ-S5310-01(config-if-VLAN 20)#exit                          // 退出
```

5.6 项目联调与测试

在项目实施完成之后需要对设备的运行状态进行查看，确保设备能够正常稳定运行，最简单的方法是使用 show 命令查看交换机端口、路由等状态。

5.6.1 查看汇聚交换机 VRRP 信息

在两台汇聚交换机 GX-HJ-S5310-01、GX-HJ-S5310-02 上使用 show ipv6 vrrp brief 命令可以查看 VRRP 信息，如图 5-6 和图 5-7 所示。可以看出 GX-HJ-S5310-01 为 VLAN 10 的 Master 设备，GX-HJ-S5310-02 为 VLAN 20 的 Master 设备。

```
GX-HJ-S5310-01#show ipv6 vrrp brief
Interface    Grp Pri timer Own Pre State  Master addr                    Group addr
VLAN 10       1  150 3.41   -   P   Master FE80::8205:88FF:FEDB:E091     FE80::1
VLAN 20       2  100 3.60   -   P   Backup FE80::8205:88FF:FEDB:E015     FE80::100
```

◎ 图 5-6 在 GX-HJ-S5310-01 上查看 VRRP 信息

```
GX-HJ-S5310-02#show ipv6 vrrp brief
Interface    Grp Pri timer Own Pre State  Master addr                    Group addr
VLAN 10       1  100 3.60   -   P   Backup FE80::8205:88FF:FEDB:E091     FE80::1
VLAN 20       2  150 3.41   -   P   Master FE80::8205:88FF:FEDB:E015     FE80::100
```

◎ 图 5-7 在 GX-HJ-S5310-02 上查看 VRRP 信息

5.6.2　查看上行链路故障 VRRP 主备切换信息

　　这里以汇聚交换机 GX-HJ-S5310-01 为例，先将 GX-HJ-S5310-01 上联端口 Gi0/1 关闭，再在 GX-HJ-S5310-01 和 GX-HJ-S5310-02 上使用 show ipv6 vrrp brief 命令查看 VRRP 信息，如图 5-8、图 5-9 所示。可以看出 GX-HJ-S5310-01 从 VLAN 10 的 Master 设备切换成 Backup 设备，优先级降低了 60；GX-HJ-S5310-02 从 VLAN 10 的 Backup 设备切换成 Master 设备。

```
GX-HJ-S5310-01#show ipv6 vrrp brief
Interface      Grp  Pri  timer  Own  Pre  State   Master addr                 Group addr
VLAN 10          1   90  3.41    -    P   Backup  FE80::8205:88FF:FEDB:E015   FE80::1
VLAN 20          2  100  3.60    -    P   Backup  FE80::8205:88FF:FEDB:E015   FE80::100
```

◎ 图 5-8　GX-HJ-S5310-01 上联端口故障后的 VRRP 信息

```
GX-HJ-S5310-02#show ipv6 vrrp brief
Interface      Grp  Pri  timer  Own  Pre  State   Master addr                 Group addr
VLAN 10          1  100  3.60    -    P   Master  FE80::8205:88FF:FEDB:E015   FE80::1
VLAN 20          2  150  3.41    -    P   Master  FE80::8205:88FF:FEDB:E015   FE80::100
```

◎ 图 5-9　GX-HJ-S5310-02 上 VLAN 10 角色切换后的 VRRP 信息

5.6.3　查看 OSPFv3

　　使 用 show ipv6 ospf neighbor 命 令 在 GX-HJ-S5310-01、GX-HJ-S5310-02 与 GX-HX-RSR20-01 上分别查看 OSPFv3 邻居状态信息，如图 5-10 ～图 5-12 所示，3 台设备之间成功建立 OSPFv3，状态为 FULL。

```
GX-HX-RSR20-01#show ipv6 ospf neighbor
OSPFv3 Process (1), 2 Neighbors, 2 is Full:
Neighbor ID   Pri  State    BFD State  Dead Time  Instance ID  Interface
3.3.3.3         1  Full/DR     -       00:00:31       0        GigabitEthernet 0/2
2.2.2.2         1  Full/DR     -       00:00:36       0        GigabitEthernet 0/1
```

◎ 图 5-10　GX-HX-RSR20-01 的邻居状态信息

```
GX-HJ-S5310-01(config)#show ipv6 ospf neighbor
OSPFv3 Process (1), 1 Neighbors, 1 is Full:
Neighbor ID   Pri  State     Dead Time  Instance ID  Interface
1.1.1.1         1  Full/BDR  00:00:39       0        GigabitEthernet 0/1
```

◎ 图 5-11　GX-HJ-S5310-01 的邻居状态信息

```
GX-HJ-S5310-02#show ipv6 ospf neighbor
OSPFv3 Process (1), 1 Neighbors, 1 is Full:
Neighbor ID   Pri  State     Dead Time  Instance ID  Interface
1.1.1.1         1  Full/BDR  00:00:35       0        GigabitEthernet 0/1
```

◎ 图 5-12　GX-HJ-S5310-02 的邻居状态信息

5.6.4 查看设备的 OSPF 路由信息

使用 show ipv6 route ospf 命令在 GX-HJ-S5310-01、GX-HJ-S5310-02 与 GX-HX-RSR20-01
上分别查看 OSPFv3 的路由信息，如图 5-13 ～图 5-15 所示，3 台设备都学习到了对应的
路由条目。在 GX-HX-RSR20-01 设备中，两个区域的网段路由都有两个下一跳地址，实
现了路由的负载分担。

```
GX-HX-RSR20-01#show ipv6  route ospf
IPv6 routing table name is - Default - 14 entries
Codes:  C - Connected, L - Local, S - Static
        R - RIP, O - OSPF, B - BGP, I - IS-IS, V - Overflow route
        N1 - OSPF NSSA external type 1, N2 - OSPF NSSA external type 2
        E1 - OSPF external type 1, E2 - OSPF external type 2
        SU - IS-IS summary, L1 - IS-IS level-1, L2 - IS-IS level-2
        IA - Inter area

O     2001:192:10::/64 [110/2] via FE80::8205:88FF:FEDB:E015, GigabitEthernet 0/2
                       [110/2] via FE80::8205:88FF:FEDB:E091, GigabitEthernet 0/1
O     2002:192:10::/64 [110/2] via FE80::8205:88FF:FEDB:E015, GigabitEthernet 0/2
                       [110/2] via FE80::8205:88FF:FEDB:E091, GigabitEthernet 0/1
```

◎ 图 5-13　GX-HX-RSR20-01 的 OSPF 路由条目

```
GX-HJ-S5310-02#show ipv6 route ospf
IPv6 routing table name is - Default - 14 entries
Codes:  C - Connected, L - Local, S - Static
        R - RIP, O - OSPF, B - BGP, I - IS-IS, V - Overflow route
        N1 - OSPF NSSA external type 1, N2 - OSPF NSSA external type 2
        E1 - OSPF external type 1, E2 - OSPF external type 2
        SU - IS-IS summary, L1 - IS-IS level-1, L2 - IS-IS level-2
        IA - Inter area
O     2010::/64 [110/2] via FE80::C2B8:E6FF:FE50:D0B4, GigabitEthernet 0/1
```

◎ 图 5-14　GX-HJ-S5310-02 的 OSPF 路由条目

```
GX-HJ-S5310-01#show ipv6 route ospf
IPv6 routing table name is - Default - 14 entries
Codes:  C - Connected, L - Local, S - Static
        R - RIP, O - OSPF, B - BGP, I - IS-IS, V - Overflow route
        N1 - OSPF NSSA external type 1, N2 - OSPF NSSA external type 2
        E1 - OSPF external type 1, E2 - OSPF external type 2
        SU - IS-IS summary, L1 - IS-IS level-1, L2 - IS-IS level-2
        IA - Inter area
O     2011::/64 [110/2] via FE80::C2B8:E6FF:FE50:D0B5, GigabitEthernet 0/1
```

◎ 图 5-15　GX-HJ-S5310-01 的 OSPF 路由条目

5.6.5 通过 DHCPv6 获取 IPv6 地址

PC1 作为教务处的终端，PC2 作为教学区的终端，将两台终端属性调整为自动获取
IPv6 地址，如图 5-16 所示。

Internet 协议版本 6 (TCP/IPv6) 属性
常规
如果网络支持此功能，则可以自动获取分配的 IPv6 设置。否则，你需要向网络管理员咨询，以获得适当的 IPv6 设置。
自动获取 IPv6 地址(O)
使用以下 IPv6 地址(S):
IPv6 地址(I):
子网前缀长度(U):
默认网关(D):
自动获得 DNS 服务器地址(B)
使用下面的 DNS 服务器地址(E):
首选 DNS 服务器(P):
备用 DNS 服务器(A):

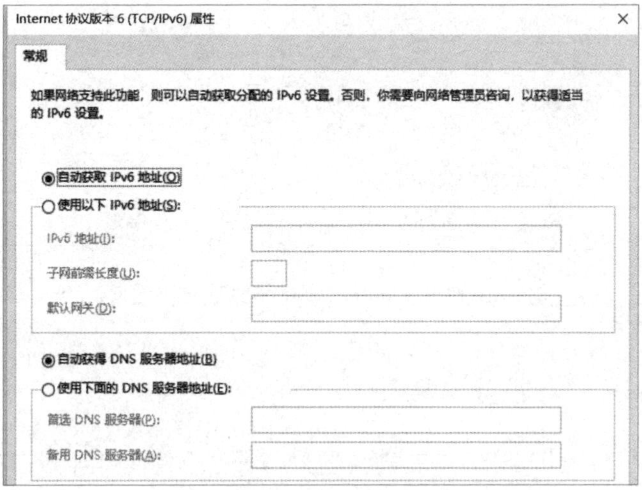

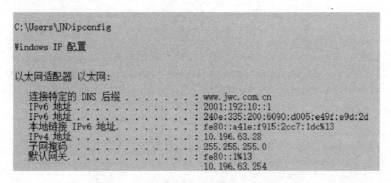

◎ 图 5-16 设置 PC 为自动获取 IPv6 地址

分别在 PC1 和 PC2 上打开“命令提示符”窗口，输入“ipconfig”查看 IPv6 地址信息，如图 5-17 和图 5-18 所示。

C:\Users\JN>ipconfig
Windows IP 配置
以太网适配器 以太网:
连接特定的 DNS 后缀 . . . . : www.jwc.com.cn
IPv6 地址 . . . . : 2001:192:10::1
IPv6 地址 . . . . : 240e:335:200:6090:d005:e49f:e9d:2d
本地链接 IPv6 地址. . . . . : fe80::a41e:f915:2cc7:1dc%13
IPv4 地址 . . . . : 10.196.63.28
子网掩码 . . . . : 255.255.255.0
默认网关. . . . . : fe80::1%13
10.196.63.254

◎ 图 5-17 PC1 自动获取的 IPv6 地址信息

C:\Users\ASUS>ipconfig
Windows IP 配置
以太网适配器 以太网:
连接特定的 DNS 后缀 . . . . : www.jwc.com.cn
IPv6 地址 . . . . : 2002:192:10::2
本地链接 IPv6 地址. . . . . : fe80::e93a:f7a:83c0:c42b%26
IPv4 地址 . . . . : 10.196.63.33
子网掩码 . . . . : 255.255.255.0
默认网关. . . . . : fe80::100%26
10.196.63.254

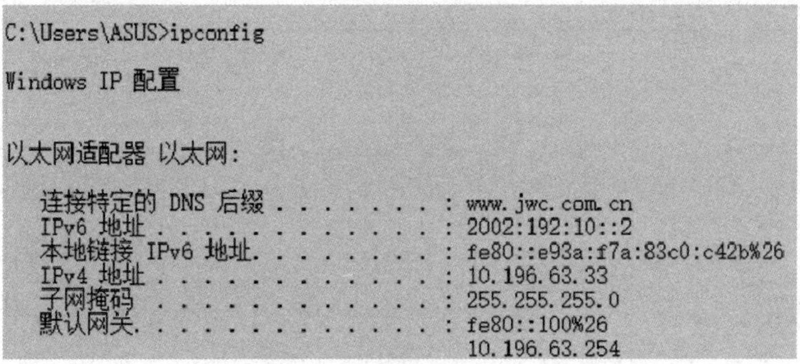

◎ 图 5-18 PC2 自动获取的 IPv6 地址信息

在 PC1 中 ping PC2 的 IPv6 地址，测试两台设备之间的连通性，如图 5-19 所示，两个区域的用户可以互访。

```
C:\Users\JN>ping 2002:192:10::2

正在 Ping 2002:192:10::2 具有 32 字节的数据:
来自 2002:192:10::2 的回复: 时间=11ms
来自 2002:192:10::2 的回复: 时间=1ms
来自 2002:192:10::2 的回复: 时间=1ms
来自 2002:192:10::2 的回复: 时间=1ms

2002:192:10::2 的 Ping 统计信息:
    数据包: 已发送 = 4, 已接收 = 4, 丢失 = 0 (0% 丢失),
往返行程的估计时间(以毫秒为单位):
    最短 = 1ms, 最长 = 11ms, 平均 = 3ms
```

◎ 图 5-19 在 PC1 上测试与 PC2 的连通性

5.6.6 验收报告－设备服务检测表

请根据之前的验证操作,对任务完成度进行打分,这里建议和同学交换任务,进行互评。

名称:＿＿＿＿＿＿＿＿＿＿＿＿＿＿＿＿＿＿＿ 序列号:＿＿＿＿＿＿＿＿＿＿

序号	测试步骤	评价指标	评分
1	查看汇聚交换机 VRRP 信息	在汇聚交换机 GX-HJ-S5310-01 上使用 show ipv6 vrrp brief 命令查看 VRRP 信息,优先级与状态正确每条得 8 分,共 32 分 ``` GX-HJ-S5310-01#show ipv6 vrrp brief Interface Grp Pri timer Own Pre State Master addr VLAN 10 1 150 3.41 - P Master FE80::5200:FF:FE02:2 VLAN 20 1 100 3.60 - P Backup FE80::5200:FF:FE03:2 ```	
2	查看上行链路故障 VRRP 主备切换信息	关闭 GX-HJ-S5310-01 的上联端口 Gi0/1,在 GX-HJ-S5310-01 和 GX-HJ-S5310-02 上使用 show ipv6 vrrp brief 命令查看 VRRP 信息,优先级与状态正确每条得 5 分,共 10 分 ``` GX-HJ-S5310-01#show ipv6 vrrp brief Interface Grp Pri timer Own Pre State Master addr VLAN 10 1 90 3.64 - P Backup FE80::5200:FF:FE03:2 VLAN 20 2 100 3.60 - P Backup FE80::5200:FF:FE03:2 ```	
3	查看 OSPFv3 状态	在 GX-HX-RSR20-01 中使用 show ipv6 ospf neighbor 命令查看 OSPF 邻居,每条路由得 5 分,共 10 分 ``` GX-HX-RSR20-01 GX-HX-RSR20-01#show ipv6 ospf neighbor OSPFv3 Process (1), 2 Neighbors, 2 is Full: Neighbor ID Pri State BFD State Dead Time Instance ID Interface 2.2.2.2 1 Full/BDR 00:00:33 0 GigabitEthernet 0/1 3.3.3.3 1 Full/DR 00:00:35 0 GigabitEthernet 0/2 ```	

4	查看设备的 OSPF 路由信息	在 GX-HX-RSR20-01 上使用 show ipv6 route 命令查看路由表,每条路由得 10 分,共 20 分
		
		``
		IPv6 routing table name - Default - 15 entries
		Codes: C - Connected, L - Local, S - Static
		       R - RIP, O - OSPF, B - BGP, I - IS-IS, V - Overflow route
		       N1 - OSPF NSSA external type 1, N2 - OSPF NSSA external type 2
		       E1 - OSPF external type 1, E2 - OSPF external type 2
		       SU - IS-IS summary, L1 - IS-IS level-1, L2 - IS-IS level-2
		       IA - Inter area, EV - BGP EVPN, N - Nd to host
		O 2001:192:10::/64 [110/2] via FE80::5200:FF:FE03:2, GigabitEthernet 0/2
		                     [110/2] via FE80::5200:FF:FE02:2, GigabitEthernet 0/1
		O 2002:192:10::/64 [110/2] via FE80::5200:FF:FE03:2, GigabitEthernet 0/2
		                     [110/2] via FE80::5200:FF:FE02:2, GigabitEthernet 0/1
		C 2010::/64 via GigabitEthernet 0/1, directly connected
		L 2010::1/128 via GigabitEthernet 0/1, local host
		C 2011::/64 via GigabitEthernet 0/2, directly connected
		L 2011::1/128 via GigabitEthernet 0/2, local host
		C 2013::/64 via GigabitEthernet 0/3, directly connected
		L 2013::1/128 via GigabitEthernet 0/3, local host
		C FE80::/10 via ::1, Null0
		C FE80::/64 via GigabitEthernet 0/1, directly connected
		L FE80::5200:FF:FE01:2/128 via GigabitEthernet 0/1, local host
		C FE80::/64 via GigabitEthernet 0/2, directly connected
		L FE80::5200:FF:FE01:3/128 via GigabitEthernet 0/2, local host
		C FE80::/64 via GigabitEthernet 0/3, directly connected
		L FE80::5200:FF:FE01:4/128 via GigabitEthernet 0/3, local host
		GX-HX-RSR20-01#
		``	

续表

序号	测试步骤	评价指标	评分

5	通过 DHCPv6 获取 IPv6 地址	使用 show ipv6 dhcp pool 命令查看地址池部署，地址池正确得 10 分
		
		``
		GX-HX-RSR20-01(config)#show ipv6 dhcp pool
		DHCPv6 pool: JWC
		    Prefix pool: JWC
		              preferred lifetime 86400, valid lifetime 86400
		    DNS server: 2001:192:10::254
		    Domain name: www.jwc.com.cn
		DHCPv6 pool: JXQ
		    Prefix pool: JXQ
		              preferred lifetime 86400, valid lifetime 86400
		    DNS server: 2002:192:10::254
		    Domain name: www.jxq.com.cn
		``
		
		在客户端的命令提示符窗口中输入"ipconfig"查看地址，DNS、地址、网关获取正确每条得 6 分，共 18 分
		
		``
		管理员: C:\Windows\System32\cmd.exe
		Microsoft Windows [版本 10.0.22000.795]
		(c) Microsoft Corporation。保留所有权利。
		
		C:\Users\JN>ipconfig
		
		Windows IP 配置
		
		以太网适配器 以太网:
		
		    连接特定的 DNS 后缀. . . . . . . : www.jwc.com.cn
		    IPv6 地址 . . . . : 2001:192:10::1
		    IPv6 地址 . . . . : 240e:335:200:6090:d005:e49f:e9d:2d
		    本地链接 IPv6 地址. . . . . : fe80::a41e:f915:2cc7:1dc%13
		    IPv4 地址 . . . . : 10.196.63.28
		    子网掩码 . . . . : 255.255.255.0
		    默认网关. . . . . : fe80::1%13
		                                       10.196.63.254
		``	

备注			

用户：＿＿＿＿＿＿＿　　　检测工程师：＿＿＿＿＿＿＿　　　　　总分：＿＿＿＿＿＿＿

5.6.7　归纳总结

通过以上内容的讲解，可以知道在部署基于 IPv6 的高校网络时，需要用到以下技术：（根据所学知识完成空缺的部分）

1. VRRP 能够在不改变组网的情况下，将多台路由器虚拟成一个虚拟路由器，通过配置虚拟路由器的 IP 地址为默认网关，实现网关的＿＿＿＿＿＿＿，从而解决单点故障问题。

2. 在配置 IPv6 VRRP 时，需要配置本地 IPv6 链路地址的＿＿＿＿＿＿＿，若不配置则会导致 IPv6 虚拟网关无法配置。

3. OSPF 在 IPv4 网络中使用时被称为＿＿＿＿＿＿＿，IETF 组织在保留了＿＿＿＿＿＿＿优点的基础上针对 IPv6 网络进行修改进而形成了＿＿＿＿＿＿＿。

4. 在 IPv6 中自动分配地址的方式有两种，分别是＿＿＿＿＿＿＿地址自动配置与＿＿＿＿＿＿＿DHCPv6。

 综合拓展

5.7 工程师指南

网络工程师职业拓展
——IPv6 技术的应用趋势

2022 年 4 月，中央网信办、国家发展改革委、工业和信息化部联合印发《深入推进 IPv6 规模部署和应用 2022 年工作安排》（以下简称《工作安排》）提出，到 2022 年年末，IPv6 活跃用户数达到 7 亿，物联网 IPv6 连接数达到 1.8 亿，国内主要商业网站及移动互联网应用 IPv6 支持率达到 85% 等多项具体目标。

《工作安排》还要求，到 2022 年末，固定网络 IPv6 流量占比达到 13%，移动网络 IPv6 流量占比达到 45%；网络和应用基础设施承载能力和服务质量持续提升，IPv6 网络性能指标与 IPv4 相当，部分指标优于 IPv4。数据中心、内容分发网络、云平台和域名解析系统等应用基础设施深度支持 IPv6 服务。

《工作安排》部署了强化网络承载能力、提升终端支持能力、拓展行业融合应用、深化商业应用部署等 10 个方面的重点任务。

在提升终端支持能力上，要求提升家庭网络终端 IPv6 支持能力、完善智慧家庭 IPv6 产业生态、深入推进物联网 IPv6 规模部署和应用。在深化商业应用部署上，要求推进大型商业应用 IPv6 放量引流、深入开展商业应用 IPv6 支持度测评通报、强化应用分发平台和电信业务 IPv6 入口管理。在强化创新生态建设上，要求完善"IPv6+"技术产业生态体系，深化 IPv6 与新技术、新应用、新场景融合发展，加强新型互联网体系结构创新研究。

此外，围绕进一步拓展行业融合应用，《工作安排》明确深化中央企业行业系统 IPv6 改造、提升金融机构 IPv6 支持能力和创新应用水平、加快工业互联网平台 IPv6 升级改造、推进农业农村信息化 IPv6 升级改造等多项具体部署。

新出厂家庭无线路由器全面支持 IPv6，并默认开启 IPv6 地址分配功能。"IPv6+"技术生态体系更加完善，行业融合应用领域持续扩大。县级以上政府门户网站 IPv6 支持率达到 85%，国内主要商业网站及移动互联网应用 IPv6 支持率达到 85%。IPv6 网络安全防护能力大幅提升。

随着信息化的发展，IPv6 越来越重要，现阶段，我国已经部署全面推进 IPv6，打开常用的手机软件，在这些软件启动时，不知从何时开始页面下方都会出现一行小字："由 ×× 提供服务"，并跟随一个 IPv6 的图标。IPv6 已经不再遥远，对于每一个网民来说，IPv6 的全面推进意味着更高速、更便利、更安全的网络体验。

● 小提示 ●

　　IPv6 地址的首选格式为 ×:×:×:×:×:×:×:×，每个"×"均包括 4 个十六进制值，以使 IPv6 的地址更加容易使用。IPv6 指定了两个记法规则，可以大幅缩短地址长度，通常称为压缩格式。

　　规则 1：忽略前导。第一条有助于缩短 IPv6 地址的规则是忽略 16 位数据段或十六进制数中的所有前导 0（零）。

　　规则 2：忽略全 0 数据段。第二条有助于缩短 IPv6 地址记法的规则是使用双冒号（::）替换任何一个或多个全由 0 组成的 16 位数据段（十六进制数）组成的连续字符串。双冒号（::）仅可在每个地址中使用一次，否则可能会得出不止一个地址。

5.8　思考练习

基础练习在线测试

5.8.1　项目排错

问题描述：

　　工程师小王根据规划完成了从基础网络到 EBGP 的所有配置，但在验证时发现 BGP 路由不通，通过 show 命令查看路由，发现 IBGP 路由的下一跳错误。请同学们根据学到的知识帮助小王分析问题可能出现在什么地方，或者还需要哪些步骤来确定问题的位置。

排查思路：

_____

_____

_____

5.8.2　大赛挑战

　　本部分内容以本章讲解的知识为基础，结合历年"全国职业院校技能大赛"高职组的题目，并进行摘选简化，各位同学可以根据所学知识对题目发起挑战，完成相对应的内容。

任务描述

　　CII 集团业务不断发展壮大，为适应 IT 技术的飞速发展，满足公司业务发展需要，集团决定建设广州总部与福州分部的信息化网络。你将作为火星公司的网络工程师前往 CII 集团完成网络规划与建设任务。

任务清单

　　1．根据网络拓扑图和地址规划，配置设备端口信息。（因任务只涉及 R1、R2、R3、EG1、EG2，故只需完成相应设备配置即可）

　　2．在 R1、R2、R3 间部署 IBGP，AS 号为 100，使用 Loopback 端口建立 Peer，建

高级路由交换技术与应用

立全互联的 IBGP 邻居。

3．在二级运营商通告 EG1、EG2 的直连网段到 BGP 中，实现 R1 能够访问 EG1、EG2 的外网端口。

网络拓扑图如图 5-20 所示。

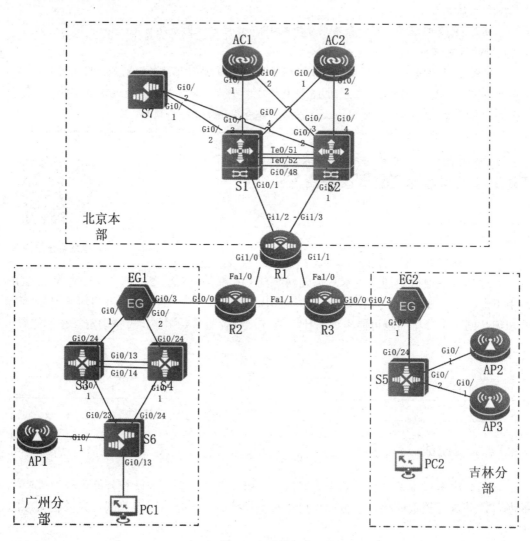

◎ 图 5-20　网络拓扑图

地址规划如表 5-10 所示。

表 5-10　地址规划

设　备	端口或 VLAN	VLAN 名称	二层或三层规划	说　明
EG1	Gi0/1		10.1.0.2/30	
	Gi0/2		10.1.0.6/30	
	Gi0/3		10.1.0.17/30	
	Loopback 0		11.1.0.11/32	

续表

设　备	端口或 VLAN	VLAN 名称	二层或三层规划	说　　明
EG2	Gi0/1		10.1.0.14/30	
	Gi0/3		10.1.0.21/30	
	Loopback 0		11.1.0.12/32	
R1	Gi1/0		12.1.0.1/24（VLAN 20）	
	Gi1/1		13.1.0.1/24（VLAN 30）	
	VLAN 10		10.1.0.10/30	Gi1/2、Gi1/3
	Loopback 0		11.1.0.1/32	
R2	Fa1/0		12.1.0.2/24（VLAN 20）	
	Fa1/1		14.1.0.2/24（VLAN 40）	
	Gi0/0		10.1.0.18/30	
	Loopback 0		11.1.0.2/32	
R3	Fa1/1		14.1.0.3/24（VLAN 40）	
	Fa1/0		13.1.0.3/24（VLAN 30）	
	Gi0/0		10.1.0.22/30	
	Loopback 0		11.1.0.3/32	

注：【根据 2022 年全国职业院校技能大赛"网络系统管理赛项"，模块 A：网络构建（样题 4）摘录】

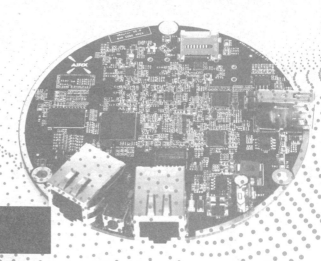

项目 6

企业网路由冗余网络设计部署

知识目标

- 了解静态路由、浮动路由之间的联系。
- 掌握静态路由、浮动路由的工作原理。
- 掌握 OSPF 协议路由重发布、优化、选路的工作原理。
- 熟悉静态路由与 OSPF 动态路由的应用场景。

技能目标

- 熟练完成静态路由与 OSPF 动态路由的配置。
- 制定总分架构企业冗余性网络的设计方案。
- 完成总分架构企业冗余性网络的网络配置。
- 完成总分架构企业冗余性网络的联调与测试。
- 解决总分架构企业冗余性网络中的常见故障。
- 完成项目文档的编写。

素养目标

- 了解实际生产环境中多出口网络的可靠性、可用性、安全性设计思路，养成相应的安全与冗余意识。
- 培养职业工程师素养，提前以专业技术人才的标准规范自身行为。

教学建议

- 推荐课时数：8 课时。

 项目准备

6.1　任务描述

海南 ×× 网络公司随着业务不断发展壮大，所在整栋楼宇内已无其他可用办公区域，所以在同一片园区内成立了分部。为了更好地促进总部和分部日常的工作交流，需要进行全公司信息化建设改造。

公司总部设有两个部门：市场部、技术研发部；分部只有一个业务部。公司信息化建设完成后要求能够实现总部和分部的各部门互联互通，在同一个园区内实现专线直达，网络能够适应未来 3 年内公司人员的增长。

如果采用单出口网络架构，那么出口设备或线路一旦瘫痪，将对公司的业务造成极大的影响，造成重大损失。因此，为了增强网络的健壮性和可靠性，采用双出口网络架构实现设备、链路的冗余备份更符合要求。最终公司决定在总部与分部的链路上布置浮动静态路由来保证网络的稳定运行。

6.2　知识结构

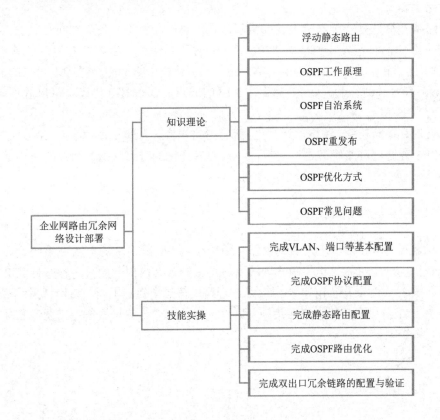

● 知识自测 ●

◎ 路由进行选路的原则是什么？

路由选路的 3 个原则如下。

（1）掩码 越长越优秀。

（2）管理距离越小越优秀。

（3）度量值越小越优秀。

◎ 常用路由协议的优先级是多少？

不同厂商路由协议的优先级可能有所差异，这里使用锐捷设备举例，直连路由 DIRECT：0、静态路由 STATIC：1、OSPF：110、Is-Is：115、RIP：120。

6.3 知识准备

6.3.1 OSPF 路由协议

OSPF（Open Shortest Path First）为 IETF OSPF 工作组开发的一种基于链路状态的内部网关路由协议。它是专为 IP 开发的路由协议，直接运行在 IP 层中，协议号为 89；采用组播方式进行 OSPF 包交换，组播地址为 224.0.0.5（所有 OSPF 路由器）和 224.0.0.6（备份指定路由器）。

链路状态算法是一种与哈夫曼向量算法（距离向量算法）完全不同的算法，应用哈夫曼向量算法的传统路由协议为 RIP，而 OSPF 路由协议是链路状态算法的典型实现。与 RIP 相比，除了算法上的不同，OSPF 还引入了路由更新认证、VLSM（可变长子网掩码）、路由聚合等新概念。OSPF 克服了 RIP 的弱点，使得 IGP 协议也可以胜任中大型、较复杂的网络环境。

如果没有链路花费、网络增删变化，那么 OSPF 将会十分安静；如果网络发生了变化，那么 OSPF 会通过链路状态进行通告，但只通告变化的链路状态，涉及的路由器将重新运行 Dijkstra 算法，生成新的最短路径树。

6.3.2 OSPF 的自治域系统

一组运行 OSPF 路由协议的路由器，组成了 OSPF 路由域的自治域系统。一个自治域系统是指由一个组织机构控制管理的所有路由器，其内部一般只运行一种 IGP 路由协议，而系统之间通常采用 BGP 路由协议进行路由信息交换。不同的自治域系统可以选择相同的 IGP 路由协议，如果要连接到互联网，那么每个自治域系统都需要向相关组织申请自治域系统编号。

6.3.3　OSPF 的区域

当 OSPF 路由域规模较大时，一般采用分层结构，即将 OSPF 路由域分割成几个区域（Area），区域之间通过一个骨干区域互联，每个非骨干区域都需要直接与骨干区域连接。

6.3.4　在 OSPF 中配置默认路由

一个自治域系统边界路由器（ASBR），可以被动地产生一条默认路由并将其注入 OSPF 路由域中。如果一个路由器被动地产生了默认路由，则该路由器就自动成了 ASBR。ASBR 不会自动产生默认路由。

要强制 ASBR 产生默认路由，需要在路由进程配置模式下执行以下命令：

```
ruijie (config-router)#default-information originate [always]
```

6.3.5　OSPF 重发布的作用及实现

路由的重发布功能，能够将从其他路由协议中学习的路由引入 OSPF 域中。

例如，企业网络中启用了多种路由协议，为了实现整个网络的互相通信和资料共享，需要把其他路由协议的路由引入 OSPF 域中。

如果要将某个路由协议重发布到 OSPF 域中，则需要配置以下命令：

```
R1(config-router)#redistribute 被重发布的路由协议 subnets
```

例如，将静态路由重发布到 OSPF 域中，需要配置以下命令：

```
R1(config-router)#redistribute static subnets
```

说明：将路由重发布到 OSPF 域中，一般要加"subnets"，否则只会重发布主类路由。

 小提示

设备默认使用的最大 IP 地址的环回口地址为 RID，如果没有环回口，则启用最大 IP 地址的物理口作为 Router ID。手动配置 Router ID 命令后面的 IP 地址可以是任意的，无须是存在的地址。一旦将 Router ID 确定下来，即使重新修改了端口地址也不会使其变更，必须通过 clear ip ospf process 命令或者 reload 命令来改变。

6.3.6　OSPF 邻居关系异常故障排查

1. OSPF 邻居列表为空

导致 OSPF 邻居表为空的最常见的原因是配置错误或缺少配置，具体原因如下。

（1）在端口上没有启动 OSPF 协议。

（2）网络第一或第二层故障。

（3）端口在 OSPF 中被定义为被动的。

（4）一个访问列表在两边阻止 OSPF hello 分组。

（5）在一条广播链路上存在一对子网号 / 掩码不匹配。

（6）hello 间隔 / 死亡间隔不匹配。

（7）验证类型（纯文本或者 MD5）不匹配。

（8）验证密码不匹配。

（9）区域 ID 不匹配。

（10）stub/transmit/NSSA 区域类型不匹配。

（11）一个 OSPF 邻接体中存在第二个 IP 地址。

（12）一个 OSPF 邻接体在一个异步端口上。

（13）在 NBMA（帧中继、X.25、SMDS 等）上没有定义网络类型或邻居。

（14）在两边的 frame-relay map/dialer map 语句中缺少 broadcast 关键字。

如果邻居表为空，则不能继续形成 OSPF 邻居关系。

2．OSPF 邻居停滞于 ATTEMPT 状态

OSPF 邻居停滞于 ATTEMPT 状态只会出现在定义了 neighbor 语句的 NBMA 网络中。这表示其中一个路由器试图通过发送它的 hello 分组联络一个邻居，但是没有收到任何回应。ATTEMPT 状态本身并不是问题，因为它是一个 NBMA 网络中的路由器要通过的普通状态；但是，如果一个路由器在这个状态停滞时间过长，则表明出现了问题。

导致 OSPF 邻居停滞于 ATTEMPT 状态最常见的原因如下。

（1）错误配置了 neighbor 语句。

（2）在 NBMA 网络中单播中断了。

3．OSPF 邻居停滞于 INIT 状态

当一个路由器从邻居路由器收到一个 hello 分组时，它会在 hello 分组中加入邻居路由器的 ID 并发送这个 hello 分组。如果该 hello 分组没有包含邻居路由器的 ID，那么邻居路由器将停滞于 INIT 状态。路由器收到的第一个分组将使路由器进入 INIT 状态，该状态本身并不是问题，但是如果路由器在该状态停留时间过长，则表明出现了问题。路由器长时间地停滞于 INIT 状态表示邻居路由器没有看到该路由器发送的 hello 分组，这也是为什么该路由器不能将邻居路由器的 ID 加入自身 hello 分组中的原因。

导致 OSPF 邻居停滞于 INIT 状态最常见的原因如下。

（1）访问列表在某一方向上阻塞了 hello 分组。

（2）组播功能在某一方向上被破坏了。

（3）验证只在一边可用。（启用了验证，路由器将拒绝所有非验证分组）

（4）在某一边的 frame-relay map/dialer map 语句中缺少 broadcast 关键字。

（5）hello 分组在某一边的第二层丢失了。

4．OSPF 邻居停滞于 2-way 状态

导致 OSPF 邻居停滞于 2-way 状态的原因是在所有路由器上都配置了优先级 0。如果以太网段中所有的路由器都配置了优先级 0，那么在这个网段上将无法进行 DR、BDR 的选择，因此该网段中的路由器都会停滞在 2-way 状态，无法进入下一个状态。

5．OSPF 邻居停滞于 EXSTART/EXCHANGE 状态

EXSTART/EXCHANGE 状态在 OSPF 邻接体过程中是一个重要的状态。在这个状态

下，从路由器中选择一个主设备、一个从设备和一个初始序列号，整个数据库也在这个状态下交换。如果一个邻居停滞于 EXSTART/EXCHANGE 状态的时间过长，则表明出了问题。

导致 OSPF 邻居停滞于 EXSTART/EXCHANGE 状态最常见的原因如下。

（1）端口 MTU 不匹配。

（2）在邻居路由器上有重复的 ID。（在交换 DBD 之前，会先发送一个 DBD 分组来选举一个主设备和一个从设备，ID 大的路由器成为主设备）

（3）不能用超过一定大小的 MTU ping 通。（若 DBD 大小超过中间链路的 MTU，则会被丢弃，导致 DBD 不断重传）

（4）下列原因导致单播连接损坏。

a. 在帧中继/ATM 交换机中错误的 VC/DLCI 映射。

b. 访问列表阻止单播。

c. 对单播进行了 NAT 转换。

6. OSPF 邻居停滞于 LOADING 状态

当一个邻居停滞于 LOADING 状态时，本地路由器已经向邻居发送了一个链路状态请求分组，用于请求一个过期或丢失的 LSA，并且等待邻居发来的一个路由更新分组。如果邻居没有回答或邻居的回答没有到达本地路由器，那么路由器将停滞于 LOADING 状态。

导致 OSPF 邻居停滞于 LOADING 状态最常见的原因如下。

（1）端口 MTU 不匹配。

（2）损坏的链路状态请求分组。

微课视频

6.4　网络规划设计

6.4.1　项目需求分析

1. 完成设备的基本配置，如设备名、IP 地址配置等。
2. 通过 OSPF 路由和静态路由的配置，实现总部和分部互联互通。
3. 通过浮动路由实现总部和分部用户访问的可靠性。
4. 进行网络连通性测试，实现总部与分部 PC 之间相互访问。

6.4.2　项目规划设计

1. 设备清单

本项目的设备清单如表 6-1 所示。

高级路由交换技术与应用

表 6-1　设备清单

序　号	类　型	设　备	厂　商	型　号	数　量	备　注
1	硬件	二层接入交换机	锐捷	RG-S2910-24GT4XS-E	2	用户终端接入
2	硬件	三层核心交换机	锐捷	RG-S5310-24GT4XS	2	核心交换机
3	硬件	路由器	锐捷	RG-RSR20	3	出口网关
4	软件	SecureCRT	—	6.5	1	登录管理交换机

2. 设备主机名规划

交换机名称用于标识一台设备，在实际应用过程中可以根据需求进行命名。在项目中对设备进行合理命名，可以便于对设备进行维护和管理。制定统一的命名格式（如AA-BB-CC-DD），各参数含义如下。

（1）AA：代表物理位置，如 ZB 代表公司总部、FB 代表公司分部（分公司）。

（2）BB：代表设备角色，如 JR 代表接入设备、HX 代表核心设备、CK 代表出口设备。

（3）CC：代表设备型号，如 S2910、S5310、RSR20 等。

（4）DD：代表设备编号，如总部的两台出口路由器，型号都为 RSR20，为了区分它们，可分别命名为 01 和 02。

本项目的设备主机名规划如表 6-2 所示。

表 6-2　设备主机名规划

设备型号	设备主机名	含　义
RG-S2910-24GT4XS-E	ZB-JR-S2910-01	总部接入交换机，型号为 S2910
	FB-JR-S2910-01	分部接入交换机，型号为 S2910
RG-S5310-24GT4XS	ZB-HX-S5310-01	总部核心交换机，型号为 S5310
	FB-HX-S5310-01	分部核心交换机，型号为 S5310
RG-RSR20	ZB-CK-RSR20-01	总部第一台出口路由器，型号为 RSR20
	ZB-CK-RSR20-02	总部第二台出口路由器，型号为 RSR20
	FB-CK-RSR20-01	分部出口路由器，型号为 RSR20

3. VLAN 规划

根据公司部门进行 VLAN 划分，需要两个 VLAN 编号（VLAN ID）。同时，采用与IP 地址第 3 个字节数字相同的 VLAN ID 进行 VLAN 划分，VLAN 规划如表 6-3 所示。

表 6-3　VLAN 规划

序　号	VLAN ID	VLAN Name	备　注
1	10	ShiChang_VLAN	市场部 VLAN
2	20	JiShuYanFa_VLAN	技术研发部 VLAN
3	30	YeWu_VLAN	业务部 VLAN
4	100	ZB_Manage_VLAN	总部设备管理 VLAN
5	103	FB_Manage_VLAN	分部设备管理 VLAN

4. IP 地址规划

本项目中的 IP 地址包括用户业务网段地址、设备互联地址、设备管理地址 3 类。其中，用户业务网段地址用来承载公司各部门的业务，设备互联地址用来实现总部和分部之间的互联，设备管理地址用于网络管理人员对整网设备进行远程管理和运维。

（1）用户业务网段地址。

由于本项目有总部和分部两个区域，因此要根据每个区域的用户数，在保证地址可扩展的基础上，通过 VLSM（可变长子网掩码）技术对 B 类地址段 192.168.0.0/16 进行子网划分，划分为掩码长度为 24 位的子网段。用户业务网段地址规划如表 6-4 所示。

表 6-4　用户业务网段地址规划

序　号	区　域	IP 地址	掩　码	网　关
1	市场部	192.168.10.0	255.255.255.0	192.168.10.254
2	技术研发部	192.168.20.0	255.255.255.0	192.168.20.254
3	业务部	192.168.30.0	255.255.255.0	192.168.30.254

（2）设备管理地址。

为了方便管理，本次为交换机规划设备管理地址，如表 6-5 所示。

表 6-5　设备管理地址规划

序　号	设备名称	IP 地址	掩　码	网　关
1	ZB-JR-S2910-01	192.168.100.1	255.255.255.0	192.168.100.254
2	ZB-HX-S5310-01	192.168.100.254	255.255.255.0	—
3	FB-JR-S2910-01	192.168.103.1	255.255.255.0	192.168.103.254
4	FB-HX-S5310-01	192.168.103.254	255.255.255.0	—

（3）设备互联地址。

将 172.16.0.0/16 网段进一步通过 VLSM 技术划分为掩码长度为 30 位的设备互联地址，如表 6-6 所示。

表 6-6　设备互联地址规划

序　号	本端设备	本端地址	对端设备	对端地址
1	ZB-HX-S5310-01	172.16.1.1/30	ZB-CK-RSR20-01	172.16.1.2/30
2		172.16.1.5/30	ZB-CK-RSR20-02	172.16.1.6/30
3	ZB-CK-RSR20-01	172.16.3.2/30	FB-CK-RSR20-01	172.16.3.1/30
4		172.16.1.2/30	ZB-HX-S5310-01	172.16.1.1/30
5	ZB-CK-RSR20-02	172.16.3.6/30	FB-CK-RSR20-01	172.16.3.5/30
6		172.16.1.6/30	ZB-HX-S5310-01	172.16.1.5/30
7	FB-CK-RSR20-01	172.16.3.1/30	ZB-CK-RSR20-01	172.16.3.2/30
8		172.16.3.5/30	ZB-CK-RSR20-02	172.16.3.6/30
9		172.16.2.2/30	FB-HX-S5310-02	172.16.2.1/30
10	FB-HX-S5310-02	172.16.2.1/30	FB-CK-RSR20-01	172.16.2.2/30

5. 端口互联规划

设备互联规范主要对各种网络设备的互联进行规范的定义，便于后期设备和网络的管理。本项目网络设备之间的端口互联规范为"Con_To_ 对端设备名称 _ 对端端口名"，具体规划如表 6-7 所示。

表 6-7　端口互联规划

本端设备	端　　口	端口描述	对端设备	端　　口
ZB-JR-S2910-01	Gi0/1	Con_To_ZB-HX-S5310-01_Gi0/1	ZB-HX-S5310-01	Gi0/1
ZB-HX-S5310-01	Gi0/1	Con_To_ZB-JR-S2910-01_Gi0/1	ZB-JR-S2910-01	Gi0/1
	Gi0/2	Con_To_ZB-CK-RSR20-01_Gi0/0	ZB-CK-RSR20-01	Gi0/0
	Gi0/3	Con_To_ZB-CK-RSR20-02_Gi0/0	ZB-CK-RSR20-02	Gi0/0
ZB-CK-RSR20-01	Gi0/0	Con_To_ZB-HX-S5310-01_Gi0/1	ZB-HX-S5310-01	Gi0/1
	Gi0/1	Con_To_FB-CK-RSR20-01_Gi0/0	FB-CK-RSR20-01	Gi0/0
ZB-CK-RSR20-02	Gi0/0	Con_To_ZB-HX-S5310-01_Gi0/2	ZB-HX-S5310-01	Gi0/2
	Gi0/1	Con_To_FB-CK-RSR20-01_Gi0/1	FB-CK-RSR20-01	Gi0/1
FB-CK-RSR20-01	Gi0/0	Con_To_ZB-CK-RSR20-01_Gi0/1	ZB-CK-RSR20-01	Gi0/1
	Gi0/1	Con_To_ZB-CK-RSR20-02_Gi0/1	ZB-CK-RSR20-02	Gi0/1
	Gi0/2	Con_To_FB-HX-S5310-01_Gi0/1	FB-HX-S5310-01	Gi0/1
FB-HX-S5310-01	Gi0/1	Con_To_FB-CK-RSR20-01_Gi0/2	FB-CK-RSR20-01	Gi0/2
	Gi0/2	Con_To_FB-JR-S2910-01_Gi0/1	FB-JR-S2910-01	Gi0/1
FB-JR-S2910-01	Gi0/1	Con_To_FB-HX-S5310-01_Gi0/2	FB-HX-S5310-01	Gi0/2

6．OSPF 协议规划

本项目的两台核心交换机与路由区域的路由器均要部署 OSPF 协议，保证总部网络的互联互通。4 台设备都运行在区域 0 中，需要为每台设备手动设置 Router-ID，具体的设备 Router ID 规划如表 6-8 所示。

表 6-8　设备 Router ID 规划

序　　号	设备名称	Router ID
1	ZB-HX-S5310-01	1.1.1.1
2	ZB-CK-RSR20-01	2.2.2.2
3	ZB-CK-RSR20-02	3.3.3.3

7．项目拓扑图

从业务角度分析本项目，海南 ×× 网络公司总部设有市场部和技术研发部，分部设有业务部，需要对总部和分部分别进行统一的 IP 地址及业务资源规划和分配，相关说明如下。

（1）两台 S2910 交换机的编号为 SW1 和 SW4，分别作为总部和分部的接入交换机，为 3 个部门的工作人员提供接入服务。

（2）两台 S5310 交换机的编号为 SW2、SW3，分别作为总部和分部的核心交换机。

（3）3 台 RSR20 路由器的编号为 R1、R2 和 R3，分别作为总部的出口网关和分部的出口网关，用以实现总部和分部的广域网互联。

（4）租用运营商的以太网专线，实现总部和分部的互联。

（5）总部的出口路由器、核心交换机和接入交换机都部署在弱电间的落地式机柜中。而分部由于设备数量少，且工作人员较少，所以将分部的两台交换机和路由器统一安装在分部办公室的小型立式机柜中。

（6）总部和分部的出口设备之间采用单模光纤，部门内部设备之间直接采用超五类（CAT5e）或者六类（CAT6）互联。

综上所述，本项目网络拓扑图如图 6-1 所示。

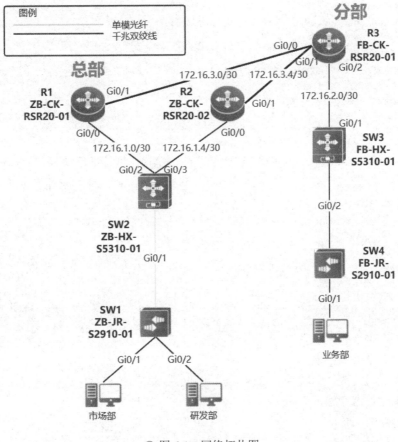

◎ 图 6-1　网络拓扑图

6.5　网络部署实施

6.5.1　设备基本配置

在开始功能性配置之前，先完成设备的基本配置，包括主机名、端口描述、时钟等配置。

（1）配置主机名。

设置用户名有助于用户识别和管理设备，这里以 ZB-JR-S2910-01 为例。

```
Ruijie>enable                          // 进入特权模式
Ruijie#configure terminal              // 进入全局配置模式
Ruijie(config)#hostname ZB-JR-S2910-01 // 配置路由器主机名
```

（2）配置端口描述。

配置端口描述有助于后续的运维工作，本项目为设备的互联端口配置端口描述。这里以 ZB-HX-S5310-01 为例，具体配置命令如下。

```
ZB-HX-S5310-01(config)#interface gi0/1                          // 进入端口模式
ZB-HX-S5310-01(config-if-GigabitEthernet0/1)#description
Con_To_ZB-JR-S2910-01_Gi0/1                                     // 配置端口描述
ZB-HX-S5310-01(config-if-GigabitEthernet0/1)#interface gi0/2    // 进入端口模式
ZB-HX-S5310-01(config-if-GigabitEthernet0/2)#description
Con_To_ZB-CK-RSR20-01_Gi0/0                                     // 配置端口描述
ZB-HX-S5310-01(config-if-GigabitEthernet0/2)#interface gi0/3    // 进入端口模式
ZB-HX-S5310-01(config-if-GigabitEthernet0/3)#description
Con_To_ZB-CK-RSR20-02_Gi0/0                                     // 配置端口描述
ZB-HX-S5310-01(config-if-GigabitEthernet0/3)#exit              // 进入全局模式
```

（3）配置 VLAN。

本项目中 VLAN 配置包括创建 3 个部门的 VLAN、将各部门所属的 VLAN 规划到相应的端口中、设置端口类型。以接入交换机 SW1 为例，VLAN 配置命令如下。

ZB-JR-S2910-01：

```
ZB-JR-S2910-01(config)#vlan 10                    // 创建市场部 VLAN
ZB-JR-S2910-01(config-vlan)#name ShiChang_VLAN
ZB-JR-S2910-01(config-vlan)#exit
ZB-JR-S2910-01(config)#vlan 20                    // 创建技术研发部 VLAN
ZB-JR-S2910-01(config-vlan)#name JiShuYanFa_VLAN
ZB-JR-S2910-01(config-vlan)#exit
ZB-JR-S2910-01(config)#vlan 100                   // 创建设备管理 VLAN
ZB-JR-S2910-01(config-vlan)#name ZB_Manage_VLAN
```

（4）配置设备端口模式。

将连接部门的端口配置为 access 端口并划分到相应的 VLAN 中，以接入交换机 SW1 为例，相关配置命令如下。

ZB-JR-S2910-01：

```
ZB-JR-S2910-01(config)#interface range gi0/3-12      // 进入连接市场部的端口范围
ZB-JR-S2910-01(config-if-range)#switchport mode
access                                               // 配置为 access 模式
ZB-JR-S2910-01(config-if-range)#switchport access
vlan 10                                              // 将端口划入市场部 VLAN
ZB-JR-S2910-01(config-if-range)#exit
ZB-JR-S2910-01(config)#interface range gi0/13-22     // 进入连接技术研发部的端口范围
ZB-JR-S2910-01(config-if-range)#switchport mode
access                                               // 配置为 access 模式
ZB-JR-S2910-01(config-if-range)#switchport access
vlan 20                                              // 将端口划入技术研发部 VLAN
```

将交换机的互联端口配置为 trunk 端口，便于在一条物理链路上传输多个 VLAN 的数据帧。以核心交换机 SW2 为例，相关配置命令如下。

ZB-HX-S5310-01：

```
ZB-HX-S5310-01(config)#interface gi0/1                  // 进入与 SW1 互联的端口
ZB-HX-S5310-01(config-if-GigabitEthernet0/1)#switchport
mode trunk                                              // 配置为 trunk 模式
```

为了保证一定的安全性，需要在 trunk 端口上禁止不必要的 VLAN 通过，以接入交换机 SW1 为例，相关配置命令如下。

ZB-JR-S2910-01：

```
ZB-JR-S2910-01(config)#interface gi0/1                  // 进入与 SW2 互联的端口
ZB-JR-S2910-01(config-if-GigabitEthernet0/1)#switchport trunk allowed vlan only
10,20,100                                               // 设置 VLAN 许可列表
```

（5）配置接入交换机的管理 IP 地址及网关，以接入交换机 SW1 为例，相关配置命令如下。

ZB-JR-S2910-01：

```
ZB-JR-S2910-01(config)#interface vlan 100              // 创建 SVI 端口
ZB-JR-S2910-01(config-if-vlan 100)#ip address
192.168.100.1 255.255.255.0                            // 设置 IP 地址
ZB-JR-S2910-01(config-if-vlan 100)#exit               // 退回到全局模式
ZB-JR-S2910-01(config)#ip route 0.0.0.0 0.0.0.0
192.168.100.254                                        // 配置默认路由 / 网关
```

6.5.2 三层设备 IP 地址配置

以总部为例配置三层设备 IP 地址，分部的配置方法相同。

（1）配置核心交换机的 IP 地址、用户网关和接入交换机的网关。

ZB-HX-S5310-01：

```
ZB-HX-S5310-01(config)#vlan 10                          // 创建市场部 VLAN
ZB-HX-S5310-01(config-vlan)#name ShiChang_VLAN         //VLAN 命名
ZB-HX-S5310-01(config-vlan)#exit                        // 回到全局配置模式
ZB-HX-S5310-01(config)#vlan 20                          // 创建技术研发部 VLAN
ZB-HX-S5310-01(config-vlan)#name JiShuYanFa_VLAN       //VLAN 命名
ZB-HX-S5310-01(config-vlan)#exit                        // 回到全局配置模式
ZB-HX-S5310-01(config)#vlan 100                         // 创建设备管理 VLAN
ZB-HX-S5310-01(config-vlan)#name ZB_Manage_VLAN        //VLAN 命名
ZB-HX-S5310-01(config-vlan)#interface vlan 10          // 创建 SVI 端口
ZB-HX-S5310-01(config-if-vlan 10)#ip address
192.168.10.254 255.255.255.0                           // 配置 IP 地址
ZB-HX-S5310-01(config-if-vlan 10)#interface vlan 20    // 创建 SVI 端口
ZB-HX-S5310-01(config-if-vlan 20)#ip address
192.168.20.254 255.255.255.0                           // 配置 IP 地址
ZB-HX-S5310-01(config-if-vlan 20)#interface vlan 100   // 创建 SVI 端口
ZB-HX-S5310-01(config-if-vlan 100)#ip address
192.168.100.254 255.255.255.0                          // 配置 IP 地址
ZB-HX-S5310-01(config-if-vlan 100)#interface gi0/1     // 进入下联端口
ZB-HX-S5310-01(config-if-GigabitEthernet 0/1)#
switchport mode trunk                                  // 将端口设置为 trunk 模式
ZB-HX-S5310-01(config-if-GigabitEthernet0/1)#
```

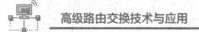

```
switchport trunk allowed vlan only 10,20,100          // 进行VLAN修剪
ZB-HX-S5310-01(config-if-GigabitEthernet 0/1)#exit    // 回到全局配置模式
```

（2）配置核心交换机与出口路由器的互联地址。

核心交换机与出口路由器的互联端口均为三层互联端口，通过 no switchport 命令将交换机的二层端口转化为三层端口，即可配置互联 IP 地址。以核心交换机 SW2 为例，相关配置命令如下。

ZB-HX-S5310-01：

```
ZB-HX-S5310-01(config)#interface gi0/2                 // 进入与 R1 互联的端口
ZB-HX-S5310-01(config-if-GigabitEthernet0/2)#no switchport   // 将端口设置为三层端口
ZB-HX-S5310-01(config-if-GigabitEthernet0/2)#ip address
172.16.1.1 255.255.255.252                             // 配置与 R1 互联的 IP 地址
ZB-HX-S5310-01(config-if-GigabitEthernet0/2)#exit      // 回到全局配置模式
ZB-HX-S5310-01(config)#interface gi0/3                 // 进入与 R2 互联的端口
ZB-HX-S5310-01(config-if-GigabitEthernet0/3)#no switchport   // 将端口设置为三层端口
ZB-HX-S5310-01(config-if-GigabitEthernet0/3)#ip address
172.16.1.5 255.255.255.252                             // 配置与 R2 互联的 IP 地址
```

（3）配置出口路由器的 IP 地址。

本项目中总部和分部的出口路由器均需在互联端口上配置设备互联地址。

由于 RSR20-14E 只有两个光电复用的三层路由端口，因此 Gi1/0 ～ Gi1/23 是二层交换端口。这样无法满足分部出口路由器 R3 的三层互联要求，而交换端口无法直接配置 IP 地址。这些交换端口默认属于虚拟局域网 1（VLAN 1），所以使用二层端口互联的 IP 地址要在 VLAN 1 的 SVI 端口下进行配置。

以总部路由器 R1 为例，端口互联 IP 地址配置命令如下。

ZB-CK-RSR20-01：

```
ZB-CK-RSR20-01(config)#interface gi0/0                 // 进入与 SW2 互联的端口
ZB-CK-RSR20-01(config-if-GigabitEthernet0/0)#ip address
172.16.1.2 255.255.255.252                             // 配置与 SW2 互联的 IP 地址
ZB-CK-RSR20-01(config-if-GigabitEthernet0/0)#exit      // 回到全局配置模式
ZB-CK-RSR20-01(config)#interface gi0/1                 // 进入与 R3 互联的端口
ZB-CK-RSR20-01(config-if-GigabitEthernet0/1)#ip address
172.16.3.2 255.255.255.252                             // 配置与 R3 互联的 IP 地址
ZB-CK-RSR20-01(config-if-GigabitEthernet0/1)#exit      // 回到全局配置模式
```

6.5.3 路由规划与配置

为总部配置 OSPF 路由协议，为分部配置静态路由协议，并将静态路由重发布到 OSPF 路由协议中。

（1）配置总部 OSPF。

根据项目前期规划的 OSPF 内容，总部的核心交换机和两台路由器的 OSPF 配置命令如下。

ZB-HX-S5310-01：

```
ZB-HX-S5310-01(config)#router ospf 1                   // 进入 OSPF 进程 1
```

```
ZB-HX-S5310-01(config-router)#router-id 1.1.1.1          // 设置 Router ID
Change router-id and update OSPF process! [yes/no]:yes    // 输入 "yes" 并按回车键
ZB-HX-S5310-01(config-router)#network
172.16.1.0 0.0.0.3 area 0                                 // 宣告与 R1 互联的网段
ZB-HX-S5310-01(config-router)#network
172.16.1.4 0.0.0.3 area 0                                 // 宣告与 R2 互联的网段
ZB-HX-S5310-01(config-router)#network
192.168.10.0 0.0.0.255 area 0                             // 宣告市场部网段
ZB-HX-S5310-01(config-router)#network
192.168.20.0 0.0.0.255 area 0                             // 宣告技术研发部网段
ZB-HX-S5310-01(config-router)#network
192.168.100.0 0.0.0.255 area 0                            // 宣告设备管理网段
```

ZB-CK-RSR20-01：

```
ZB-CK-RSR20-01(config)#router ospf 1                      // 进入 OSPF 进程 1
ZB-CK-RSR20-01(config-router)#router-id 2.2.2.2           // 设置 Router ID
Change router-id and update OSPF process! [yes/no]:yes    // 输入 "yes" 并按回车键
ZB-CK-RSR20-01(config-router)#network
172.16.1.0 0.0.0.3 area 0                                 // 宣告与 SW2 互联的网段
ZB-CK-RSR20-01(config-router)#network
172.16.3.0 0.0.0.3 area 0                                 // 宣告与 R3 互联的网段
```

ZB-CK-RSR20-02：

```
ZB-CK-RSR20-02(config)#router ospf 1                      // 进入 OSPF 进程 1
ZB-CK-RSR20-02(config-router)#router-id 3.3.3.3           // 设置 Router ID
Change router-id and update OSPF process! [yes/no]:yes    // 输入 "yes" 并按回车键
ZB-CK-RSR20-02(config-router)#network
172.16.1.4 0.0.0.3 area 0                                 // 宣告与 SW2 互联的网段
ZB-CK-RSR20-02(config-router)#network
172.16.3.4 0.0.0.3 area 0                                 // 宣告与 R3 互联的网段
```

为了加快 OSPF 的收敛速度，将用户业务网段 SVI 配置为被动端口，从而使业务网段中不出现 Hello 协议报文，减少邻居关系的数目。

ZB-HX-S5310-01：

```
ZB-HX-S5310-01(config)#router ospf 1                      // 进入 OSPF 进程 1
ZB-HX-S5310-01(config-router)#
passive-interface VLAN10                                  // 将 VLAN 10 的 SVI 端口设置为被动端口
ZB-HX-S5310-01(config-router)#
passive-interface VLAN 20                                 // 将 VLAN 20 的 SVI 端口设置为被动端口
ZB-HX-S5310-01(config-router)#
passive-interface VLAN 100                                // 将 VLAN 100 的 SVI 端口设置为被动端口
```

（2）配置总部静态路由。

在总部出口路由器 R1 和 R2 上配置到达分部的明细静态路由，具体配置命令如下。

ZB-CK-RSR20-01：

```
ZB-CK-RSR20-01(config)#ip route
192.168.30.0 255.255.255.0 172.16.3.1                     // 到达业务部的默认路由
ZB-CK-RSR20-01(config)#ip route
172.16.2.0 255.255.255.252 172.16.3.1                     // 到达分部互联网段的静态路由
```

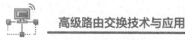

```
ZB-CK-RSR20-01(config)#ip route
192.168.103.0 255.255.255.0 172.16.3.1      // 到达 SW3、SW4 管理网段的路由
```

ZB-CK-RSR20-02：

```
ZB-CK-RSR20-02(config)#ip route
192.168.30.0 255.255.255.0 172.16.3.5       // 到达业务部的默认路由
ZB-CK-RSR20-02(config)#ip route
172.16.2.0 255.255.255.252 172.16.3.5       // 到达分部互联网段的静态路由
ZB-CK-RSR20-02(config)#ip route
192.168.103.0 255.255.255.0 172.16.3.5      // 到达 SW3、SW4 管理网段的路由
```

（3）路由重发布。

为了实现总部和分部正常地访问互联网以及之间的互联互通，需要使用路由重发布技术，在出口路由器 R1 和 R2 上将明细静态路由重发布到 OSPF 进程中，相关配置命令如下。

ZB-CK-RSR20-01：

```
ZB-CK-RSR20-01(config)#router ospf 1        // 进入 OSPF 进程 1
ZB-CK-RSR20-01(config-router)#
redistribute static subnets                 // 重发布引入静态路由
```

ZB-CK-RSR20-02：

```
ZB-CK-RSR20-02(config)#router ospf 1        // 进入 OSPF 进程 1
ZB-CK-RSR20-02(config-router)#
redistribute static subnets                 // 重发布引入静态路由
```

（4）配置分部静态 / 浮动路由。

分部运行静态路由，核心交换机 SW3 配置默认路由下一跳指向出口路由器 R3，R3 指向到达分部设备管理网段、用户业务网段的明细静态路由。

默认浮动路由主要应用在设备与设备之间有多条物理链路互联的情况中。本项目总部和分部之间有两条链路，可以实现链路相互备份，当某条链路发生故障不通的时候（比如端口被 shut down），数据流能够切换到另一条链路而不中断，此时可以考虑采用默认浮动路由。

业务部在访问市场部时，以 R3 到 R1 的链路为主链路，使用静态路由；以 R3 到 R2 的链路为备份链路，使用默认路由。当主链路发生故障时，流量会切换到备份链路。

业务部在访问技术研发部时，以 R3 到 R2 的链路为主链路，使用默认路由，以 R3 到 R1 的链路为备份链路，使用默认浮动路由。当主链路发生故障时，流量会切换到备份链路。

FB-CK-RSR20-01：

```
FB-CK-RSR20-01(config)#ip route
192.168.30.0 255.255.255.0 172.16.2.1       // 到达业务部的默认路由
FB-CK-RSR20-01(config)#ip route
192.168.103.0 255.255.255.0 172.16.2.1      // 到达分部设备管理网段的路由
FB-CK-RSR20-01(config)#ip route
192.168.10.0 255.255.255.0 172.16.3.2       // 通过 R1 到达市场部的静态路由
FB-CK-RSR20-01(config)#ip route
0.0.0.0 0.0.0.0 172.16.3.2 12               // 到达 R1 的默认浮动路由
FB-CK-RSR20-01(config)#ip route
0.0.0.0 0.0.0.0 172.16.3.6                  // 到达 R2 的默认路由
```

FB-HX-S5310-01：

```
FB-HX-S5310-01(config)#ip route
0.0.0.0 0.0.0.0 172.16.2.2                    //默认路由指向 R3
```

6.6　项目联调与测试

测试用户间网络连通性、设备远程登录功能以及总部出口冗余性。

6.6.1　基本连通性测试

这里以技术研发部访问市场部为例，市场部和技术研发部的 IP 地址配置如图 6-2 和图 6-3 所示，连通性测试结果如图 6-4 所示。

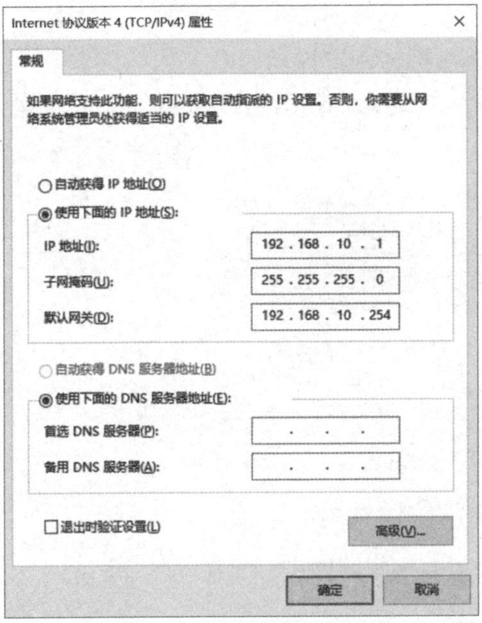

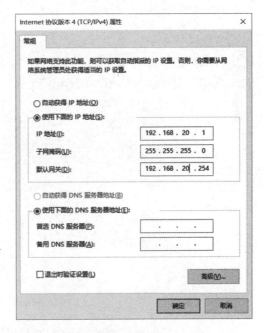

◎ 图 6-2　市场部主机 IP 地址配置

◎ 图 6-3　技术研发部主机 IP 地址配置

```
C:\Users\JN>ping 192.168.10.1

正在 Ping 192.168.10.1 具有 32 字节的数据:
来自 192.168.10.1 的回复: 字节=32 时间<1ms TTL=128
来自 192.168.10.1 的回复: 字节=32 时间<1ms TTL=128
来自 192.168.10.1 的回复: 字节=32 时间<1ms TTL=128
来自 192.168.10.1 的回复: 字节=32 时间<1ms TTL=128

192.168.10.1 的 Ping 统计信息:
    数据包: 已发送 = 4，已接收 = 4，丢失 = 0 (0% 丢失)，
往返行程的估计时间(以毫秒为单位):
    最短 = 0ms，最长 = 0ms，平均 = 0ms
```

◎ 图 6-4　测试技术研发部 PC2 与市场部 PC1 的连通性

可知以上两个部门是可以正常通信的，同理可进行其余部门间连通性的测试，测试结果如表 6-9 所示。

表 6-9　基本连通性测试结果

Ping 测试		目的端		
		市场部用户 192.168.10.2/24	技术研发部用户 192.168.20.2/24	业务部用户 192.168.30.2/24
源端	市场部用户 192.168.10.1/24	可 Ping 通	可 Ping 通	可 Ping 通
	技术研发部用户 192.168.20.1/24	可 Ping 通	可 Ping 通	可 Ping 通
	业务部用户 192.168.30.1/24	可 Ping 通	可 Ping 通	可 Ping 通

6.6.2　测试设备的远程管理

这里以技术研发部用户远程登录总部核心交换机为例。技术研发部的网络管理员 PC2（IP 地址为 192.168.20.1）需要远程登录网络设备完成设备日常管理和维护，以登录 SW1 为例，测试结果如图 6-5 所示。

```
User Access Verification

Username:admin
Password:*********


ZRZB-JR-S2910-01>en

Password:*********

ZRZB-JR-S2910-01#
```

◎ 图 6-5　正常远程登录和管理设备

但是其余部门和技术研发部的其余 PC 是无法登录交换机的，如图 6-6 所示。

```
C:\Users\Administrator>telnet 192.168.100.254
正在连接192.168.100.254...无法打开到主机的连接。 在端口 23: 连接失败

C:\Users\Administrator>
```

◎ 图 6-6　非授权终端无法远程登录设备

通过测试结果可知，设备 TELNET 功能正常。

6.6.3　测试总部出口冗余性

在 R3 上使用 traceroute 命令测试业务部能否在正常访问市场部网关时，以 R3 到 R1 的链路为主链路，流量经过 R3 到 R1，最终到达市场部网关，测试结果如图 6-7 所示。

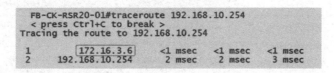

◎ 图 6-7   链路正常，业务部访问市场部网关的路径

在主链路发生故障之后，指向 R2 的默认浮动路由生效，流量切换到备份链路并经过 R3 到 R2，最终到达市场部网关，如图 6-8 所示。

```
FB-CK-RSR20-01#traceroute 192.168.10.254
  < press Ctrl+C to break >
Tracing the route to 192.168.10.254

  1      172.16.3.6      <1 msec    <1 msec    <1 msec
  2      192.168.10.254   2 msec     2 msec     3 msec
```

◎ 图 6-8   主链路发生故障，业务部访问市场部网关的路径

在 R3 上使用 traceroute 命令测试业务部能否在访问技术研发部网关时，以 R3 到 R2 的链路为主链路，流量经过 R3 到 R2，最终到达技术研发部网关，如图 6-9 所示。

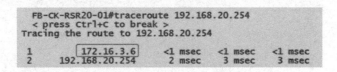

◎ 图 6-9   链路正常，业务部访问技术研发部网关的路径

在主链路发生故障之后，流量切换到备份链路，通过指向 R1 的默认路由从 R3 到 R1，最终到达技术研发部网关，如图 6-10 所示。

```
FB-CK-RSR20-01#traceroute 192.168.20.254
  < press Ctrl+C to break >
Tracing the route to 192.168.20.254

  1      172.16.3.2      <1 msec    <1 msec    10 msec
  2      192.168.20.254   3 msec     3 msec     3 msec
```

◎ 图 6-10   主链路发生故障，业务部访问技术研发部网关的路径

6.6.4   验收报告 – 设备服务检测表

请根据之前的验证操作，对任务完成度进行打分，这里建议和同学交换任务，进行互评。

名称：_____   序列号：_____

序　号	测试步骤	评价指标	评　分

1	总部市场部 PC1 与技术研发部 PC2 间的通信	总部市场部与技术研发部可以完成互相通信，PC1 Ping PC2 可以通信得 10 分
		
		`PC>ping 192.168.20.1`
		`Ping 192.168.20.1: 32 data bytes, Press Ctrl_C to break`
		`From 192.168.20.1: bytes=32 seq=1 ttl=127 time=78 ms`
		`From 192.168.20.1: bytes=32 seq=2 ttl=127 time=47 ms`
		`From 192.168.20.1: bytes=32 seq=3 ttl=127 time=32 ms`
		`From 192.168.20.1: bytes=32 seq=4 ttl=127 time=31 ms`	

续表

序 号	测试步骤	评价指标	评 分
2	分部业务部 PC3 与总部市场部 PC1、技术研发部 PC2 间的通信	分部业务部与总部市场部、技术研发部可以完成互相通信，PC3 Ping PC1 和 PC2 可以通信得 30 分 PC>ping 192.168.10.1 Ping 192.168.10.1: 32 data bytes, Press Ctrl_C to break From 192.168.10.1: bytes=32 ttl=127 time=47 ms From 192.168.10.1: bytes=32 seq=1 ttl=127 time=47 ms From 192.168.10.1: bytes=32 seq=2 ttl=127 time=47 ms From 192.168.10.1: bytes=32 seq=3 ttl=127 time=47 ms From 192.168.10.1: bytes=32 seq=4 ttl=127 time=47 ms PC>ping 192.168.20.1 Ping 192.168.20.1: 32 data bytes, Press Ctrl_C to break From 192.168.20.1: bytes=32 seq=1 ttl=127 time=47 ms From 192.168.20.1: bytes=32 seq=2 ttl=127 time=62 ms From 192.168.20.1: bytes=32 seq=3 ttl=127 time=47 ms From 192.168.20.1: bytes=32 seq=4 ttl=127 time=47 ms	
3	分部→总部，业务部→市场部，主链路测试 R3 → R1	主链路和备份链路正常，流量经过主链路得 10 分 FB-CK-RSR20-01#traceroute 192.168.10.254 < press Ctrl+C to break > Tracing the route to 192.168.10.254 1　172.16.3.2　　　1 msec　　1 msec　　1 msec 2　192.168.10.254　13 msec	
4	分部→总部，业务部→市场部，备份链路测试 R3 → R2	主链路故障、备份链路正常，流量经过备份链路得 15 分 FB-CK-RSR20-01#traceroute 192.168.10.254 < press Ctrl+C to break > Tracing the route to 192.168.10.254 1　172.16.3.6　　<1 msec　　<1 msec　　<1 msec 2　192.168.10.254　2 msec　　2 msec　　3 msec	
5	分部→总部，业务部→技术研发部，主链路测试 R3 → R1	主链路和备份链路正常，流量经过主链路得 10 分 FB-CK-RSR20-01#traceroute 192.168.20.254 < press Ctrl+C to break > Tracing the route to 192.168.20.254 1　172.16.3.6　　<1 msec　　<1 msec　　<1 msec 2　192.168.20.254　2 msec　　3 msec　　3 msec	
6	分部→总部，业务部→技术研发部，备份链路测试 R3 → R2	主链路故障、备份链路正常，流量经过备份链路得 15 分 FB-CK-RSR20-01#traceroute 192.168.20.254 < press Ctrl+C to break > Tracing the route to 192.168.20.254 1　172.16.3.2　　<1 msec　　<1 msec　　10 msec 2　192.168.20.254　3 msec　　3 msec　　3 msec	
备注			

用户：＿＿＿＿＿＿　　　检测工程师：＿＿＿＿＿＿　　　总分：＿＿＿＿＿＿

6.6.5 归纳总结

通过以上内容讲解了 OSPF、浮动静态路由的特性：（根据学到的知识完成空缺的部分）

1．OSPF 支持的网络类型有 ＿＿＿＿、＿＿＿＿、＿＿＿＿、＿＿＿＿。

2．OSPF 邻居的状态为 ＿＿＿＿，OSPF 邻接体的状态为 ＿＿＿＿。

3．静态路由默认的优先级为 ＿＿＿＿，＿＿＿＿（是 / 否）可以更改。

4．OSPF 内部路由的优先级为 ＿＿＿＿，OSPF 外部路由的优先级为 ＿＿＿＿。

5．OSPF 协议 Hello 报文的作用为 ＿＿＿＿、＿＿＿＿。

6．OSPF 协议 Hello 报文的发送间隔为 ＿＿＿＿（秒），邻居失效时间为 ＿＿＿＿（秒）。

综合拓展

6.7　工程师指南

网络工程师职业素养

——大数据时代网络出口安全问题的认知

1. 宕机事件概述

2017 年 2 月 28 日，号称亚马逊 AWS 最稳定的云存储服务 S3 出现"超高错误率"的宕机事件。2015 年 5 月 27 日下午，支付宝客户端出现系统瘫痪，约两个小时之后，支付宝恢复正常，宕机事件所涉及的地区及造成的经济损失无法估算，同时引发用户对支付宝资金安全的担忧。

该事件提醒我们，企业可以依靠互联网得到荣耀和资本，但互联网应用中任何一个微小的失误，都可能造成不可挽回的损失，使用户的利益受损，使企业受损甚至没落。

2. 互联网出口系统面临的威胁

企业建立互联网出口，将对外应用发布出去，就意味着该互联网出口要承载不计其数的不可控的用户访问，在为用户提供服务的同时，面临着各式各样的威胁。

3. 安全的互联网出口系统

互联网出口系统面临的威胁全部来源于互联网。作为连接企业与互联网的枢纽，互联网出口系统的重要性不言而喻。那么如何建立一套强壮、敬业、可靠的出口系统，在这场充满硝烟的互联网"战场"上，为企业谋取生存和发展呢？

4. 实现互联网出口系统的前提

良好的架构设计是实现互联网出口系统可用、可靠、安全的前提。在开始建设互联网出口系统之前，要充分考虑合理的物理和链路架构，使其具有良好的冗余性能和升级扩展性能，力求在内部系统软件生命周期中尽可能长时间稳定、可靠地运行，同时为内部系统提供强有力的安全防护。

主流的互联网出口系统由多种网络和安全设备构成，可以实现路由选择、路由转发、地址转换等数据通信功能，并通过安全设备阻挡来自互联网的攻击和病毒入侵。整套系统设计着眼于以下方面。

（1）可靠性：互联网出口系统的可靠性可以从两个方面加强，一方面，企业同时租用多个运营商链路接入互联网，起到链路备份的作用，其中任何一条链路中断，都不会对互联网应用产生大的影响；另一方面，交换机采用堆叠的方式部署，互联网线路和双网卡服务器接入同一个堆叠组中的不同交换机。安全设备全部采用双机热备方式，通过心跳线同步设备配置和监听网络状态，整套系统硬件具有很强的冗余性能。

（2）可用性：接入多个运营商链路，不仅可以增加带宽，通过链路负载均衡器；还能对来自不同运营商的用户流量进行引导，在起到分流作用的同时提高用户访问速度。此外，还可以在对外发布应用的服务器区中部署专用的服务器负载均衡设备，提高服务器集群部署灵活性，优化用户访问流量的分配，提高对外发布系统的响应速度和整体性能。

（3）安全性：设立 DMZ 区，放置对外应用服务器，加强不同安全区域之间的安全管理；合理规划安全设备部署，根据设备所处位置面临的网络威胁进行设备选型；利用不同的设备功能，构建纵深防御体系，通过层层过滤和拦截，最大限度地减少到达 DMZ 区中的不安全因素。

> **🔔 小提示**
>
> 本项目的目标是新建分部网络，并在总部与分部之间部署双出口冗余的高可靠性网络，可以通过 OSPF、浮动静态路由技术实现；但是本项目的网络设计也有缺点，即分部与总部之间使用单条浮动静态路由，并不包含负载均衡的相关配置，从而导致链路利用率不高。
>
> 如果使用多条浮动路由或者划分多个 OSPF 区域，虽然可以提高链路利用率，但是灵活性较差，只能通过目的地址进行链路选择；另外，流量只有在单链路发生故障时才能切换。
>
> 随着学习的深入，在之后的项目中还会讲解策略路由、路由策略等多种方式，通过这些技术能更加灵活地完成流量的控制，提高链路利用率。

6.8 思考练习

基础练习在线测试

大赛挑战

本部分以本章内容为基础，结合历年"全国职业院校技能大赛"高职组的题目，对题目进行摘选简化，各位同学可以根据所学知识对题目发起挑战，完成相应的内容。

任务描述

CII 集团业务不断发展壮大，为适应 IT 行业技术的飞速发展，以及满足业务发展需要，集团决定建设广州总部与福州分部的信息化网络。作为火星公司网络工程师，你将前往 CII 集团完成网络规划与建设任务。

任务清单

1. 根据网络拓扑图和地址规划，配置设备端口信息。（因任务只涉及 S1、S2、S6、S7 四台设备，故只需完成相应设备配置即可）

2. 在全网 trunk 链路上做 VLAN 修剪。

3. 为隔离网络中部分终端用户间的二层互访，在交换机 S1、S2 上使用端口保护。为规避网络末端接入设备上出现的环路影响全网，要求在本部与分部之间接入设备 S1、S2、S6、S7 以进行防环处理。

具体要求如下：端口开启 BPDU 防护，不能接收 BPDU Guard 报文；端口开启

RLDP 防止环路，检测到环路后的处理方式为 shutdown-port；将连接终端的所有端口配置为边缘端口；如果端口被 BPDU Guard 检测到进入 err-disabled 状态，则 300 秒后会自动恢复，重新检测是否有环路。

网络拓扑图如图 6-11 所示。

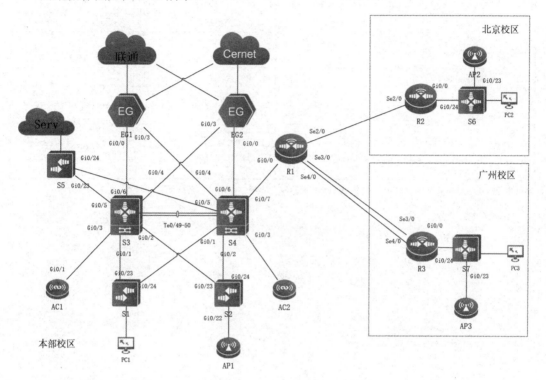

◎ 图 6-11　网络拓扑图

地址规划如表 6-10 所示。

表 6-10 地址规划

设　　备	端口或 VLAN	VLAN 名称	二层或三层规划	说　　明
S1	VLAN 10	Office10	Gi0/1 至 Gi0/4	办公网段
	VLAN 20	Office20	Gi0/5 至 Gi0/8	办公网段
	VLAN 30	Office30	Gi0/9 至 Gi0/12	办公网段
	VLAN 40	Office40	Gi0/13 至 Gi0/16	办公网段
	VLAN 50	AP	Gi0/21 至 Gi0/22	无线 AP 管理
	VLAN 100	Manage	192.1.100.4/24	设备管理 VLAN
S2	VLAN 10	Office10	Gi0/1 至 Gi0/4	办公网段
	VLAN 20	Office20	Gi0/5 至 Gi0/8	办公网段
	VLAN 30	Office30	Gi0/9 至 Gi0/12	办公网段
	VLAN 40	Office40	Gi0/13 至 Gi0/16	办公网段
	VLAN 50	AP	Gi0/21 至 Gi0/22	无线 AP 管理
	VLAN 100	Manage	192.1.100.5/24	设备管理 VLAN

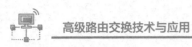 高级路由交换技术与应用

续表

设　　备	端口或 VLAN	VLAN 名称	二层或三层规划	说　　明
S6	Gi0/8		10.1.0.26/30	
	VLAN 10	Wire_user	194.1.10.254/24	分校有线用户 Gi0/1 至 Gi0/20
	VLAN 20	Wireless_user	194.1.20.254/24	分校无线用户
	VLAN 30	AP	194.1.30.254/24	分校 AP Gi0/21 至 Gi0/23
	Loopback 0		11.1.0.6/32	
S7	Gi0/23		10.1.0.49/30	AP
	Gi0/8		10.1.0.30/30	
	VLAN 10	Wire_user	195.1.10.254/24	分校有线用户 Gi0/1 至 Gi0/20
	Loopback 0		11.1.0.7/32	

注：【根据 2022 年全国职业院校技能大赛"网络系统管理"赛项，模块 A：网络构建（样题 2）摘录】

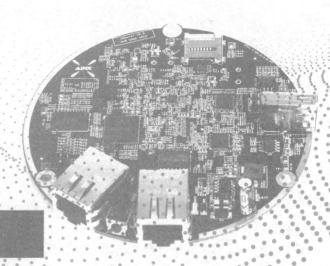

项目 7

企业网高级路由策略设计部署

知识目标

- 了解多点双向路由重发布可能导致的问题。
- 掌握路由策略的工作原理。
- 掌握多点双向路由重发布技术的工作原理。
- 熟悉路由重发布与路由策略技术的应用场景。

技能目标

- 熟练完成路由重发布与路由策略的配置。
- 制定高可靠性网络的设计方案。
- 完成高可靠性网络的网络配置。
- 完成高可靠性网络的联调与测试。
- 解决高可靠性网络中的常见故障。
- 完成项目文档的编写。

素养目标

- 了解策略路由与路由策略的差异,强化技术认知。
- 培养职业工程师素养,提前以职业人的标准规范自身行为。

教学建议

- 推荐课时数:8课时。

 项目准备

7.1 任务描述

未来五年，ZR 银行发展的指导思想和战略目标是成为国内一流的全国性上市银行。信息化已经成为信息时代金融业开展业务、迎接并参与竞争、取得核心竞争力的重要前提和保障。除了主要的金融专网，分行计算机网络是实现金融创新的重要支柱。分行近期准备正式营业，其网络建设迫在眉睫。

在本项目中无须考虑金融专网，只需整合现有网络，基于新的业务需求对网络进行扩充，在保持旧网络的前提下，扩充新的网络；对不同路由协议的网络实现互联互通，最终实现一套稳定高效的网络方案。

7.2 知识结构

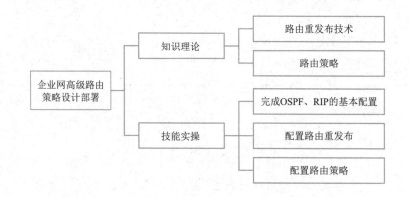

● 知识自测 ●

◎ 常见的 IGP 协议有哪些？各有什么特点？

常见的 IGP 协议有 OSPF、RIP、IS-IS 等。RIP 的特点是配置简单；OSPF 的特点是收敛快速，适合较大的网络。

◎ OSPF 能学习来自 RIP 的路由信息吗？为什么？

RIP 是一种分布式的、基于距离矢量算法的协议；而 OSPF 是链路状态路由协议，通过在路由器之间通告网络端口的状态来建立链路状态数据库，并生成最短路径树。这两种协议生成路由的计算方式不同，所以不能直接进行学习。

7.3 知识准备

7.3.1 路由重发布

在大型企业中，可能在同一网络内部使用多种路由协议，为了实现多种路由协议的协同工作，路由器可以使用路由重发布（Route Redistribution），将其学习到的一种路由协议的路由，通过另一种路由协议发布出去，实现所有网络之间的互联互通。在多种路由协议共存的网络环境中，路由设备必须同时运行多种路由协议，通过部署路由重发布技术，实现所有IP路由协议之间的互通。

7.3.2 重发布的方法

重发布的方法有双向重发布和单向重发布。在一台边界路由器上进行单向重发布是最安全的重发布方法，但易导致网络中的单点故障。使用双向重发布或在多台边界路由器上执行重发布时，需要注意次优路由选择和路由选择环路的问题。

7.3.3 常见的重发布技术

常见的重发布技术有4种。

（1）将一条默认路由从核心自主系统重发布到边缘自主系统中，并将边缘路由选择协议的路由重发布到核心路由选择协议中。这种技术有助于避免路由反馈、次优路由选择和路由选择环路。

（2）将多条关于核心自主系统的静态路由重发布到边缘自主系统中，并将边缘路由选择协议的路由重发布到核心路由选择协议中。这种技术适用于只有一个重发布点的情况，多个重发布点可能导致路由反馈。

（3）将路由从核心自主系统重发布到边缘自主系统中，并通过过滤避免不合适的路由进行选入。例如，当存在多边界路由器时，在一台边界路由器中，从边缘自主系统重发布而来的路由，不应该再在另一个重发布点上从核心自主系统重发布回该边缘自主系统。

（4）将所有路由从核心自主系统重发布到边缘自主系统，并从边缘自主系统重发布到核心自主系统，修改重发布路由的管理距离，使得当存在多条前往相同目的地的路由时，不会选择重发布而来的路由。

7.3.4 重发布路由协议可能引发的问题

重发布路由协议可能引发的问题如下。

（1）路由选择环路。在多台边界路由器执行路由重发布时，路由器可能将从自主系统收到的路由选择信息返回到同一个自主系统中。

（2）不同路由选择协议的汇聚时间不同。比如OSPF的汇聚时间比RIP短。

（3）路由选择协议的差异性。不同路由选择协议的路由选择度量值和管理距离不同，以及每种路由协议的有类别和无类别的能力不同。

🔔 **小提示**

（1）不同路由协议之间的 AD 值是不同的，当把 AD 值大的路由协议重发布到 AD 值小的路由协议中时，很可能会出现次优路径，这时就需要路由的优化，即修改 AD 值或者过滤。

（2）不同路由协议之间的度量值，即 metric，也是不相同的。比如在 RIP 中，度量值是跳数；在 EIGRP 中，度量值和带宽、延迟等参数有关。当把 RIP 路由重发布到 EIGRP 中时，EIGRP 看不明白这个路由条目的度量值——跳数，就会认为该路由为无效路由，所以不同路由协议都有自己默认的种子 metric。

7.3.5 多点双向路由重发布模型

1. 多点双向路由重发布

不同的路由协议之间通过重发布相互传递各自的路由信息，即多点双向路由重发布，如图 7-1 所示。承担重发布工作的 ASBR 数量多于一台，ASBR 在每个路由协议内部都能收到相互重发布的路由信息。

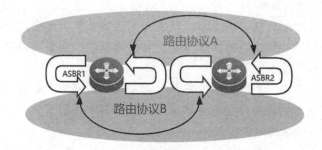

◎ 图 7-1　不同路由协议之间的重发布

2. 常见的多点双向路由重发布模型

（1）OSPF 与 RIP。

（2）OSPF 与 OSPF。

（3）OSPF 与 BGP。

3. 多点双向路由重发布会产生的问题——次优路径

这里使用 OSPF 与 RIP 之间的重发布举例，如图 7-2 所示。在将 RIP 中的路由重发布到 OSPF 中时，ASBR1 和 ASBR2 会同时对路由进行重发布。在 ASBR1 中，设备会将从 RIP 中接收到的关于 R2、R3 的路由重发布到 OSPF 中，因为 OSPF 的管理距离（110）要优于 RIP 的管理距离（120），所以 ASBR2 在接收到相关路由之后会优先使用 OSPF 的路由。

这样会导致原来 ASBR2 中去往 B 网段的下一跳地址都指向 R1。同样地，ASBR1 也会收到 ASBR2 重发布的信息，导致原来 ASBR1 中去往 B 网段的下一跳地址都指向 R1，因此出现了路由环路，如图 7-3 所示。

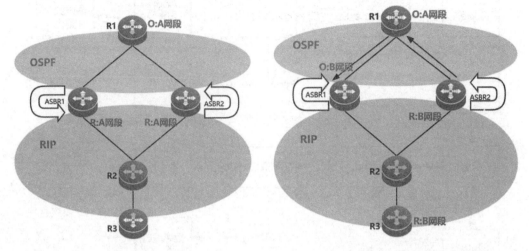

◎ 图 7-2　OSPF 与 RIP 之间的重发布　　　　◎ 图 7-3　重发布导致的路由环路

对于 ASBR2 而言，B 网段的路由信息始发于 RIP，因此从其 RIP 进程端口上接收到路由信息是合理的，而从其他路由进程的端口上接收到关于 B 网段的路由信息是不合理的。

多点双向路由重发布产生的问题可以使用路由策略解决，在 OSPF 进程下过滤 B 网段，或者更改其属性，从而使得 B 网段的路由不会在 OSPF 进程端口上进行再分发，保证不会出现环路或者次优路径。

7.3.6　路由策略

路由策略是为了改变网络流量经过的途径而修改路由信息的技术，主要通过改变路由属性（包括可达性）来实现。它是一种比基于目标网络进行路由更加灵活的数据包路由转发机制。在应用路由策略之后，路由器将通过路由图决定如何对需要路由的数据包进行处理，路由图决定了一个数据包的下一跳转发路由器。路由策略是控制层的行为，操作对象是路由条目，匹配对象是路由，具体通过目标网段、掩码、下一跳、度量值、Tag、Community 等实现。

一个路由策略中包含 N（$N \geqslant 1$）个节点（Node），匹配过程如图 7-4 所示。路由进入路由策略后，按节点序号从小到大依次检查各个节点是否匹配。匹配条件由 If-match 子句定义，涉及路由信息的属性和路由策略的 6 种过滤器。当路由与该节点的所有 If-match 子句都匹配成功时，进入匹配模式，不再匹配其他节点。

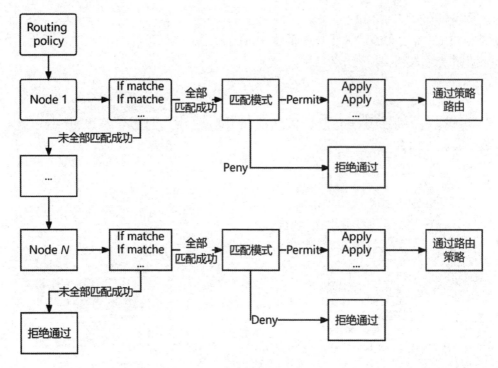

◎ 图 7-4　路由策略匹配过程

 项目任务

微课视频

7.4　网络规划设计

7.4.1　项目需求分析

- 配置设备主机名、端口地址、端口描述等。
- 配置路由。
- 配置路由重发布。
- 使用路由策略完成优选路由。
- 项目联调与测试。

7.4.2　项目规划设计

1. 设备清单

本项目的设备清单如表 7-1 所示。

表 7-1　设备清单

序　号	类　型	设　备	厂　商	型　号	数　量	备　注
1	硬件	三层接入交换机	锐捷	RG-S6000C-48GT4XS-E	1	
2	硬件	路由器	锐捷	RG-RSR20-X	4	
3	硬件	PC	—	—	—	客户端
4	软件	SecureCRT	—	6.5	1	登录管理交换机

2. 设备主机名规划

本项目的设备主机名规划如表 7-2 所示。其中 ZR 代表 ZR 网络公司，LY 代表接入层设备，RSR20 代表设备型号，01 代表设备编号。

表 7-2　设备主机名规划

设备型号	设备主机名
RSR20-X	ZR-LY-RSR20-01
	ZR-LY-RSR20-02
	ZR-LY-RSR20-03
	ZR-LY-RSR20-04
RG-S6000C-48GT4XS-E	ZR-HJ-S6000C-01

3. IP 地址规划

本项目的 IP 地址规划包括 4 台路由器的互联地址及所有设备的设备管理地址，另外划分出两个地址段给大堂与贵宾室，分别为 192.168.10.0/24 和 192.168.20.0/24，网关处于三层汇聚交换机中。具体 IP 地址规划如表 7-3 ～表 7-5 所示。

表 7-3　业务地址规划

序　号	功 能 区	IP 地 址	掩　码	网　关	VLAN
1	大堂	192.168.10.0	255.255.255.0	192.168.10.254	10
2	贵宾室	192.168.20.0	255.255.255.0	192.168.20.254	20

表 7-4　设备管理地址规划

序　号	设备名称	管理地址	掩　码
1	ZR-LY-RSR20-01	1.1.1.1	255.255.255.255
2	ZR-LY-RSR20-02	2.2.2.2	255.255.255.255
3	ZR-LY-RSR20-03	3.3.3.3	255.255.255.255
4	ZR-LY-RSR20-04	4.4.4.4	255.255.255.255
5	ZR-LY-S6000C-01	5.5.5.5	255.255.255.255

表 7-5　设备互联地址规划

序　号	本端设备名称	本端 IP 地址	对端设备名称	对端 IP 地址
1	ZR-LY-RSR20-01	10.10.10.1/30	ZR-LY-RSR20-2	10.10.10.2/30
2	ZR-LY-RSR20-01	10.10.10.5/30	ZR-LY-RSR20-4	10.10.10.6/30
3	ZR-LY-RSR20-01	10.10.10.9/30	ZR-HJ-S6000C-01	10.10.10.10/30
4	ZR-LY-RSR20-03	20.20.20.1/30	ZR-LY-RSR20-2	20.20.20.1/30
5	ZR-LY-RSR20-03	20.20.20.5/30	ZR-LY-RSR20-4	20.20.20.6/30

4. 端口互联规划

网络设备之间的端口互联规划规范为"Con_To_对端设备名称_对端端口名"。本项目只针对网络设备互联端口进行描述，具体规划如表 7-6 所示。

表 7-6　端口互联规划

本端设备	端　　口	端口描述	对端设备	端　　口
ZR-LY-RSR20-01	Gi0/0	Con_To_ZR-LY-RSR20-02	ZR-LY-RSR20-02	Gi0/1
	Gi0/1	Con_To_ZR-LY-RSR20-04	ZR-LY-RSR20-04	Gi0/0
	Gi0/2	Con_To_ZR-LY-S6000C-01	ZR-HJ-S6000C-01	Gi0/1
ZR-LY-RSR20-02	Gi0/0	Con_To_ZR-LY-RSR20-03	ZR-LY-RSR20-03	Gi0/1
	Gi0/1	Con_To_ZR-LY-RSR20-01	ZR-LY-RSR20-01	Gi0/0
ZR-LY-RSR20-03	Gi0/0	Con_To_ZR-LY-RSR20-04	ZR-LY-RSR20-04	Gi0/1
	Gi0/1	Con_To_ZR-LY-RSR20-01	ZR-LY-RSR20-01	Gi0/0
ZR-LY-RSR20-04	Gi0/0	Con_To_ZR-LY-RSR20-01	ZR-LY-RSR20-01	Gi0/1
	Gi0/1	Con_To_ZR-LY-RSR20-03	ZR-LY-RSR20-03	Gi0/0
ZR-HJ-S6000C-01	Gi0/1	Con_To_ZR-LY-RSR20-01	ZR-LY-RSR20-01	Gi0/2

5. 项目拓扑图

ZR 银行网拓扑图如图 7-5 所示，采用 S6000 作为核心交换机，在原来 3 台 RSR20 路由器的基础上添加一台 RSR20 路由器作为新网络扩充的路由，并且和现有的路由器 R2 和 R4 连接。

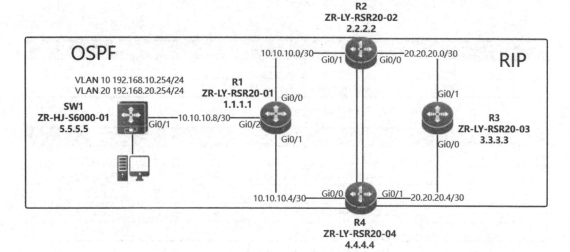

◎ 图 7-5　网络拓扑图

7.5 网络部署实施

7.5.1 设备基本配置

在开始功能性配置之前，要先完成设备的基本配置，包括主机名、端口描述、时钟等。

（1）配置主机名与端口描述。

依照项目前期准备中的设备主机名规划及端口互联规划，对网络设备进行主机名及端口描述的配置。在配置完成之后，使用 show run 命令查看上述端口描述配置是否符合项目规划。以路由器 R1：ZR-LY-RSR20-01 为例，主机名和端口描述的相关配置命令如下。

ZR-LY-RSR20-01：

```
Ruijie(config)#hostname ZR-LY-RSR20-01                        // 配置主机名
ZR-LY-RSR20-01(config)#interface gi0/0
ZR-LY-RSR20-01(config-if)#description Con_To_ZR-LY-RSR20-02   // 配置端口描述

ZR-LY-RSR20-01 (config)#interface gi0/1
ZR-LY-RSR20-01 (config-if)#description Con_To_ZR-LY-RSR20-04  // 配置端口描述
```

其他设备的主机名与端口描述配置与此类似。

（2）配置 VLAN。

本项目按部门进行 VLAN 划分，VLAN 配置主要包括 VLAN 创建和 VLAN 命名。由于每台接入交换机上都有所有的用户，所以要在每台接入交换机上配置所有用户的 VLAN。以接入交换机 SW1：ZR-HJ-S6000C-01 为例，VLAN 配置命令如下。

ZR-HJ-S6000C-01：

```
ZR-HJ-S6000C-01(config)#vlan 10                               // 创建大堂用户 VLAN
ZR-HJ-S6000C-01(config-vlan)#name Datang                      //VLAN 命名
ZR-HJ-S6000C-01(config-vlan)#vlan 20                          // 创建贵宾室用户 VLAN
ZR-HJ-S6000C-01(config-vlan)#name Guibin                      //VLAN 命名
ZR-HJ-S6000C-01(config)#interface gi0/2                       // 将 Gi0/2 端口划分到 VLAN 10 中
ZR-HJ-S6000C-01(config-if)#switchport mode access
ZR-HJ-S6000C-01(config-if)#switchport access vlan 10
ZR-HJ-S6000C-01(config)#interface gi0/3
ZR-HJ-S6000C-01(config-if)#switchport mode access
ZR-HJ-S6000C-01(config-if)#switchport access vlan 20          // 将 Gi0/3 端口划分到 VLAN 20 中
```

（3）配置设备端口地址。

按照规划分别配置设备相应的 IP 地址，所有互联 IP 地址均采用 30 位掩码，从而减少地址的浪费。以路由器 ZR-LY-RSR20-01 为例，配置命令如下。

```
ZR-LY-RSR20-01 (config)#interface gi0/0                       //进入 Gi0/0 端口
ZR-LY-RSR20-01(config-if)# ip address 10.10.10.1 255.255.255.252   // 配置 IP 地址
ZR-LY-RSR20-01(config-if)#no shutdown                         // 将端口打开
ZR-LY-RSR20-01(config)#interface gi0/1                        //进入 Gi0/0 端口
ZR-LY-RSR20-01(config-if)# ip address 10.10.10.5 255.255.255.252   // 配置 IP 地址
```

```
ZR-LY-RSR20-01(config-if)#no shutdown                                    // 将端口打开
ZR-LY-RSR20-01(config)#interface gi0/2                                   // 进入 Gi0/2 端口
ZR-LY-RSR20-01(config-if)#ip address 10.10.10.9 255.255.255.252         // 配置 IP 地址
ZR-LY-RSR20-01(config-if)#no shutdown                                    // 将端口打开
```

（4）配置设备回环地址。

Loopback 端口是一种纯软件性质的虚拟端口。在创建 Loopback 端口之后，物理层状态和链路层协议永远处于 up 状态。Loopback 端口可以配置 IP 地址，为了节约 IP 地址资源，系统会自动为 Loopback 端口的 IP 地址配置 32 位的子网掩码。在 Loopback 端口上也可以使用路由协议和收发路由协议报文。以路由器 ZR-LY-RSR20-01 为例，配置命令如下。

```
ZR-LY-RSR20-01(config)#interface loopback0                              // 进入环回端口
ZR-LY-RSR20-01(config-if)#ip address 1.1.1.1 255.255.255.255           // 配置 IP 地址
```

（5）配置交换机网关地址。

```
ZR-HJ-S6000C-01(config)#interface vlan 10        // 进入 VLAN 10 的 SVI 端口
ZR-HJ-S6000C-01(config-if)#ip address 192.168.10.254 255.255.255.0    // 配置 IP 地址
ZR-HJ-S6000C-01(config)#interface vlan 20        // 进入 VLAN 20 的 SVI 端口
ZR-HJ-S6000C-01(config-if)#ip address 192.168.20.254 255.255.255.0    // 配置 IP 地址
```

7.5.2 路由配置

基于各种动态路由协议完成各个设备之间的路由配置，使各个网段的路由都基本可达。路由器 ZR-LY-RSR20-01、ZR-LY-RSR20-02、ZR-LY-RSR20-03、ZR-LY-RSR20-04 在下文中分别简称为 R1、R2、R3、R4。

（1）配置 OSPF。

根据拓扑图配置 OSPF，本项目的 OSPF 全部使用区域 0。这里以 R1 为例进行演示，R2、R4 及交换机的 OSPF 配置与此类似，具体配置命令如下。

```
ZR-LY-RSR20-01(config)#router ospf 1                           // 启用 OSPF 协议，进程号为 1
ZR-LY-RSR20-01(config)#router-id 1.1.1.1                       // 指定路由器的 RID
ZR-LY-RSR20-01(config)#network 10.10.10.4 0.0.0.3 area 1      // 发布网段 10.10.10.4/30

ZR-LY-RSR20-01(config)#network 10.10.10.0 0.0.0.3 area 1      // 发布网段 10.10.10.0/30

ZR-LY-RSR20-01(config)#network 1.1.1.1 0.0.0.0 area 1    // 发布 Loopback 网段 1.1.1.1/32
```

（2）验证 OSPF。

在 R1 中使用 show ip ospf neighbor 命令查看现有的 OSPF 邻居，如图 7-6 所示。可以看到 R1 已经发现其他 3 台设备。

```
Neighbor ID     Pri   State       Dead Time    Address        Interface
2.2.2.2         1     FULL/DR     00:00:32     10.10.10.2     GigabitEthernet0/0/0
5.5.5.5         1     FULL/DR     00:00:30     10.10.10.10    GigabitEthernet0/0/2
4.4.4.4         1     FULL/DR     00:00:31     10.10.10.6     GigabitEthernet0/0/1
ZR-LY-RSR20-01#
```

◎ 图 7-6　OSPF 邻居

（3）配置 RIP。

根据拓扑图配置 RIP，版本为 2。

```
ZR-LY-RSR20-02#configure terminal
ZR-LY-RSR20-02(config)#router rip                              // 启用 RIP
ZR-LY-RSR20-02(config-router)#version 2                        // 确定 RIP 版本为 2
ZR-LY-RSR20-02(config-router)#no auto-summary                  // 关闭自动汇总
ZR-LY-RSR20-02(config-router)#network 2.2.2.2 0.0.0.0          // 把地址通告给 RIP 进程

ZR-LY-RSR20-02(config-router)#network 20.20.20.0 0.0.0.3       // 把地址通告给 RIP 进程
```

7.5.3 路由重发布配置

目前两个区域内的设备分别通过 OSPF 与 RIP 路由协议在自己的区域内实现了互通，但是两个区域间的设备依然无法相互通信，因此需要配置路由重发布使两个区域互通。需要注意的是，引入的路由必须是在本路由器上使用 show ip route 命令后能够看到的路由；在 OSPF 进程中重发布路由时，一定要加 "subnets" 参数，否则只能重发布主类路由；在 RIP 进程中重发布其他路由协议时，需要添加 metric 为 1，否则默认为无限大，引入外部路由会失效。

在 R2 和 R4 中，将 OSPF 重发布到 RIP 中：

```
ZR-LY-RSR20-02#configure terminal
ZR-LY-RSR20-02(config)#router rip                                  // 进入 RIP
ZR-LY-RSR20-02(config-router)#redistribute ospf 1 metric 2        // 将 OSPF 重发布到 RIP 中
```

在 R2 和 R4 中，将 RIP 重发布到 OSPF 中：

```
ZR-LY-RSR20-02#configure terminal
ZR-LY-RSR20-02(config)#router ospf 1                              // 进入 OSPF
ZR-LY-RSR20-02(config-router)#redistribute rip subnets           // 将 RIP 重发布到 OSPF 中
```

7.5.4 路由策略配置

通过双点双向路由引入，发现在右边 RIP 部分出现路由优选问题。

这里需要对路由进行控制，可以使用 distribute-list 与 route-map 命令，虽然两者都可以实现对路由的控制，但是也有所不同。

（1）相同点。

distribute-list 与 route-map 都可以用来做路由过滤。

（2）不同点。

distribute-list 只能过滤路由条目，无法修改路由属性；route-map 除了可以过滤路由条目，还能够修改路由属性。

route-map 可以强制修改数据包的下一跳，并用作策略路由。

 小提示

在配置 ACL 和 route-map 时，末尾都有系统隐含拒绝所有语句的 deny any，因此需要在 route-map 后面加一条 permit 语句，来放行其他不需要修改 metric 的路由条目，否则只会允许修改路由属性的路由通过，其他路由无法通行。

本项目要求去往 10.10.10.0/30、1.1.1.1/32、192.168.10.0/24、192.168.20.0/24、5.5.5.5/32 的数据均通过 R2 转发，去往 10.10.10.4/30 网段的数据通过 R4 转发。

```
ZR-LY-RSR20-04#configure terminal
ZR-LY-RSR20-04(config)# ip access-list standard 1      //创建标准访问控制列表1
ZR-LY-RSR20-04(config-std-nacl)# 10 permit 192.168.10.0 0.0.0.255    //匹配具体的网段

ZR-LY-RSR20-04(config-std-nacl)# 20 permit 192.168.20.0 0.0.0.255

ZR-LY-RSR20-04(config-std-nacl)# 30 permit 10.10.10.0 0.0.0.3

ZR-LY-RSR20-04(config-std-nacl)# 40 permit 1.1.1.1 0.0.0.0
ZR-LY-RSR20-04(config-std-nacl)# 50 permit 5.5.5.5 0.0.0.0
ZR-LY-RSR20-04(config-std-nacl)#exit
ZR-LY-RSR20-04(config)#route-map rip permit 10         //创建路由图：RIP
ZR-LY-RSR20-04(config-route-map)#match ip address 1    //匹配访问控制列表1
ZR-LY-RSR20-04(config-route-map)#set metric 10         //metric设置为10
ZR-LY-RSR20-04(config)#route-map rip permit 20
ZR-LY-RSR20-04(config-route-map)#exit                  //放行其他路由

ZR-LY-RSR20-04(config)#router rip
ZR-LY-RSR20-04(config-router)#redistribute ospf 1 metric 2 route-map rip
//在将OSPF路由重发布到RIP时，调用route-map rip
```

通过调整路由条目的 metric，使得 R2 在将 10.10.10.0/30、1.1.1.1/32、192.168.10.0/24、192.168.20.0/24、5.5.5.5/32 网段重发布到 RIP 时，其 metric 小于 R4 发布的 metric，因此其优先级高于 R4。R3 在去往以上 5 个网段时，路径为 R3、R2、R1。

去往 10.10.10.4/30 网段的数据通过 R4 转发到达目的地，具体配置命令如下。

```
ZR-LY-RSR20-02#configure terminal
ZR-LY-RSR20-02(config)# ip access-list standard 1
ZR-LY-RSR20-02(config-std-nacl)#10 permit 10.10.10.4 0.0.0.3

ZR-LY-RSR20-02(config-std-nacl)#exit
ZR-LY-RSR20-02(config)# route-map rip permit 10
ZR-LY-RSR20-02(config-route-map)#match ip address 1
ZR-LY-RSR20-02(config-route-map)#set metric 10
ZR-LY-RSR20-02(config)#route-map rip permit 20
ZR-LY-RSR20-02(config-route-map)#exit

ZR-LY-RSR20-02(config)#router rip
ZR-LY-RSR20-02(config-router)#redistribute ospf 1 metric 2 route-map rip
//在将OSPF路由重发布到RIP时，调用route-map rip
```

至此，本项目部署实施部分全部结束。

7.6　项目联调与测试

在项目实施完成之后需要对设备的运行状态进行查看，确保设备能够正常、稳定运行，最简单的方法是使用 show 命令查看交换机 CPU、内存、端口状态等信息。

7.6.1　网络连通性测试

在交换机接入计算机之后，测试 VLAN 及网关 SVI 地址的配置是否正确。

分别在交换机的 Gi0/2 与 Gi0/3 端口接入 PC1、PC2，并配置所属 VLAN 的 IP 地址，使用 Ping 命令测试主机与网关的连通性，如图 7-7 所示。

```
C:\>ping 192.168.10.254

Pinging 192.168.10.254 with 32 bytes of data:

Reply from 192.168.10.254: bytes=32 time<1ms TTL=255
Reply from 192.168.10.254: bytes=32 time<1ms TTL=255
Reply from 192.168.10.254: bytes=32 time<1ms TTL=255
Reply from 192.168.10.254: bytes=32 time<1ms TTL=255

Ping statistics for 192.168.10.254:
    Packets: Sent = 4, Received = 4, Lost = 0 (0% loss),
Approximate round trip times in milli-seconds:
    Minimum = 0ms, Maximum = 0ms, Average = 0ms
```

◎ 图 7-7　Ping 网关

7.6.2　路由的配置验证

在配置动态路由之后，分别查看 OSPF 区域与 RIP 区域的路由表，并使用 Ping 命令进行测试。

（1）查看路由表。

在 R1 上使用 show ip route ospf 命令查看 OSPF 自动生成的路由，如图 7-8 所示。

```
ZR-LY-RSR20-01#show ip route ospf
     5.0.0.0/32 is subnetted, 1 subnets
O       5.5.5.5 [110/2] via 10.10.10.10, 00:02:27, GigabitEthernet0/0/2
O     192.168.10.0 [110/2] via 10.10.10.10, 00:02:27, GigabitEthernet0/0/2
O     192.168.20.0 [110/2] via 10.10.10.10, 00:02:27, GigabitEthernet0/0/2
```

◎ 图 7-8　R1 的路由表

在 R3 上使用 show ip route rip 命令查看路由信息，如图 7-9 所示。

```
ZR-LY-RSR20-03#show ip route rip
     2.0.0.0/32 is subnetted, 1 subnets
R       2.2.2.2 [120/1] via 20.20.20.2, 00:00:12, GigabitEthernet0/0/0
     4.0.0.0/32 is subnetted, 1 subnets
R       4.4.4.4 [120/1] via 20.20.20.6, 00:00:07, GigabitEthernet0/0/1
```

◎ 图 7-9　R3 的路由表

（2）连通性测试。

在 R3 上 Ping 2.2.2.2、4.4.4.4 来测试 RIP 区域的网络连通性，如图 7-10 所示。

```
ZR-LY-RSR20-03>ping 2.2.2.2

Type escape sequence to abort.
Sending 5, 100-byte ICMP Echos to 2.2.2.2, timeout is 2 seconds:
!!!!!
Success rate is 100 percent (5/5), round-trip min/avg/max = 0/0/0 ms

ZR-LY-RSR20-03>ping 4.4.4.4

Type escape sequence to abort.
Sending 5, 100-byte ICMP Echos to 4.4.4.4, timeout is 2 seconds:
!!!!!
Success rate is 60 percent (3/5), round-trip min/avg/max = 0/0/0 ms
```

◎ 图 7-10　Ping 测试 RIP 区域网络连通性

在 PC1 上使用 Ping 命令，分别 Ping 1.1.1.1、2.2.2.2、4.4.4.4，测试 OSPF 区域的网络连通性，如图 7-11、图 7-12 所示。

```
C:\>ping 1.1.1.1

Pinging 1.1.1.1 with 32 bytes of data:

Reply from 1.1.1.1: bytes=32 time<1ms TTL=254
Reply from 1.1.1.1: bytes=32 time<1ms TTL=254
Reply from 1.1.1.1: bytes=32 time<1ms TTL=254
Reply from 1.1.1.1: bytes=32 time<1ms TTL=254

Ping statistics for 1.1.1.1:
    Packets: Sent = 4, Received = 4, Lost = 0 (0% loss),
Approximate round trip times in milli-seconds:
    Minimum = 0ms, Maximum = 0ms, Average = 0ms

C:\>ping 2.2.2.2

Pinging 2.2.2.2 with 32 bytes of data:

Reply from 2.2.2.2: bytes=32 time<1ms TTL=253
Reply from 2.2.2.2: bytes=32 time<1ms TTL=253
Reply from 2.2.2.2: bytes=32 time<1ms TTL=253
Reply from 2.2.2.2: bytes=32 time<1ms TTL=253

Ping statistics for 2.2.2.2:
    Packets: Sent = 4, Received = 4, Lost = 0 (0% loss),
Approximate round trip times in milli-seconds:
    Minimum = 0ms, Maximum = 0ms, Average = 0ms
```

◎ 图 7-11　Ping 测试 OSPF 区域网络连通性（1）

```
C:\>ping 4.4.4.4

Pinging 4.4.4.4 with 32 bytes of data:

Reply from 4.4.4.4: bytes=32 time<1ms TTL=253
Reply from 4.4.4.4: bytes=32 time<1ms TTL=253
Reply from 4.4.4.4: bytes=32 time<1ms TTL=253
Reply from 4.4.4.4: bytes=32 time<1ms TTL=253

Ping statistics for 4.4.4.4:
    Packets: Sent = 4, Received = 4, Lost = 0 (0% loss),
Approximate round trip times in milli-seconds:
    Minimum = 0ms, Maximum = 0ms, Average = 0ms
```

◎ 图 7-12　Ping 测试 OSPF 区域网络连通性（2）

7.6.3 路由重发布与路由策略

在配置路由重发布和路由策略之后，查看路由策略是否生效。

（1）路由重发布。

在交换机上使用 show ip route 命令查看路由信息，如图 7-13 所示。可以发现 OE2 域外路由不累加 metric，默认为 20。因此 R2 和 R4 上的 RIP 向 OSPF 的路由重发布是无误的。

```
ZR-HJ-S6000-01#show ip route
Codes: C - connected, S - static, I - IGRP, R - RIP, M - mobile, B - BGP
       D - EIGRP, EX - EIGRP external, O - OSPF, IA - OSPF inter area
       N1 - OSPF NSSA external type 1, N2 - OSPF NSSA external type 2
       E1 - OSPF external type 1, E2 - OSPF external type 2, E - EGP
       i - IS-IS, L1 - IS-IS level-1, L2 - IS-IS level-2, ia - IS-IS inter area
       * - candidate default, U - per-user static route, o - ODR
       P - periodic downloaded static route

Gateway of last resort is not set

     1.0.0.0/32 is subnetted, 1 subnets
O       1.1.1.1 [110/2] via 10.10.10.9, 00:00:38, GigabitEthernet0/1
     2.0.0.0/32 is subnetted, 1 subnets
O       2.2.2.2 [110/3] via 10.10.10.9, 00:00:28, GigabitEthernet0/1
     3.0.0.0/32 is subnetted, 1 subnets
O E2    3.3.3.3 [130/20] via 10.10.10.9, 00:00:28, GigabitEthernet0/1
     4.0.0.0/32 is subnetted, 1 subnets
O       4.4.4.4 [110/3] via 10.10.10.9, 00:00:28, GigabitEthernet0/1
     5.0.0.0/32 is subnetted, 1 subnets
C       5.5.5.5 is directly connected, Loopback0
     10.0.0.0/30 is subnetted, 3 subnets
O       10.10.10.0 [110/2] via 10.10.10.9, 00:00:38, GigabitEthernet0/1
O       10.10.10.4 [110/2] via 10.10.10.9, 00:00:28, GigabitEthernet0/1
C       10.10.10.8 is directly connected, GigabitEthernet0/1
     20.0.0.0/30 is subnetted, 2 subnets
O E2    20.20.20.0 [110/20] via 10.10.10.9, 00:00:28, GigabitEthernet0/1
O E2    20.20.20.4 [110/20] via 10.10.10.9, 00:00:28, GigabitEthernet0/1
C    192.168.10.0/24 is directly connected, Vlan10
C    192.168.20.0/24 is directly connected, Vlan20
```

◎ 图 7-13 路由重发布后交换机的路由表

在 R3 上使用 show ip route 命令查看路由信息，如图 7-14 所示。可以发现 1.1.1.1/32、5.5.5.5/32 等由 OSPF 区域产生的路由条目，因此 OSPF 向 RIP 重发布的路由也是无误的。

```
ZR-LY-RSR20-03#show ip route

Codes:  C - connected, S - static, R - RIP, B - BGP
        O - OSPF, IA - OSPF inter area
        N1 - OSPF NSSA external type 1, N2 - OSPF NSSA external type 2
        E1 - OSPF external type 1, E2 - OSPF external type 2
        i - IS-IS, su - IS-IS summary, L1 - IS-IS level-1, L2 - IS-IS level-2
        ia - IS-IS inter area, * - candidate default

Gateway of last resort is no set
R    1.1.1.1/32 [120/2] via 20.20.20.2, 00:12:22, GigabitEthernet 0/0
                 [120/2] via 20.20.20.6, 00:12:05, GigabitEthernet 0/1
R    2.2.2.2/32 [120/2] via 20.20.20.2, 00:12:22, GigabitEthernet 0/0
                 [120/2] via 20.20.20.6, 00:12:05, GigabitEthernet 0/1
C    3.3.3.3/32 is local host.
R    4.4.4.4/32 [120/2] via 20.20.20.2, 00:12:05, GigabitEthernet 0/0
                 [120/2] via 20.20.20.6, 00:12:05, GigabitEthernet 0/1
R    5.5.5.5/32 [120/2] via 20.20.20.2, 00:12:22, GigabitEthernet 0/0
                 [120/2] via 20.20.20.6, 00:12:05, GigabitEthernet 0/1
R    10.10.10.0/30 [120/2] via 20.20.20.2, 00:12:22, GigabitEthernet 0/0
                    [120/2] via 20.20.20.6, 00:12:05, GigabitEthernet 0/1
R    10.10.10.4/30 [120/2] via 20.20.20.2, 00:12:22, GigabitEthernet 0/0
                    [120/2] via 20.20.20.6, 00:12:05, GigabitEthernet 0/1
R    10.10.10.8/30 [120/2] via 20.20.20.2, 00:12:22, GigabitEthernet 0/0
                    [120/2] via 20.20.20.6, 00:12:05, GigabitEthernet 0/1
C    20.20.20.0/30 is directly connected, GigabitEthernet 0/0
C    20.20.20.1/32 is local host.
C    20.20.20.4/30 is directly connected, GigabitEthernet 0/1
C    20.20.20.5/32 is local host.
R    192.168.10.0/24 [120/2] via 20.20.20.2, 00:12:22, GigabitEthernet 0/0
                     [120/2] via 20.20.20.6, 00:12:05, GigabitEthernet 0/1
R    192.168.20.0/24 [120/2] via 20.20.20.2, 00:12:22, GigabitEthernet 0/0
                     [120/2] via 20.20.20.6, 00:12:05, GigabitEthernet 0/1
```

◎ 图 7-14 路由重发布后 R3 的路由表

（2）路由策略的验证。

在 R2、R4 上未配置路由策略时，R3 的路由表如图 7-14 所示。在 R2、R4 上配置路由策略之后，查看其路由表中的 metric 和转发路径，如图 7-15 所示。

```
ZR-LY-RSR20-03#show ip route

Codes:  C - connected, S - static, R - RIP, B - BGP
        O - OSPF, IA - OSPF inter area
        N1 - OSPF NSSA external type 1, N2 - OSPF NSSA external type 2
        E1 - OSPF external type 1, E2 - OSPF external type 2
        i - IS-IS, su - IS-IS summary, L1 - IS-IS level-1, L2 - IS-IS level-2
        ia - IS-IS inter area, * - candidate default

Gateway of last resort is no set
R    1.1.1.1/32 [120/2] via 20.20.20.2, 00:03:47, GigabitEthernet 0/0
R    2.2.2.2/32 [120/2] via 20.20.20.2, 00:03:47, GigabitEthernet 0/0
                [120/2] via 20.20.20.6, 00:03:47, GigabitEthernet 0/1
C    3.3.3.3/32 is local host.
R    4.4.4.4/32 [120/2] via 20.20.20.2, 00:03:47, GigabitEthernet 0/0
                [120/2] via 20.20.20.6, 00:03:47, GigabitEthernet 0/1
R    5.5.5.5/32 [120/2] via 20.20.20.2, 00:03:47, GigabitEthernet 0/0
R    10.10.10.0/30 [120/2] via 20.20.20.2, 00:03:47, GigabitEthernet 0/0
R    10.10.10.4/30 [120/2] via 20.20.20.6, 00:03:47, GigabitEthernet 0/1
R    10.10.10.8/30 [120/2] via 20.20.20.2, 00:03:47, GigabitEthernet 0/0
                   [120/2] via 20.20.20.6, 00:03:47, GigabitEthernet 0/1
C    20.20.20.0/30 is directly connected, GigabitEthernet 0/0
C    20.20.20.1/32 is local host.
C    20.20.20.4/30 is directly connected, GigabitEthernet 0/1
C    20.20.20.5/32 is local host.
R    192.168.10.0/24 [120/2] via 20.20.20.2, 00:03:47, GigabitEthernet 0/0
R    192.168.20.0/24 [120/2] via 20.20.20.2, 00:03:47, GigabitEthernet 0/0
ZR-LY-RSR20-03#
```

◎ 图 7-15 R3 在配置路由策略之后的路由表

可以发现去往 10.10.10.0/30、1.1.1.1/32、192.168.10.0/24、192.168.20.0/24、5.5.5.5/32 网段的数据经由 R2 转发到达目的网段；10.10.10.4/30 通过 R2 后 metric 变为 10，通过 R4 重发布后 metric 变为 2。由于 metric 越小越优先，因此 R3 的路由表中保留了最优路由即 metric 为 2 条目，去往 10.10.10.4/30 网段的报文由 R4 转发。

使用 traceroute 命令进一步验证转发路径，如图 7-16 和图 7-17 所示。

```
ZR-LY-RSR20-03#traceroute 10.10.10.1
  < press Ctrl+C to break >
Tracing the route to 10.10.10.1

 1    20.20.20.2 0 msec 0 msec 0 msec
 2    10.10.10.1 0 msec 0 msec 0 msec
ZR-LY-RSR20-03#traceroute 1.1.1.1
  < press Ctrl+C to break >
Tracing the route to 1.1.1.1

 1    20.20.20.2 10 msec 0 msec 0 msec
 2    1.1.1.1 0 msec 0 msec 0 msec
ZR-LY-RSR20-03#traceroute 192.168.10.254
  < press Ctrl+C to break >
Tracing the route to 192.168.10.254

 1    20.20.20.2 10 msec 0 msec 0 msec
 2    10.10.10.1 0 msec 0 msec 0 msec
 3    192.168.10.254 0 msec 0 msec 0 msec
ZR-LY-RSR20-03#traceroute 192.168.20.254
  < press Ctrl+C to break >
Tracing the route to 192.168.20.254

 1    20.20.20.2 10 msec 0 msec 0 msec
 2    10.10.10.1 0 msec 0 msec 0 msec
 3    192.168.20.254 0 msec 0 msec 0 msec
ZR-LY-RSR20-03#traceroute 5.5.5.5
  < press Ctrl+C to break >
Tracing the route to 5.5.5.5

 1    20.20.20.2 0 msec 0 msec 10 msec
 2    10.10.10.1 0 msec 0 msec 0 msec
 3    5.5.5.5 0 msec 0 msec
```

```
ZR-LY-RSR20-03#traceroute 10.10.10.5
  < press Ctrl+C to break >
Tracing the route to 10.10.10.5

 1    20.20.20.6 0 msec 0 msec 0 msec
 2    10.10.10.5 0 msec 0 msec 0 msec
```

◎ 图 7-16 traceroute 路由跟踪 1.1.1.1/32、   ◎ 图 7-17 traceroute 路由跟踪 10.10.10.4/30 网段

10.10.10.0/30 等网段

由此可见，路由策略配置无误，转发路径正确。

7.6.4　验收报告 – 设备服务检测表

请根据之前的验证操作，对任务完成度进行打分，这里建议和同学交换任务，进行互评。

名称：_____　　　序列号：_____

序号	测试步骤	评价指标	评分
1	远程登录到设备	可以通过 SSH 正确登录到设备得 10 分	
2	在 R1 上查看 OSPF 邻居建立的信息	学习到邻居得 10 分，邻居状态为 FULL 得 10 分，共计 20 分 ``` ZR-LY-RSR20-01#show ip ospf neighbor Neighbor ID Pri State Dead Time Address Interface 2.2.2.2 1 FULL/DR 00:00:32 10.10.10.2 GigabitEthernet0/0/0 5.5.5.5 1 FULL/DR 00:00:30 10.10.10.10 GigabitEthernet0/0/2 4.4.4.4 1 FULL/DR 00:00:31 10.10.10.6 GigabitEthernet0/0/1 ZR-LY-RSR20-01# ```	

3	在 R3 上查看 RIP 路由的学习情况	查看 R3 的路由表，学习到 RIP 路由得 10 分
		
		``
		ZR-LY-RSR20-03#show ip route rip
		     2.0.0.0/32 is subnetted, 1 subnets
		R 2.2.2.2 [120/1] via 20.20.20.2, 00:00:12, GigabitEthernet0/0/0
		     4.0.0.0/32 is subnetted, 1 subnets
		R 4.4.4.4 [120/1] via 20.20.20.6, 00:00:07, GigabitEthernet0/0/1
		``	

4	在交换机上查看 RIP 路由重发布	在交换机上查看路由表，学习到 OE2 域外路由，且可以通信得 20 分
		
		``
		Gateway of last resort is not set
		
		     1.0.0.0/32 is subnetted, 1 subnets
		O 1.1.1.1 [110/2] via 10.10.10.9, 00:00:38, GigabitEthernet0/1
		     2.0.0.0/32 is subnetted, 1 subnets
		O 2.2.2.2 [110/3] via 10.10.10.9, 00:00:28, GigabitEthernet0/1
		     3.0.0.0/32 is subnetted, 1 subnets
		O E2 3.3.3.3 [130/20] via 10.10.10.9, 00:00:28, GigabitEthernet0/1
		     4.0.0.0/32 is subnetted, 1 subnets
		O 4.4.4.4 [110/3] via 10.10.10.9, 00:00:28, GigabitEthernet0/1
		     5.0.0.0/32 is subnetted, 1 subnets
		C 5.5.5.5 is directly connected, Loopback0
		     10.0.0.0/30 is subnetted, 3 subnets
		O 10.10.10.0 [110/2] via 10.10.10.9, 00:00:38, GigabitEthernet0/1
		O 10.10.10.4 [110/2] via 10.10.10.9, 00:00:28, GigabitEthernet0/1
		C 10.10.10.8 is directly connected, GigabitEthernet0/1
		     20.0.0.0/30 is subnetted, 2 subnets
		O E2 20.20.20.0 [110/20] via 10.10.10.9, 00:00:28, GigabitEthernet0/1
		O E2 20.20.20.4 [110/20] via 10.10.10.9, 00:00:28, GigabitEthernet0/1
		C 192.168.10.0/24 is directly connected, Vlan10
		C 192.168.20.0/24 is directly connected, Vlan20
		``	

5	在路由器 R3 上查看 OSPF 路由重发布情况	查看路由器 R3 的路由表，出现 1.1.1.1/32、5.5.5.5/32 等来自 OSPF 区域的路由，且可以通信得 20 分
		
		``
		Gateway of last resort is no set
		R 1.1.1.1/32 [120/2] via 20.20.20.2, 00:12:22, GigabitEthernet 0/0
		                [120/2] via 20.20.20.6, 00:12:05, GigabitEthernet 0/1
		R 2.2.2.2/32 [120/2] via 20.20.20.2, 00:12:22, GigabitEthernet 0/0
		                [120/2] via 20.20.20.6, 00:12:05, GigabitEthernet 0/1
		C 3.3.3.3/32 is local host.
		R 4.4.4.4/32 [120/2] via 20.20.20.2, 00:12:22, GigabitEthernet 0/0
		                [120/2] via 20.20.20.6, 00:12:05, GigabitEthernet 0/1
		R 5.5.5.5/32 [120/2] via 20.20.20.2, 00:12:22, GigabitEthernet 0/0
		                [120/2] via 20.20.20.6, 00:12:05, GigabitEthernet 0/1
		R 10.10.10.0/30 [120/2] via 20.20.20.2, 00:12:22, GigabitEthernet 0/0
		                   [120/2] via 20.20.20.6, 00:12:05, GigabitEthernet 0/1
		R 10.10.10.4/30 [120/2] via 20.20.20.2, 00:12:22, GigabitEthernet 0/0
		                   [120/2] via 20.20.20.6, 00:12:05, GigabitEthernet 0/1
		R 10.10.10.8/30 [120/2] via 20.20.20.2, 00:12:22, GigabitEthernet 0/0
		                   [120/2] via 20.20.20.6, 00:12:05, GigabitEthernet 0/1
		C 20.20.20.0/30 is directly connected, GigabitEthernet 0/0
		C 20.20.20.1/32 is local host.
		C 20.20.20.4/30 is directly connected, GigabitEthernet 0/1
		C 20.20.20.5/32 is local host.
		R 192.168.10.0/24 [120/2] via 20.20.20.2, 00:12:22, GigabitEthernet 0/0
		                     [120/2] via 20.20.20.6, 00:12:05, GigabitEthernet 0/1
		R 192.168.20.0/24 [120/2] via 20.20.20.2, 00:12:22, GigabitEthernet 0/0
		                     [120/2] via 20.20.20.6, 00:12:05, GigabitEthernet 0/1
		``	

序号	测试步骤	评价指标	评分

6	查看转发路径	在配置完路由策略之后，在路由器 R3 上查看路由表，符合项目转发路径的要求，且可以通信得 10 分。traceroute 验证成功得 10 分，共计 20 分。
		
		``
		Gateway of last resort is no set
		R 1.1.1.1/32 [120/2] via 20.20.20.2, 00:03:47, GigabitEthernet 0/0
		R 2.2.2.2/32 [120/2] via 20.20.20.2, 00:03:47, GigabitEthernet 0/0
		                   [120/2] via 20.20.20.6, 00:03:47, GigabitEthernet 0/1
		C 3.3.3.3/32 is local host.
		R 4.4.4.4/32 [120/2] via 20.20.20.2, 00:03:47, GigabitEthernet 0/0
		                   [120/2] via 20.20.20.6, 00:03:47, GigabitEthernet 0/1
		R 5.5.5.5/32 [120/2] via 20.20.20.2, 00:03:47, GigabitEthernet 0/0
		R 10.10.10.0/30 [120/2] via 20.20.20.2, 00:03:47, GigabitEthernet 0/0
		R 10.10.10.4/30 [120/2] via 20.20.20.6, 00:03:47, GigabitEthernet 0/1
		R 10.10.10.8/30 [120/2] via 20.20.20.2, 00:03:47, GigabitEthernet 0/0
		                   [120/2] via 20.20.20.6, 00:03:47, GigabitEthernet 0/1
		C 20.20.20.0/30 is directly connected, GigabitEthernet 0/0
		C 20.20.20.1/32 is local host.
		C 20.20.20.4/30 is directly connected, GigabitEthernet 0/1
		C 20.20.20.5/32 is local host.
		R 192.168.10.0/24 [120/2] via 20.20.20.2, 00:03:47, GigabitEthernet 0/0
		R 192.168.20.0/24 [120/2] via 20.20.20.2, 00:03:47, GigabitEthernet 0/0
		ZR-LY-RSR20-03#
		``
		
		在 R3 上使用 traceroute 验证，符合要求得 5 分。
		
		``
		R-LY-RSR20-03#traceroute 10.10.10.1
		< press Ctrl+C to break >
		Tracing the route to 10.10.10.1
		
		    20.20.20.2 0 msec 0 msec 0 msec
		    10.10.10.1 0 msec 0 msec 0 msec
		R-LY-RSR20-03#traceroute 1.1.1.1
		< press Ctrl+C to break >
		Tracing the route to 1.1.1.1
		
		    20.20.20.2 10 msec 0 msec 0 msec
		    1.1.1.1 0 msec 0 msec 0 msec
		R-LY-RSR20-03#traceroute 192.168.10.254
		< press Ctrl+C to break >
		Tracing the route to 192.168.10.254
		
		    20.20.20.2 0 msec 10 msec 0 msec
		    10.10.10.1 0 msec 0 msec 0 msec
		    192.168.10.254 0 msec 0 msec 0 msec
		R-LY-RSR20-03#traceroute 192.168.20.254
		< press Ctrl+C to break >
		Tracing the route to 192.168.20.254
		
		    20.20.20.2 10 msec 0 msec 0 msec
		    10.10.10.1 0 msec 0 msec 0 msec
		    192.168.20.254 0 msec 0 msec 0 msec
		R-LY-RSR20-03#traceroute 5.5.5.5
		< press Ctrl+C to break >
		Tracing the route to 5.5.5.5
		
		    20.20.20.2 0 msec 0 msec 10 msec
		``
		
		traceroute 路由跟踪 10.10.10.4/30 网段，符合要求得 5 分
		
		``
		ZR-LY-RSR20-03#traceroute 10.10.10.5
		< press Ctrl+C to break >
		Tracing the route to 10.10.10.5
		
		1 20.20.20.6 0 msec 0 msec 0 msec
		2 10.10.10.5 0 msec 0 msec 0 msec
		``	

备注			

用户：＿＿＿＿＿＿＿＿　　　检测工程师：＿＿＿＿＿＿＿＿　　　总分：＿＿＿＿＿＿＿＿

7.6.5　归纳总结

通过以上内容，讲解了路由重发布、路由策略的技术特性：（根据学到的知识完成空缺的部分）

1．RIP 要识别来自 OSPF 的路由，需要用到的技术是＿＿＿＿＿＿。

2．当同一目的网段中存在多条路由时，可以使用＿＿＿＿＿＿ 技术，按照实际需求指定转发路由。

3．当 OSPF 向 RIP 重发布时，需要指定 ＿＿＿＿＿＿，否则会造成重发布路由无效。

4．常用的两类 ACL 访问控制列表分别是 ＿＿＿＿＿＿ 和 ＿＿＿＿＿＿。

 综合拓展

7.7 工程师指南

网络工程师职业素养
——路由策略与策略路由的区别

在前面讲解了"路由策略"与"策略路由"这两个概念，但是有很多同学对此理解得还不是很透彻，无法准确把握两者之间的联系与区别。本节简单分析一下两者的概念，并通过事例深入讲解两者的联系与区别。

一、路由策略与策略路由

1．路由策略

路由策略的操作对象是路由信息。路由策略主要实现路由过滤和路由属性设置等功能，可以通过改变路由属性（包括可达性）来改变网络流量的路径。

2．策略路由

策略路由的操作对象是数据包，在路由表已经产生的情况下，可以不按照路由表进行转发，而根据某种策略改变数据包转发路径。

可以看出，策略路由是在路由表之前起作用的，如果报文匹配了策略路由，那么这个报文就不会再去查路由表了，而是直接按照策略路由的"指引"进行转发。所以策略路由是不按照套路出牌的，也正是因为这样，策略路由的应用更加灵活。

二、联系与区别

在表 7-7 中对路由策略和策略路由进行一个全方位的对比。

表 7-7 路由策略与策略路由的对比

不 同 点	路由策略	策略路由
作用对象	路由信息	数据包
实现主体	控制平面：实现路由的过滤和属性值的修改	转发平面：保证数据包按照指定的路径转发
是否改变转发流程	不改变转发流程	改变数据包的转发流程
过滤机制	基于 ACL 过滤、地址前缀列表、路由属性过滤、路由类型过滤……	基于 ACL、流分类、流行为、流策略
应用主体	静态路由、直连路由、RIP/RIPng、OSPF/OSPFv3、ISIS、BGP/BGP4+	在全局配置模式、VLAN、端口下应用

三、优缺点

网络通信的规则是先有路由，后有转发。路由策略由于只在路由发现的时候产生作用，

因此在路由表产生且稳定之后，如果网络不发生变化，路由表通常不会变化，这时的路由策略没有得到应用就不会占用资源。

策略路由在转发的时候发生作用，路由器在初始产生路由表之后，基本工作量都在数据包的转发上，如果没有策略路由，那么路由器只要先分析每一个数据包的目的地址，再按路由表来匹配就可以决定下一跳。如果有策略路由，则其会一直处于应用状态，如果策略路由特别复杂，那么路由器要根据规则来判断数据包的源地址、协议或应用等附加信息，这样会一直占用大量的资源，所以除非不得已，尽量使用路由策略，而不要使用策略路由。在进行网络优化的时候需要考虑策略路由的复杂程度，如果其过于复杂，则要通过对网络进行简单分解来达到取消策略路由的目的，否则路由器负担会过重。

通常，如果两种技术的名称特别相似，则证明这两种技术本身有很大的相似性，可能是工作在不同的层面，或者面向的对象不同，一定要搞清楚它们之间的联系与区别，否则在工作中就可能会出现指鹿为马的错误，这种错误通常会增加问题的复杂性。

> **小提示**
>
> （1）在本章的网络环境中，用户网段主要部署在使用 OSPF 的区域中，所以导致的基本问题为自动生成的路由并非最优路径，同学们可以思考在什么样的情况下会造成环路，产生环路后又该如何避免。
>
> （2）此次实验主要使用锐捷的设备，路由协议的优先级不会随着重发布的过程发生变化。比如，OSPF 默认优先级为 110，重发布后的路由优先级依然为 110。但在部分厂商的设备中，不同路由协议经过重发布后优先级会发生变化。比如，OSPF 的路由优先级在经过重发布后会变为 130。所以在部署网络的时候，需要充分了解所用设备的特点，否则可能导致难以摸排的故障。

7.8　思考练习

项目排错

基础练习在线测试

问题描述：

工程师小王按照规划完成了环境中的所有配置，但是路由策略部分还是未生效，且在路由策略的过程中系统弹出以下提示：

The entry is existed or the sequence number has been allocated.

请同学们根据学到的知识帮助小王分析问题可能出现在什么地方，或者还需要哪些步骤来更好地确定问题的位置。

排查思路：

_____

_____

_____

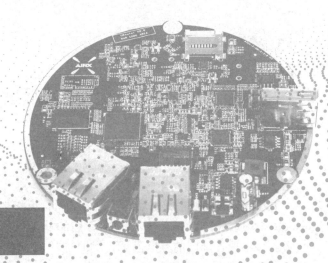

项目 8

总分型企业网多出口设计部署

知识目标

- 了解静态 NAT 和动态 NAT 的区别。
- 掌握 NAT 与策略路由的工作原理。
- 熟悉 NAT 与策略路由的应用场景。

技能目标

- 熟练完成多出口 NAPT 与策略路由的配置。
- 制定多出口总分架构企业网络的设计方案。
- 完成多出口总分架构企业网络的配置。
- 完成多出口总分架构企业网络的联调与测试。
- 解决多出口总分架构企业网络的常见故障。
- 完成项目文档的编写。

素养目标

- 了解在冗余环境中，数据走向的重要性，培养对数据走向的敏感性。
- 培养职业工程师素养，提前以职业人的标准规范自身行为。

教学建议

- 推荐课时数：6 课时。

 项目准备

8.1　任务描述

东南汽车集团公司发展迅速，办公区域有集团总部和分部。其中，集团总部设有两个部门：市场部（100 人）、技术研发部（100 人），分部有业务部（200 人），要求建成后的网络能够实现各部门的互联互通，并且能够适应未来几年内公司人员的增长。在项目中统一进行 IP 地址及业务资源的规划和分配，减少后续网络维护人员日常管理的工作量。

集团总部的业务操作对网络的依赖性相对较大，如果采用单核心网络架构，那么核心设备一旦瘫痪，将对整个集团的业务造成极大的影响。因此，为了增强网络的健壮性和可靠性，采用双核心网络架构，实现设备、链路及网关的冗余备份，在故障时可以实现毫秒级的故障恢复。另外，在保证公司网络高效、稳定运行的同时，还需要考虑如何提高设备利用率与后期维护的简单性。

为了保证出口冗余及网络质量，在规划中进行了多出口设计，需要按照部门对网络流量进行分流。另外，在公司信息化规划中，下一步需要建设 Web 门户网站、VPN 等服务，所以集团总部申请了两条带有公网地址的网络专线，一条电信 internet1 和一条联通 internet2，用于互联网连接。

8.2　知识结构

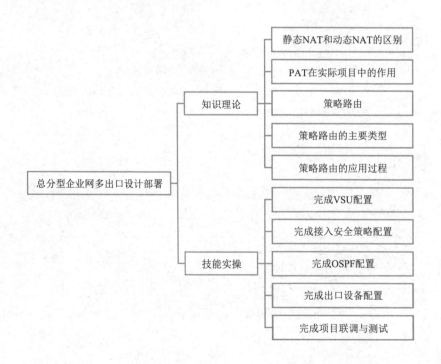

◎ 目前学习过的路由知识中，有哪些选路的方法？

路由策略与修改静态路由优先级。

8.3　知识准备

8.3.1　静态 NAT 和动态 NAT 的区别

静态 NAT 内部网络中的每台主机都被永久地映射成外部网络中的某个合法地址；而动态 NAT 在外部网络中定义了一系列的合法地址，采用动态分配的方法映射到内部网络上。

8.3.2　PAT 在实际项目中的作用

PAT 普遍应用于接入设备中，它可以将中小型的网络隐藏在一个合法的 IP 地址后面。与动态地址 NAT 不同，PAT 将内部连接映射到外部网络中的一个单独的 IP 地址上，同时在该地址上加上一个由 NAT 设备选定的 TCP 端口号，即采用 port multiplexing 技术或改变外出数据源 port 的技术，将多个内部 IP 地址映射到同一个外部地址上。

8.3.3　策略路由

策略路由（Policy-Based Routing，PBR）提供了一种比基于目的地址进行路由转发更加灵活的数据包路由转发机制。它可以根据 IP/IPv6 报文源地址、目的地址、端口、报文长度等内容灵活地进行路由选择。

IP/IPv6 策略路由只会对端口接收的报文进行转发，而对于从该端口转发出去的报文不进行控制；在一个端口上应用策略路由之后，对该端口接收到的所有数据包进行检查，不符合路由图中任何策略的数据包将被按照普通的路由转发进行处理，符合路由图中某个策略的数据包被按照该策略中定义的操作进行转发。

在一般情况下，策略路由的优先级高于普通路由，能够对 IP/IPv6 报文依据策略中定义的操作进行转发。数据报文先按照 IP/IPv6 策略路由进行转发，如果没有匹配任意一个策略路由，再按照普通路由进行转发。用户也可以将策略路由的优先级配置为比普通路由低的数值，端口上收到的 IP/IPv6 报文要先进行普通路由的转发，如果无法匹配普通路由，再进行策略路由转发。

用户可以根据实际情况配置设备转发模式，如果选择负载均衡或者冗余备份模式，那么前者配置的多个下一跳会进行负载均衡，还可以设定负载分担的比重；后者会应用多个下一跳并使之处于冗余模式，即前面的下一跳优先生效，只有在前面的下一跳无效时，后面的下一跳才会生效。用户可以同时配置多个下一跳信息。

8.3.4 策略路由的主要类型

策略路由主要有以下两种类型。

（1）对端口接收到的 IP 报文进行策略路由。该类型的策略路由只对从端口接收的报文进行控制，从端口转发出去的报文不受该策略路由的控制。

（2）对本设备发出的 IP 报文进行策略路由。该类型的策略路由用于控制本机发往其他设备的 IP 报文，外部设备发送给本机的 IP 报文不受该策略路由控制。

8.3.5 策略路由的应用过程

在应用策略路由之前，必须先创建路由图，再在端口上应用该路由图。一个路由图由很多条策略组成，每条策略都有对应的序号（Sequence），序号越小，该策略的优先级越高。每条策略又由一条或者多条 match 语句及对应的一条或者多条 set 语句组成。match 语句定义了 IP/IPv6 报文的匹配规则，set 语句定义了对符合匹配规则的 IP/IPv6 报文的处理动作。在策略路由的转发过程中，报文按照优先级从高到低依次匹配，只有匹配前面的策略，才能执行该策略对应的动作，然后退出策略路由的执行。

IP 策略路由使用 IP 标准或者扩展 ACL 作为 IP 报文的匹配规则，IPv6 策略路由使用 IPv6 扩展 ACL 作为 IPv6 报文的匹配规则。IPv6 策略路由对于同一条策略最多只能配置一个 match ipv6 address。

 项目任务

微课视频

8.4 网络规划设计

8.4.1 项目需求分析

- 配置 VSU。
- 配置设备基本信息。
- 配置 VLAN 及 SVI。
- 配置 DHCP。
- 配置接入安全策略。
- 配置 OSPF。
- 配置出口设备。
- 项目联调与测试。

8.4.2　项目规划设计

1. 设备清单

本项目的设备清单如表 8-1 所示。

表 8-1　设备清单

序　号	类　型	设　　备	厂　　商	型　　号	数　　量	备　注
1	硬件	二层接入交换机	锐捷	RG-S2910-24GT4XS-E	2	—
2	硬件	数据中心接入交换	锐捷	RG-S5750-24GT4XS-L	1	—
3	硬件	三层接入交换机	锐捷	RG-S6000C-48GT4XS-E	2	—
4	硬件	路由器	锐捷	RG-RSR20	4	—

2. 设备主机名规划

设备名称用于标识一台设备，在实际应用过程中可以根据需求进行命名。在项目中对设备进行合理命名，可以便于对设备进行维护和管理。在项目中制定统一的命名规范（如 AA-BB-CC-DD）。其中 DNQC 代表东南汽车集团网络，JR 代表该设备为接入层设备，S2910 代表设备型号，01 代表设备编号，其余设备命名规则同理。本项目的设备主机名规划如表 8-2 所示。

表 8-2　设备主机名规划

序　　号	设备名称	设备主机名	备　　注
1	RG-S2910-24GT4XS-E	DNQCZB-JR-S2910-01	总部接入
2	RG-S6000C-48GT4XS-E	DNQCZB-VSUHX-S6000C	总部虚拟核心
3	RG-S5750-24GT4XS-L	DNQCFB-HX-S5750-01	分部核心
4	RG-RSR20	DNQCZB-LY-RSR20-01	总部路由 1
5	RG-RSR20	DNQCZB-LY-RSR20-02	总部路由 2
6	RG-RSR20	DNQCFB-LY-RSR20-01	分部路由
7	RG-RSR20	DNQCZB-CK-RSR20-01	出口设备
8	RG-S2910-24GT4XS-E	DNQCFB-JR-S2910-01	分部接入

3. VLAN 规划

将各个部门划分到不同的 VLAN 中，保证各部门之间的二层广播隔离。综上所述，本项目的 VLAN 规划如表 8-3 所示。

表 8-3　VLAN 规划

序　　号	VLAN ID	VLAN Name	备　　注
1	10	ShiChang_VLAN	市场部 VLAN
2	15	JiShuYanFa_VLAN	技术研发部 VLAN
3	20	YeWu_VLAN	业务部 VLAN
4	100	ZB_GuanLi_VLAN	总部设备管理 VLAN
5	101	FB_GuanLi_VLAN	分部设备管理 VLAN

4. IP 地址规划

本项目的各个部门采用不同的网段，互联网段采用单独的网段，掩码均采用 30 位子网掩码，同时设备的管理采用单独的管理网段，IP 地址规划如表 8-4 ～表 8-6 所示。

表 8-4　设备互联 IP 地址规划

序　号	本端设备名称	本端 IP 地址	对端设备名称	对端 IP 地址
1	DNQCZB-CK-RSR20-01	172.16.1.1/30	DNQCZB-LY-RSR20-01	172.16.1.2/30
2	DNQCZB-CK-RSR20-01	172.16.1.5/30	DNQCZB-LY-RSR20-02	172.16.1.6/30
3	DNQCZB-LY-RSR20-01	172.16.1.9/30	DNQCZB-HX-S6000C-01	172.16.1.10/30
4	DNQCZB-LY-RSR20-02	172.16.1.13/30	DNQCZB-HX-S6000C-02	172.16.1.14/30
5	DNQCFB-LY-RSR20-01	172.16.1.17/30	DNQCZB-LY-RSR20-01	172.16.1.18/30
6	DNQCFB-LY-RSR20-01	172.16.1.21/30	DNQCZB-LY-RSR20-02	172.16.1.22/30
7	DNQCFB-LY-RSR20-01	172.16.1.25/30	DNQCFB-HX-S5750-01	172.16.1.26/30
8	DNQCZB-LY-RSR20-01	172.16.1.29/30	DNQCZB-LY-RSR20-02	172.16.1.30/30
9	DNQCZB-CK-RSR20-01	100.1.111.1/30	ISP1（电信）	100.1.111.2/30
10	DNQCZB-CK-RSR20-01	100.1.11.1/30	ISP2（联通）	100.1.11.2/30

表 8-5　用户业务 IP 地址规划

序　号	区　域	IP 地址	掩　码	网　关
1	市场部	192.168.10.0	255.255.255.0	192.168.10.254
2	技术研发部	192.168.15.0	255.255.255.0	192.168.15.254
3	业务区	192.168.20.0	255.255.255.0	192.168.20.254

表 8-6　设备管理地址规划

序　号	设备名称	管理端口	IP 地址	掩　码
1	DNQCZB-VSUHX-S6000C	SVI100	172.16.100.254	255.255.255.0
2	DNQCZB-JR-S2910-01	SVI100	172.16.100.1	255.255.255.0
3	DNQCFB-HX-S5750-01	SVI101	172.16.101.254	255.255.255.0
4	DNQCFB-JR-S2910-01	SVI101	172.16.101.1	255.255.255.0

5. 端口互联规划

设备互联规范主要对各种网络设备的互联进行规范定义，便于后期对设备和网络的管理。本项目网络设备之间的端口互联规划规范为"Con_To_对端设备名称_对端端口名"，具体规划如表 8-7 所示。

表 8-7　端口互联规划

本端设备	端口	端口描述	对端设备	端口
DNQCZB-JR-S2910-01	Gi0/1	Con_To_DNQCZB-VSUHX-S6000C-Gi1/0/1	DNQCZB-VSUHX-S6000C	Gi1/0/1
	Gi0/2	Con_To_DNQCZB-VSUHX-S6000C-Gi2/0/1	DNQCZB-VSUHX-S6000C	Gi2/0/1
DNQCZB-VSUHX-S6000C	Gi1/0/2	Con_To_DNQCZB-LY-RSR20-01-Gi0/2	NQCZB-LY-RSR20-01	Gi0/2
	Gi2/0/2	Con_To_DNQCZB-LY-RSR20-02-Gi0/2	NQCZB-LY-RSR20-02	Gi0/2

续表

本端设备	端口	端口描述	对端设备	端口
DNQCZB-VSUHX-S6000C	Te1/0/49	Con_To_DNQCZB-VSUHX-S6000C_Te2/0/49	DNQCZB-VSUHX-S6000C	Te2/0/49
	Te1/0/50	Con_To_DNQCZB-VSUHX-S6000C_Te2/0/50	DNQCZB-VSUHX-S6000C	Te2/0/50
	Gi1/0/48	Con_To_DNQCZB-VSUHX-S6000C_Gi2/0/48	DNQCZB-VSUHX-S6000C	Gi1/0/48
DNQCZB-LY-RSR20-01	Gi0/2	Con_To_DNQCZB-VSUHX-S6000C_Gi1/0/2	DNQCZB-VSUHX-S6000C	Gi1/0/2
	Gi0/1	Con_To_DNQCZB-CK-RSR20-01_Gi0/1	DNQCZB-CK-RSR20-01	Gi0/1
	Gi0/0	Con_To_DNQCZB-LY-RSR20-02_Gi0/0	DNQCZB-LY-RSR20-02	Gi0/0
	Gi0/3	Con_To_DNQCFB-LY-RSR20-01_Gi0/0	DNQCFB-LY-RSR20-01	Gi0/0
DNQCZB-LY-RSR20-02	Gi0/2	Con_To_DNQCZB-VSUHX-S6000C_Gi2/0/2	DNQCZB-VSUHX-S6000C	Gi2/0/2
	Gi0/1	Con_To_DNQCZB-CK-RSR20-01_Gi0/2	DNQCZB-CK-RSR20-01	Gi0/2
	Gi0/0	Con_To_DNQCZB-LY-RSR20-01_Gi0/0	DNQCZB-LY-RSR20-01	Gi0/0
	Gi0/3	Con_To_DNQCFB-LY-RSR20-01_Gi0/1	DNQCFB-LY-RSR20-01	Gi0/1
DNQCZB-CK-RSR20-01	Gi0/1	Con_To_DNQCZB-LY-RSR20-01_Gi0/1	DNQCZB-LY-RSR20-01	Gi0/1
	Gi0/2	Con_To_DNQCZB-LY-RSR20-02_Gi0/1	DNQCZB-LY-RSR20-02	Gi0/1
DNQCZB-CK-RSR20-01	Gi0/3	Con_To_internet1	—	—
	Gi0/0	Con_To_internet2	—	—
DNQCFB-LY-RSR20-01	Gi0/0	Con_To_DNQCZB-LY-RSR20-01_Gi0/3	DNQCZB-LY-RSR20-01	Gi0/3
	Gi0/1	Con_To_DNQCZB-LY-RSR20-01_Gi0/3	DNQCZB-LY-RSR20-02	Gi0/3
	Gi0/2	Con_To_DNQCFB-HX-S5750_Gi0/1	DNQCFB-HX-S5750	Gi0/1
DNQCFB-HX-S5750	Gi0/2	Con_To_DNQCFB-JR-S2910-01_Gi0/1	DNQCFB-JR-S2910-01	Gi0/1
	Gi0/1	DNQCFB-LY-RSR20-01_Gi0/2	DNQCFB-LY-RSR20-01	Gi0/2
DNQCFB-JR-S2910-01	Gi0/1	Con_To_DNQCFB-HX-S5750_Gi0/2	DNQCFB-HX-S5750	Gi0/2
	Gi0/2	Con_To_PC1	PC1	

6. 核心交换机虚拟化规划与配置

本项目的两台核心交换机 SW2、SW3 通过 VSU 虚拟化为一台设备进行管理，从而实现高可靠性。当任意交换机发生故障时，该虚拟设备都能保障设备、链路切换和各个

高级路由交换技术与应用

部门的业务正常运行。将 SW2 和 SW3 间的 TenGi0/49 ～ 50 端口作为 VSL 链路，使用 VSU 技术实现网络设备虚拟化，其中 SW2 为主机箱，SW3 为从机箱。

将 SW2 和 SW3 间的 Gi0/48 端口作为双主机检测链路，配置基于 BFD 的双主机检测，当 VSL 的所有物理链路都异常断开时，从机箱会被切换成主机箱，从而保障网络正常运行。

（1）主机箱：

Domain id 1

switch id 1

priority 200

description DNQCZB-VSUHX-S6000C-01

（2）从机箱：

Domain id 1

switch id 2

priority 150

description DNQCZB-VSUHX-S6000C-02

7．OSPF 协议规划

本项目的两台核心交换机与路由区域的路由器都需要部署 OSPF 协议，以保证 3 个部门都能够正常访问 FTP 服务器。用户需要为每台设备手动设置 Router ID，统一采用 Loopback0 端口配置。具体的 Router ID 规划如表 8-8 所示。

表 8-8　Router ID 规划

序　号	设备名称	Router-ID
1	DNQCZB-CK-RSR20-01	10.0.0.1
2	DNQCZB-LY-RSR20-01	10.0.0.2
3	DNQCZB-LY-RSR20-02	10.0.0.3
4	DNQCZB-VSUHX-S6000C	10.0.0.4
5	DNQCFB-LY-RSR20-01	10.0.0.5
6	DNQCFB-HX-S5750-01	10.0.0.6

全网采用 OSPF 路由协议组网，具体规划如下。

（1）SW5、R1、R2、R3、VSU 以及 R4 运行在 OSPF1 中，区域号分别为 0、1、2。

（2）要求业务网段中不出现协议报文。

（3）要求所有路由协议都发布具体网段。

（4）为了管理方便，需要发布 Loopback0（Router ID）地址。

（5）优化 OSPF 的相关配置，以尽量加快 OSPF 收敛速度。

（6）R4 到各部门配置静态路由，作为 ASBR 执行重发布静态，向 OSPF 进程中注入路由。

具体规划如图 8-1 所示。

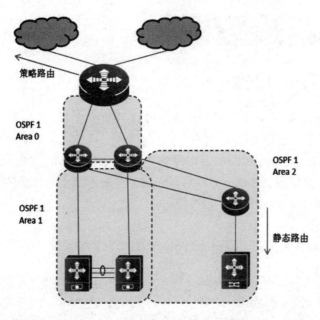

◎ 图 8-1　OSPF 路由规划示意图

8. 项目拓扑图

整网拓扑图如图 8-2 所示。

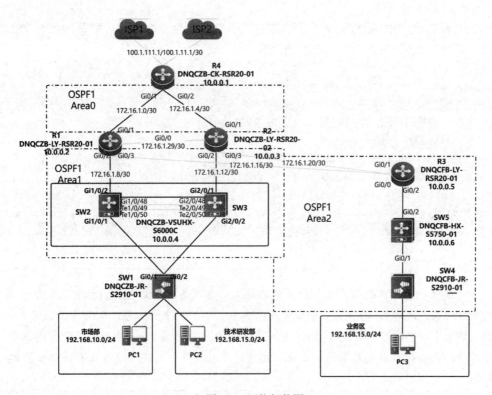

◎ 图 8-2　网络拓扑图

8.5 网络部署实施

8.5.1 在核心交换机上配置虚拟化

在核心交换机上配置 VSU，并开启双主机检测。

（1）物理连接。

在 SW2 和 SW3 之间使用两根万兆铜缆（型号：XG-SFP-CU-1M）连接 TenGi0/49 和 TenGi0/50 端口。这里需要注意一点，可以先连接一根，防止两台交换机之间出现二层环路；在设备重启之后，再连接另一根线缆。

（2）配置 VSU 基本参数。

在总部核心交换机 SW2、SW3 上 VSU 配置如下命令。

主机箱 SW2：

```
Ruijie(config)#switch virtual domain 1              // 设置 Domain ID
Ruijie(config-vs-domain)#switch 1                   // 设置 Switch ID
Ruijie(config-vs-domain)#switch 1 priority 200      // 设置交换机优先级
```

从机箱 SW3：

```
Ruijie(config)#switch virtual domain 1              // 设置 Domain ID
Ruijie(config-vs-domain)#switch 2                   // 设置 Switch ID
Ruijie(config-vs-domain)#switch 2 priority 150      // 设置交换机优先级
```

（3）配置 VSL 链路。

VSL 链路是 VSU 配置的一个重要部分，必须对两台交换机进行配置，否则 VSU 将无法正常建立。以 SW2 为例，VSL 的配置命令如下。

```
Ruijie(config)#vsl-port                                    // 进入 VSL 链路
Ruijie(config-vs-port)#port-member interface Tengi0/49     // 在 VSL 中加入成员端口
Ruijie(config-vs-port)#port-member interface Tengi0/50     // 在 VSL 中加入成员端口
```

同理，按照上述相同的配置命令完成 SW3 中的 VSL 配置。

（4）交换机工作模式转换。

```
Ruijie#wr                              // 保存配置
Ruijie#switch convert mode virtual     // 将工作模式转换为虚拟化模式
Convert switch mode will automatically backup the "config.text" file and then delete
it, and reload the switch. Do you want to convert switch to virtual mode? [no/yes]y
// 输入 "yes" 并按回车键确认
```

> **小提示**
>
> 　　交换机在转换工作模式之后会重新启动。两台设备重新启动后，会通过 VSL 收发控制报文来完成 VSU 的建立，整个过程需要 10 ~ 15 分钟。在建立 VSU 之后，用户只需要登录主机箱就可以完成核心交换机的相关配置，从机箱 Console 登录是没有输出的，即后续的设备配置及运行状态的查看只能通过主机箱进行。成员设备状态信息如图 8-3 所示。

```
Ruijie#show version slots
  Dev Slot Port Configured Module              Online Module              Software Status
------------------------------------------------------------------------------------------
  1   0    52   S6000C-48GT4XS-E               S6000C-48GT4XS-E           master
  1   1    0    N/A                            none                       none
  2   0    52   S6000C-48GT4XS-E               S6000C-48GT4XS-E           backup
  2   1    0    N/A                            none                       none
```

◎ 图 8-3 成员设备状态信息

（5）双主机检测。

双主机检测的相关配置命令如下：

```
Ruijie(config)#interface gi1/0/48                        // 进入参与双主机检测的端口
Ruijie(config-if)#no switchport                          // 将参与三层聚合的端口转换为路由口
Ruijie(config-if)#interface gi2/0/48                     // 进入参与双主机检测的端口
Ruijie(config-if)#no switchport                          // 将参与三层聚合的端口转换为路由口
Ruijie(config-if)#exit                                   // 退出端口模式
Ruijie(config)#switch virtual domain 1                   // 设置 Domain ID
Ruijie(config-vs-domain)#dual-active detection bfd        // 设置双主机检测模式为 BFD
Ruijie(config-vs-domain)#dual-active bfd interface gi1/0/48   // 添加参与双主机检测的端口
Ruijie(config-vs-domain)#dual-active bfd interface gi2/0/48   // 添加参与双主机检测的端口
```

🔔 小提示

在单机模式下，端口编号采用二维格式（如 GigabitEthernet 1/1）；而在 VSU 中，端口编号采用三维格式（如 GigabitEthernet 1/1/1），第一位表示成员编号。

8.5.2 设备基本信息配置

在开始功能性配置之前，要先完成设备的基本配置，包括主机名、端口描述、时钟等。

（1）配置主机名和端口描述。

依照项目前期准备中的设备主机名规划及端口互联规划，对网络设备进行主机名及端口描述的配置。由于篇幅有限，相关配置命令不再赘述。

🔔 小提示

在配置 R4 之前，要先确认端口类型是否与项目要求的一致，如果不一致则需要修改端口类型，具体修改方法请参考相关章节，在此不再赘述。

（2）配置 VLAN。

本项目的 VLAN 配置包括创建 3 个部门的 VLAN，将各部门所属的 VLAN 规划到相应的端口上，并设置端口类型。在总部接入交换机 SW1 上配置 VLAN 的命令如下：

```
DNQCZB-JR-S2910-01(config)#vlan 10                       // 创建市场部 VLAN
DNQCZB-JR-S2910-01(config-vlan)#name ShiChang_VLAN       // 命名市场部 VLAN
DNQCZB-JR-S2910-01(config)#vlan 15                       // 创建技术研发部 VLAN
DNQCZB-JR-S2910-01(config-vlan)#name JiShuYanFa_VLAN     // 命名技术研发部 VLAN
DNQCZB-JR-S2910-01(config)#vlan 100                      // 创建总部管理 VLAN
DNQCZB-JR-S2910-01(config-vlan)#name ZB_GuanLi_VLAN      // 命名总部管理 VLAN
```

交换机上的二层端口称为交换口（Switch Port），主要用来发送和接收数据帧，由设备上的单个物理端口构成，只有二层功能。根据交换机转发数据帧时是否携带 tag 标签，将交换机的端口分为接入模式（Access Mode）和干道模式（Trunk Mode）。可以通过 switchport 命令将交换机的一个交换口配置为 access 端口或者 trunk 端口。总部接入交换机端口配置命令如下：

```
DNQCZB-JR-S2910-01(config)#interface gi0/3                   // 进入连接市场部的端口
DNQCZB-JR-S2910-01(config-if-GigabitEthernet 0/1)#switchport access vlan 10
// 划入市场部 VLAN
DNQCZB-JR-S2910-01(config)#interface gi0/4                   // 进入连接技术研发部的端口
DNQCZB-JR-S2910-01(config-if-GigabitEthernet 0/2)#switchport access vlan 15
// 划入技术研发部 VLAN
DNQCZB-JR-S2910-01(config)#int range GigabitEthernet 0/1-2   // 进入上联端口配置模式
DNQCZB-JR-S2910-01(config-if-range)#port-group 1            // 将端口设置为 AG1 口
DNQCZB-JR-S2910-01(config-if-range)#exit                    // 返回全局配置模式
DNQCZB-JR-S2910-01(config)#interface aggregateport 1        // 进入 AG1 口配置模式
DNQCZB-JR-S2910-01(config-if-Aggregateport 1)#switchport mode trunk
// 将 AG1 口配置为 trunk 端口
DNQCZB-JR-S2910-01(config-if-Aggregateport 1)#switchport trunk allowed vlan only
10,15,100
// 允许 VLAN 10、VLAN 15 和 VLAN 100 通过
```

同理，按照上述相同的配置命令完成其余交换机中的 VLAN 配置。

在配置完成之后可以查看并确认 VLAN 配置是否正确，如图 8-4 所示。

```
DNQCZB-JR-S2910-01#show vlan
VLAN Name                    Status    Ports
---- ----------------------  --------  ----------------------------------
   1 VLAN0001                STATIC    Gi0/5, Gi0/6, Gi0/7, Gi0/8
                                       Gi0/9, Gi0/10, Gi0/11, Gi0/12
                                       Gi0/13, Gi0/14, Gi0/15, Gi0/16
                                       Gi0/17, Gi0/18, Gi0/19, Gi0/20
                                       Gi0/21, Gi0/22, Gi0/23, Gi0/24
                                       Te0/25, Te0/26, Te0/27, Te0/28
                                       Ag1
  10 ShiChang_VLAN           STATIC    Gi0/3, Ag1
  15 JiShuYanFa_VLAN         STATIC    Gi0/4, Ag1
 100 ZB_GuanLi_VLAN          STATIC    Ag1
```

◎ 图 8-4　查看 VLAN 信息

（3）配置 SVI。

参考项目前期的 IP 地址规划，虚拟核心交换机中用户网关的配置命令如下：

```
DNQCZB-VSUHX-S6000C(config)#int vlan 10          // 进入 SVI 端口
DNQCZB-VSUHX-S6000C(config-if-VLAN10)#ip address 172.16.10.254 255.255.255.0
// 配置市场部网关
DNQCZB-VSUHX-S6000C(config)#int vlan 15          // 进入 SVI 端口
DNQCZB-VSUHX-S6000C(config-if-VLAN15)#ip address 172.16.15.254 255.255.255.0
// 配置技术研发网关
DNQCZB-VSUHX-S6000C(config)#int vlan 100         // 进入 SVI 端口
DNQCZB-VSUHX-S6000C(config-if-VLAN100)#ip address 172.16.100.254 255.255.255.0
// 配置设备管理网关
```

在配置完成之后可以查看并确认网关 IP 配置是否正确，如图 8-5 所示。

```
DNQCZB-VSUHX-S6000C#show ip interface brief
Interface                        IP-Address(Pri)      IP-Address(Sec)      Status
                Protocol
VLAN 10                          192.168.10.254/24    no address           up
                up
VLAN 15                          192.168.15.254/24    no address           up
                up
VLAN 100                         192.168.100.254/24   no address           up
                up
Mgmt 1/0                         no address           no address           down
                down
Mgmt 2/0                         no address           no address           down
                down
```

◎ 图 8-5　查看网关 IP 信息

8.5.3　DHCP 服务配置

将虚拟核心交换机作为 DHCP 服务器，在本机上配置总部两个部门的地址池，而分部业务部的地址池则设在分部核心路由器 R3 上。这里以总部路由器为例，相关配置命令如下。

```
DNQCZB-VSUHX-S6000C(config)#service dhcp                                    //启动 DHCP 服务
DNQCZB-VSUHX-S6000C(config)#ip dhcp pool ShiChang_Pool                      //建立 DHCP 地址池
DNQCZB-VSUHX-S6000C(dhcp-config)#network 192.168.10.0 255.255.255.0         //宣告地址网段
DNQCZB-VSUHX-S6000C(dhcp-config)#default-router 192.168.10.254              //指定网关
DNQCZB-VSUHX-S6000C(dhcp-config)#dns-server 218.85.157.99                   //指定 DNS
DNQCZB-VSUHX-S6000C(dhcp-config)#exit                                       //返回全局模式
DNQCZB-VSUHX-S6000C(config)#ip dhcp excluded-address 192.168.10.254         //排除网关
DNQCZB-VSUHX-S6000C(config)#ip dhcp pool JiShuYanFa_Pool                    //建立 DHCP 地址池
DNQCZB-VSUHX-S6000C(dhcp-config)#network 192.168.15.0 255.255.255.0         //宣告地址网段
DNQCZB-VSUHX-S6000C(dhcp-config)#default-router 192.168.15.254
//指定分配给用户的网关地址
DNQCZB-VSUHX-S6000C(dhcp-config)#dns-server 218.85.157.99         //分配给客户端的 DNS 地址
DNQCZB-VSUHX-S6000C(dhcp-config)#exit                                       //返回全局配置模式
DNQCZB-VSUHX-S6000C(config)#ip dhcp excluded-address 192.168.15.254  //排除网关
```

8.5.4　接入安全策略配置

为防止非法 DHCP 服务器为终端提供错误 IP 地址，需要在接入交换机上开启 DHCP Snooping 功能；为了防止 ARP 欺骗攻击，需要在合适的位置上开启"IP Source Guard+ARP- check"进行防护；同时为了防止接入端口环路和报文洪泛，需要在端口下开启环路检测和报文抑制等功能。

接入交换机配置命令如下：

```
DNQCZB-JR-S2910-01(config)#spanning-tree                            //开启生成树
DNQCZB-JR-S2910-01(config)#ip dhcp snooping                         //开启 DHCP Snooping 功能
DNQCZB-JR-S2910-01(config)#int aggregateport 1                      //进入上联核心端口
DNQCZB-JR-S2910-01(config-if-ag1)#ip dhcp snooping trust            //配置上联端口为 trust 模式
DNQCZB-JR-S2910-01(config-if-ag1)#spanning-tree bpdufilter enable
//上联端口开启 BPDU 报文过滤
DNQCZB-JR-S2910-01(config-if-ag1)#interface range GigabitEthernet 0/3-24 //进入下联端口
DNQCZB-JR-S2910-01(config-if-range)#ip verify source port-security
//开启源 IP+MAC 的报文检测
```

```
DNQCZB-JR-S2910-01(config-if-range)#arp-check                           // 开启 ARP Check
DNQCZB-JR-S2910-01(config-if-range)#spanning-tree bpduguard enable      // 开启生成树 BPDU
DNQCZB-JR-S2910-01(config-if-range)#spanning-tree portfast             // 开启快速端口
DNQCZB-JR-S2910-01(config-if-range)#storm-control broadcast level 1
// 开启广播风暴抑制, 等级为 1
DNQCZB-JR-S2910-01(config-if-range)#storm-control multicast level 1
// 开启组播风暴抑制, 等级为 1
DNQCZB-JR-S2910-01(config-if-range)#storm-control unicast level 1
// 开启单播风暴抑制, 等级为 1
```

8.5.5　OSPF 配置

按照规划配置 OSPF 基本参数、优化信息及路由重发布等。

（1）OSPF 基本配置。

该部分配置请参考项目前期的 OSPF 规划。这里以 VSU 核心交换机为例，其余设备同理，配置相应的 Router ID，并对 Loopback 地址与本地网段进行通告，相关配置命令如下。

VSU 核心交换机：

```
DNQCZB-VSUHX-S6000C(config)#router ospf  1                        // 进入 OSPF 进程 1
DNQCZB-VSUHX-S6000C(config-router)#router-id 10.0.0.4             // 配置 Router ID
DNQCZB-VSUHX-S6000C(config-router)#network 10.0.0.4 0.0.0.0 area 1 // 宣告 Loopback 地址
DNQCZB-VSUHX-S6000C(config-router)#network 192.168.10.0 0.0.0.255 area 1 // 宣告业务网段
DNQCZB-VSUHX-S6000C(config-router)#network 192.168.15.0 0.0.0.255 area1  // 宣告业务网段
DNQCZB-VSUHX-S6000C(config-router)#network 172.16.100.0 0.0.0.255 area1  // 宣告管理网段
DNQCZB-VSUHX-S6000C(config-router)#network 172.16.1.80.0.0.3 area 1      // 宣告互联网段
DNQCZB-VSUHX-S6000C(config-router)#network 172.16.1.12 0.0.0.3 area 1    // 宣告业务网段
DNQCZB-VSUHX-S6000C(config-router)#area 1 stub                          // 区域1定义为末节区域
```

（2）OSPF 优化配置。

为了加快 OSPF 协议的收敛速度，一般在完成 OSPF 的基本配置之后，都会对 OSPF 进行相关的优化。OSPF 优化包括配置端口网络类型、被动端口等。以 VSU 核心交换机为例，OSPF 优化配置命令如下：

```
ZR-HX-S6000C-VSU(config)#router ospf 1                            // 进入 OSPF 进程 10
ZR-HX-S6000C-VSU(config-router)#passive-interface default         // 将所有端口配置为被动端口
ZR-HX-S6000C-VSU(config-router)#no passive-interface Gi1/0/2      // 排除与 R1 互联的端口
ZR-HX-S6000C-VSU(config-router)#no passive-interface Gi2/0/2      // 排除与 R2 互联的端口
ZR-HX-S6000C-VSU(config-router)#exit                              // 返回全局配置模式
ZR-HX-S6000C-VSU(config)#interface range gi 1/0/2,2/0/2           // 进入互联端口
ZR-HX-S6000C-VSU(config-if-range)#ip ospf network point-to-point  // 将网络端口类型修改为 P2P
```

其余设备中 OSPF 的配置与此类似，在配置完成之后可以在各设备中确认 OSPF 邻居状态是否正常，如图 8-6 所示。可以看出 VSU 的邻居为两个核心路由器。

```
DNQCZB-VSUHX-S6000C#show ip ospf neighbor

OSPF process 1, 2 Neighbors, 2 is Full:
Neighbor ID    Pri    State       Dead Time    Address       Interface
10.0.0.2        1     Full/BDR    00:00:32     172.16.1.9    GigabitEthernet 1/0/2
10.0.0.3        1     Full/BDR    00:00:33     172.16.1.13   GigabitEthernet 2/0/2
```

◎ 图 8-6　查看 OSPF 邻居状态信息

8.5.6　出口网关配置

在 R4 上配置 NAT、策略路由等功能。

（1）配置 NAT。

```
DNQCZB-CK-RSR20-01(config)#int range gi 0/1-2
DNQCZB-CK-RSR20-01(config-if)#ip nat inside          //配置内网口
DNQCZB-CK-RSR20-01(config-if)#int range gi 0/3-4
DNQCZB-CK-RSR20-01(config-if)#ip nat outside         //配置外网口
DNQCZB-CK-RSR20-01(config-if)#exit
DNQCZB-CK-RSR20-01(config)#ip access-list stand 1    //配置ACL
DNQCZB-CK-RSR20-01(config-nacl)#permit 192.168.0.0 0.0.255.255
DNQCZB-CK-RSR20-01(config-nacl)#exit
DNQCZB-CK-RSR20-01(config)#ip nat pool nat netmask 255.255.255.252    //配置NAT地址池
DNQCZB-CK-RSR20-01(config-nat)#address 100.1.111.2 100.1.111.2 match int gi 0/3
DNQCZB-CK-RSR20-01(config-nat)#address 100.1.11.2 100.1.11.2 match int gi 0/0
DNQCZB-CK-RSR20-01(config)#exit
DNQCZB-CK-RSR20-01(config)#ip nat inside source list 1 pool nat overload //配置NAT规则
```

（2）配置策略路由。

本项目要求市场部在访问外网时由核心路由器 R1 承载至电信出口，而技术研发部由路由器 R2 承载至联通出口。这里可以采用策略路由实现路径选路，具体配置如下。

创建访问控制列表：

```
DNQCZB-CK-RSR20-01(config)#ip access-list standard 1              //创建访问控制列表1
DNQCZB-CK-RSR20-01(config-std-nacl)#permit 192.168.10.0 0.0.0.255    //匹配市场部网段
DNQCZB-CK-RSR20-01(config-std-nacl)#exit                          //返回全局配置模式
DNQCZB-CK-RSR20-01(config)#ip access-list standard 2             //创建访问控制列表2
DNQCZB-CK-RSR20-01(config-std-nacl)#permit 192.168.15.0 0.0.0.255  //匹配技术研发部网段
```

创建路由图：

```
DNQCZB-CK-RSR20-01(config)#route-map Gi0/1 permit 10               //创建路由图
DNQCZB-CK-RSR20-01(config-route-map)#match ip address 1            //匹配感兴趣流
DNQCZB-CK-RSR20-01(config-route-map)#set ip next-hop 100.1.111.2   //设置下一跳地址
DNQCZB-CK-RSR20-01(config-route-map)#exit                          //退到全局模式
DNQCZB-CK-RSR20-01(config)#route-map Gi0/1 permit 20               //创建路由图
DNQCZB-CK-RSR20-01(config-route-map)#match ip address 2            //匹配感兴趣流
DNQCZB-CK-RSR20-01(config-route-map)#set ip next-hop 100.1.11.2    //设置下一跳地址
```

在端口上调用路由图：

```
DNQCZB-CK-RSR20-01(config)#interface GigabitEthernet 0/1          //进入端口模式
DNQCZB-CK-RSR20-01(config-if)#ip policy route-map Gi0/1           //调用路由图
DNQCZB-CK-RSR20-01(config)#interface GigabitEthernet 0/2          //进入端口模式
DNQCZB-CK-RSR20-01(config-if)#ip policy route-map Gi0/1           //调用路由图
```

配置默认路由和浮动路由，为其他数据指定路径信息：

```
DNQCZB-CK-RSR20-01(config)# ip route 0.0.0.0 0.0.0.0 100.1.111.2      //配置默认路由
DNQCZB-CK-RSR20-01(config)# ip route 0.0.0.0 0.0.0.0 100.1.11.2 20    //配置浮动路由
```

至此，整个项目的部署实施全部结束。

8.6 项目联调与测试

在项目实施完成之后需要查看设备运行状态是否正常、路由表等表项是否准确、基本连通性是否正常。

8.6.1 查看交换机的运行状态

查看交换机的运行状态，确保交换机能够正常稳定运行，最简单的方法是使用 show 命令查看交换机 CPU、内存、端口状态信息。

8.6.2 功能需求测试与验证

1. 查看核心交换机 VSU 信息

（1）在总部查看核心交换机虚拟化建立情况，可以通过 show switch virtual 命令查看，如图 8-7 所示。

```
DNQCZB-VSUHX-S6000C#show switch virtual
Switch_id    Domain_id      Priority     Position    Status     Role         Description
--------------------------------------------------------------------------------------------
1(1)         1(1)           150(150)     LOCAL       OK         ACTIVE
2(2)         1(1)           120(120)     REMOTE      OK         STANDBY      S6000C-2
```

◎ 图 8-7 VSU 信息

（2）查看 VSL 链路信息，如图 8-8 所示。

```
DNQCZB-VSUHX-S6000C#show switch virtual link
VSL-AP    State    Peer-VSL    Rx                    TX                    Uptime
-------------------------------------------------------------------------------------
1/1       UP       2/1         3225501306            3225321547            0d,1h,5m
1/2       DOWN     -           0                     0                     -
2/1       UP       1/1         3225578764            3225759487            0d,1h,5m
2/2       DOWN     -           0                     0                     -
```

◎ 图 8-8 VSL 链路信息

2. 测试各部门之间的连通性

这里以技术研发部访问市场部为例，市场部和技术研发部、业务部主机 IP 地址获取如图 8-9 ～图 8-11 所示，连通性测试结果如图 8-12 所示。

3. 测试技术研发部网管 PC 对设备的远程管理

技术研发部的网络管理 PC（IP 地址为 192.168.15.1）要能够远程登录每台设备并完成设备的日常管理和维护，SW1 的测试结果如图 8-13 所示。

由于非授权终端无法远程登录设备，因此其他部门和技术研发部门的其他 PC 无法登录交换机，如图 8-14 所示。

描述	Realtek PCIe GbE Family Controller
物理地址	B4-A9-FC-64-1D-90
已启用 DHCP	是
IPv4 地址	192.168.10.1
IPv4 子网掩码	255.255.255.0
获得租约的时间	2020年10月31日 7:30:36
租约过期的时间	2020年11月1日 7:30:35
IPv4 默认网关	192.168.10.254
IPv4 DHCP 服务器	192.168.10.254
IPv4 DNS 服务器	218.85.157.99
IPv4 WINS 服务器	

◎ 图 8-9　市场部主机 IP 地址

描述	Realtek PCIe GbE Family Controller
物理地址	B4-A9-FC-64-1D-90
已启用 DHCP	是
IPv4 地址	192.168.20.1
IPv4 子网掩码	255.255.255.0
获得租约的时间	2020年10月31日 7:31:27
租约过期的时间	2020年11月1日 7:31:26
IPv4 默认网关	192.168.20.254
IPv4 DHCP 服务器	192.168.20.254
IPv4 DNS 服务器	218.85.157.99
IPv4 WINS 服务器	

◎ 图 8-10　技术研发部主机 IP 地址

描述	Realtek PCIe GbE Family Controller
物理地址	B4-A9-FC-64-1D-90
已启用 DHCP	是
IPv4 地址	192.168.15.1
IPv4 子网掩码	255.255.255.0
获得租约的时间	2020年10月31日 7:32:12
租约过期的时间	2020年11月1日 7:32:11
IPv4 默认网关	192.168.15.254
IPv4 DHCP 服务器	192.168.15.254
IPv4 DNS 服务器	218.85.157.99
IPv4 WINS 服务器	

◎ 图 8-11　业务部主机 IP 地址

```
C:\Users\94670>ping 192.168.10.1

正在 Ping 192.168.10.1 具有 32 字节的数据:
来自 192.168.10.1 的回复: 字节=32 时间<1ms TTL=128
来自 192.168.10.1 的回复: 字节=32 时间<1ms TTL=128
来自 192.168.10.1 的回复: 字节=32 时间<1ms TTL=128
来自 192.168.10.1 的回复: 字节=32 时间<1ms TTL=128

192.168.10.1 的 Ping 统计信息:
    数据包: 已发送 = 4, 已接收 = 4, 丢失 = 0 (0% 丢失),
往返行程的估计时间(以毫秒为单位):
    最短 = 0ms, 最长 = 0ms, 平均 = 0ms
```

◎ 图 8-12　技术研发部与市场部的连通性测试结果

```
User Access Verification

Username:admin
Password:***


DNQCZB-JR-S2910-01>
DNQCZB-JR-S2910-01>
DNQCZB-JR-S2910-01>
DNQCZB-JR-S2910-01>
DNQCZB-JR-S2910-01>en

Password:***

DNQCZB-JR-S2910-01#conf t
Enter configuration commands, one per line.  End with CNTL/Z.
DNQCZB-JR-S2910-01(config)#
```

◎ 图 8-13　远程登录和管理 SW1 的测试结果

```
Microsoft Windows [版本 10.0.18362.1139]
(c) 2019 Microsoft Corporation。保留所有权利。

C:\Users\94670>telnet 172.16.100.1
正在连接172.16.100.1...无法打开到主机的连接。 在端口 23: 连接失败
```

◎ 图 8-14　非授权终端无法远程登录设备

4. 查看路由表

在核心交换机上使用 show ip route 命令查看路由表信息，如图 8-15 所示。

```
DNQCZB-VSUHX-S6000C#show ip route
Codes:  C - Connected, L - Local, S - Static
        R - RIP, O - OSPF, B - BGP, I - IS-IS, V - Overflow route
        N1 - OSPF NSSA external type 1, N2 - OSPF NSSA external type 2
        E1 - OSPF external type 1, E2 - OSPF external type 2
        SU - IS-IS summary, L1 - IS-IS level-1, L2 - IS-IS level-2
        IA - Inter area, EV - BGP EVPN, * - candidate default
Gateway of last resort is 172.16.1.13 to network 0.0.0.0
O*IA  0.0.0.0/0 [110/2] via 172.16.1.13, 00:14:10, GigabitEthernet 2/0/2
O IA  10.0.0.1/32 [110/2] via 172.16.1.9, 00:13:24, GigabitEthernet 1/0/2
O IA  10.0.0.2/32 [110/1] via 172.16.1.9, 00:13:44, GigabitEthernet 1/0/2
O IA  10.0.0.3/32 [110/1] via 172.16.1.13, 00:13:54, GigabitEthernet 2/0/2
C     10.0.0.4/32 is local host.
O IA  10.0.0.5/32 [110/2] via 172.16.1.9, 00:03:11, GigabitEthernet 1/0/2
O IA  172.16.1.0/30 [110/2] via 172.16.1.9, 00:13:44, GigabitEthernet 1/0/2
O IA  172.16.1.4/30 [110/2] via 172.16.1.13, 00:14:05, GigabitEthernet 2/0/2
C     172.16.1.8/30 is directly connected, GigabitEthernet 1/0/2
C     172.16.1.10/32 is local host.
C     172.16.1.12/30 is directly connected, GigabitEthernet 2/0/2
C     172.16.1.14/32 is local host.
O IA  172.16.1.16/30 [110/2] via 172.16.1.9, 00:13:44, GigabitEthernet 1/0/2
O IA  172.16.1.20/30 [110/2] via 172.16.1.13, 00:13:54, GigabitEthernet 2/0/2
O IA  172.16.1.28/30 [110/2] via 172.16.1.13, 00:14:10, GigabitEthernet 2/0/2
```

◎ 图 8-15　核心交换机路由表

8.6.3　验收报告－设备服务检测表

请根据之前的验证操作，对任务完成度进行打分，这里建议和同学交换任务，进行互评。

名称：＿＿＿＿＿＿＿＿＿＿＿＿＿＿＿　　序列号：＿＿＿＿＿＿

序　号	测试步骤	评价指标	评　分
1	查看交换机 VSU 信息	通过 show switch virtual 命令正常输出交换机的 VSU 状态及参数，参数及状态正确得 10 分 DNQCZB-VSUHX-S6000C#show switch virtual Switch_id Domain_id Priority Position Status Role 1(1) 1(1) 150(150) LOCAL OK ACTIVE 2(2) 1(1) 120(120) REMOTE OK STANDBY	

2	查看路由表	查看核心交换机路由表，路由信息正确得 10 分
		
		DNQCZB-VSUHX-S6000C#show ip route
		Codes: C - Connected, L - Local, S - Static
		        R - RIP, O - OSPF, B - BGP, I - IS-IS, V - Overflow route
		        N1 - OSPF NSSA external type 1, N2 - OSPF NSSA external type 2
		        E1 - OSPF external type 1, E2 - OSPF external type 2
		        SU - IS-IS summary, L1 - IS-IS level-1, L2 - IS-IS level-2
		        IA - Inter area, EV - BGP EVPN, * - candidate default
		Gateway of last resort is 172.16.1.13 to network 0.0.0.0
		O*IA 0.0.0.0/0 [110/2] via 172.16.1.13, 00:14:10, GigabitEthernet 2/0/2
		O IA 10.0.0.1/32 [110/2] via 172.16.1.9, 00:13:24, GigabitEthernet 1/0/2
		O IA 10.0.0.2/32 [110/1] via 172.16.1.9, 00:13:44, GigabitEthernet 1/0/2
		O IA 10.0.0.3/32 [110/1] via 172.16.1.13, 00:13:54, GigabitEthernet 2/0/2
		C 10.0.0.4/32 is local host.
		O IA 10.0.0.5/32 [110/2] via 172.16.1.9, 00:03:11, GigabitEthernet 1/0/2
		O IA 172.16.1.0/30 [110/2] via 172.16.1.9, 00:13:44, GigabitEthernet 1/0/2
		O IA 172.16.1.4/30 [110/2] via 172.16.1.13, 00:14:05, GigabitEthernet 2/0/2
		C 172.16.1.8/30 is directly connected, GigabitEthernet 1/0/2
		C 172.16.1.10/32 is local host.
		C 172.16.1.12/30 is directly connected, GigabitEthernet 2/0/2
		C 172.16.1.14/32 is local host.
		O IA 172.16.1.16/30 [110/2] via 172.16.1.9, 00:13:44, GigabitEthernet 1/0/2
		O IA 172.16.1.20/30 [110/2] via 172.16.1.13, 00:13:54, GigabitEthernet 2/0/2
		O IA 172.16.1.28/30 [110/2] via 172.16.1.13, 00:14:10, GigabitEthernet 2/0/2	

续表

序　号	测试步骤	评价指标	评　分
3	查看用户能否获取 IP 地址	各部门用户可以获取正确的 IP 地址，正确各得 10 分，共 30 分。 （1）市场部。 IPv4 地址　192.168.10.1 IPv4 子网掩码　255.255.255.0 获得租约的时间　2020年10月31日 7:30:36 租约过期的时间　2020年11月1日 7:30:35 IPv4 默认网关　192.168.10.254 IPv4 DHCP 服务器　192.168.10.254 IPv4 DNS 服务器　218.85.157.99 IPv4 WINS 服务器 （2）技术研发部。 IPv4 地址　192.168.20.1 IPv4 子网掩码　255.255.255.0 获得租约的时间　2020年10月31日 7:31:27 租约过期的时间　2020年11月1日 7:31:26 IPv4 默认网关　192.168.20.254 IPv4 DHCP 服务器　192.168.20.254 IPv4 DNS 服务器　218.85.157.99 IPv4 WINS 服务器 （3）业务部。 IPv4 地址　192.168.15.1 IPv4 子网掩码　255.255.255.0 获得租约的时间　2020年10月31日 7:32:12 租约过期的时间　2020年11月1日 7:32:11 IPv4 默认网关　192.168.15.254 IPv4 DHCP 服务器　192.168.15.254 IPv4 DNS 服务器　218.85.157.99	
4	各部门用户间的互通	技术研发部访问市场部、业务部访问市场部、技术研发部访问业务部，可以通信各得 10 分，共 30 分 C:\Users\94670>ping 192.168.10.1 正在 Ping 192.168.10.1 具有 32 字节的数据: 来自 192.168.10.1 的回复: 字节=32 时间<1ms TTL=128 来自 192.168.10.1 的回复: 字节=32 时间<1ms TTL=128 来自 192.168.10.1 的回复: 字节=32 时间<1ms TTL=128 来自 192.168.10.1 的回复: 字节=32 时间<1ms TTL=128 192.168.10.1 的 Ping 统计信息: 　数据包: 已发送 = 4，已接收 = 4，丢失 = 0 (0% 丢失)， 往返行程的估计时间(以毫秒为单位): 　最短 = 0ms，最长 = 0ms，平均 = 0ms	
5	远程登录设备	技术研发部的网管 PC 可以正常 TELNET 到各网络设备，而其余用户无法 TELNET 到这些网络设备。网管 PC 可以 TELNET 得 10 分，其余用户无法 TELNET 得 10 分，共 20 分。 （1）网管 PC 登录。 User Access Verification Username:admin Password:*** DNQCZB-JR-S2910-01> DNQCZB-JR-S2910-01> DNQCZB-JR-S2910-01> DNQCZB-JR-S2910-01> DNQCZB-JR-S2910-01>en Password:*** DNQCZB-JR-S2910-01#conf t Enter configuration commands, one per line. End with CNTL/Z. DNQCZB-JR-S2910-01(config)# （2）其余 PC 登录。 Microsoft Windows [版本 10.0.18362.1139] (c) 2019 Microsoft Corporation。保留所有权利。 C:\Users\94670>telnet 172.16.100.1 正在连接172.16.100.1...无法打开到主机的连接。 在端口 23: 连接失败 C:\Users\94670>	
备注			

用户：＿＿＿＿＿＿　　检测工程师：＿＿＿＿＿＿　　总分：＿＿＿＿＿＿

8.6.4 归纳总结

通过以上内容，讲解了策略路由的特性：（根据学到的知识完成空缺的部分）

1. _____ 路由可以按照数据的源 IP 地址选路，而常规路由不行。

2. 策略路由需要定义路由图，路由图的英文为 _____。

3. 配置策略路由，一般先通过 _____ 匹配数据，再在 route-map 的 match ip address 语句中调用。

4. 使用策略路由制定下一跳为 192.168.10.1，则锐捷路由器的命令为 set ip _____ 192.168.10.1。

5. route-map 一般在数据的 _____ 端口上调用。（填出或入）

8.7 工程师指南

网络工程师职业素养

——要保障数据按指定路径转发

在网络搭建完成后，测试连通性是每个工程师都会做的。在有冗余链路或设备的情况下，除了保障数据能通信，还需要确认数据是否按规划的路径转发。

在常见的网络环境中，除了使用专门的流量控制设备进行细致的流量控制与转发，最常见的流量路径控制方式是在路由器中部署策略路由，虽然策略路由配置起来相对复杂，选路策略也必须手动指定，且不能像 OSPF 一样自动学习路由表，但是在实际项目中还是会经常用来实现常规路由无法实现的功能。例如，在多出口网络中，同时有电信和联通的线路，但是服务器对外映射的是电信的公网 IP，那么就必须强制服务器在电信线路上传输。这时就需要用到策略路由，针对源地址为服务器的数据包做强制电信线路的规则；在部分网络安全项目上，要求一些关键数据包必须经过安全设备的过滤，这时也需要用到策略路由。

流量的路径控制需要根据实际情况来分析。例如，在校园网等环境中，有时采用负载均衡的方式，由数据随机选择路径转发，此时只需要确认各路径上都有数据，且流量大致相同即可；而在金融网等环境中，不同类型的数据一般有明确的路径要求，此时需要通过 tracert 等命令查看数据的走向与用户要求是否一致，如果不一致则需要进行调整。特别强调的是，来回两个方向的数据都需要进行查看，以免造成来回数据的路径不一致。

🔔 小提示

　　本项目的网络是总分架构的多出口网络，内网使用 OSPF，出口使用策略路由技术，在配置出口时需要注意以下几点：

　　（1）在使用策略路由进行数据分流时，需要和用户做好沟通，保证各出口的流量均衡。防止出现一个出口已经拥塞，而另一个出口空闲的情况。在无法确定各部门流量需求时，可以先进行设置，再通过观察慢慢调整。

　　（2）在出口设备上配置 default-information origin 命令，否则用户数据无法到达出口设备。

8.8　思考练习

项目排错

基础练习在线测试

问题描述：

　　工程师小王根据规划完成了 OSPF 与静态路由的配置，在进行网络联通性测试时发现，市场部可以与技术研发部相互通信，但是市场部和技术研发部均无法与业务部进行通信。请同学们思考此时可以使用什么命令缩小故障点范围或者直接确定故障点，并根据学到的知识帮助小王分析问题可能出现在什么地方。

　　排查思路：

_____

_____

_____

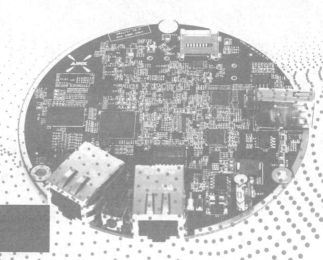

项目 9

总分型企业网多局点设计部署

知识目标

- 了解 BGP 与 OSPF 等路由的差异。
- 掌握 BGP 邻居建立、选路等的工作原理。
- 熟悉 BGP 的应用场景。

技能目标

- 熟练完成 BGP 的基本配置。
- 制定多局点总分架构企业局域网的设计方法。
- 完成多局点总分架构企业局域网的配置。
- 完成多局点总分架构企业局域网的测试。
- 解决多局点总分架构企业局域网中的常见故障。
- 完成项目文档的编写。

素养目标

- 了解 BGP 技术在数据中心网络中的实际应用。
- 扩展职业工程师视野,提前以专业技术人才的标准要求自己。

教学建议

- 推荐课时数:8 课时。

 项目准备

9.1　任务描述

　　ZR 网络公司总部位于北京，随着规模的发展壮大，为了更好地促进业务发展，公司决定在武汉建立一个分部，并设立市场分部与售后分部，要求能够保证公司总部和分部之间网络互通，实现两地的信息化办公。

　　通过咨询运营商，在北京与武汉之间租用的专线带宽较低且费用较高。经过研究，在分部建设初期，对数据安全性暂时没有硬性要求，所以规划北京总部与武汉分部之间直接通过 BGP 协议实现路由互访，后期再考虑对数据进行加密等处理。

　　总部现阶段有两条路由连接运营商，公司要求在市场部、售后部互访时能够做到分路由负载，即市场部互访使用一条路由，售后部互访使用另一条路由。

9.2　知识结构

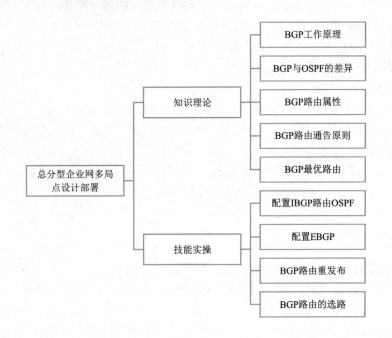

　　◆ 知识自测

　　◎ 企业之间通过广域网线路连接，目前主流的广域网线路、技术有哪些？
　　主流技术有裸纤、点到点数据专线、点到多点数据专线、互联网专线、MPLS VPN 和 VPLS 等。

9.3 知识准备

9.3.1 BGP 协议概述

边界网关协议（Border Gateway Protocol，BGP）是一种在自治系统（Autonomous Systems，AS）间自动交换无环路路由信息的外部网关协议（Exterior Gateway Protocol，EGP）。BGP 经历了不同的发展阶段，早期发布过 3 个版本，分别是 BGP-1（RFC1105）、BGP-2（RFC1163）及 BGP-3（RFC1267），目前使用的版本是 BGP-4（RFC4271），作为当前自治系统间的标准路由协议被广泛应用。

BGP 协议的特性如下：

（1）不同于 OSPF、RIP 等内部网关协议（Interior Gateway Protocol，IGP）着重于发现和计算路由，BGP 的重点在于控制路由的传播，适用于承载大规模路由的网络。

（2）BGP 使用 TCP 协议作为传输协议，端口号为 179，通过 TCP 协议的可靠传输机制保证自身传输的可靠性。

（3）BGP 作为距离矢量路由协议，只将本地选举出的最优路由传递给邻居。BGP 选择最优路径的规则如下：

a. 若路由下一跳不可达或没有解决同步问题，则不能参与路由选择。

b. 选择 weight 最大的路由——思科私有。

c. 选择 LOCAL_PREF 较大的路由。

d. 选择本地路由器产生的路由。

e. 选择 AS 路径较短的路由。

f. 依次选择 origin 属性为 IGP、EGP 和 INCOMPLETE 的路由。

g. 选择 MED 较小的路由。

h. 优选 EBGP 而不是 IBGP。

i. 选择下一跳 IGP 度量值较小的路由。

j. 选择 BGP Router ID 小的 BGP 对等体通告的路由。

9.3.2 OSPF VS BGP

以下是维基百科对 OSPF 和 BGP 协议的定义。

OSPF：开放式最短路径优先（Open Shortest Path First），是对链路状态路由协议的一种实现，隶属于内部网关协议（IGP），运作于自治系统内部。采用戴克斯特拉算法（Dijkstra's algorithm），常用来计算最短路径树。它使用"代价"（Cost）作为路由度量。链路状态数据库（LSDB）用来保存当前网络拓扑结构，路由器上属于同一区域的链路状态数据库是相同的。

BGP：一个互联网上核心的去中心化自治路由协议。它通过维护 IP 路由表或"前缀"（Prefix）表来实现自治系统（AS）之间的可达性，属于矢量路由协议。BGP 不使用传统的内部网关协议（IGP）指标，而使用基于路径、网络策略或规则集来决定路由。因此，它更适合被称为矢量性协议，而不是路由协议。

　　OSPF 和 BGP 都是应用非常广泛的路由协议，技术本身没有优劣之分。我们将场景设置在大型 / 超大型的数据中心中，分析两种路由协议的适用度，如表 9-1 所示。

表 9-1　OSPF 与 BGP 路由协议对比

协议类型对比项	OSPF	BGP
路由算法	Dijkstra's algorithm	Best path algorithm
算法类型	链路状态	距离矢量
承载协议	IP	TCP，有重传机制，保证了协议数据可靠性
需求一：大规模组网	适用度：★★★ 理论上无跳数限制，可以支持较大规模的路由组网；但 OSPF 需要定期整网同步链路状态信息，对于超大规模的数据中心，链路状态信息库过大，网络设备计算时性能消耗大；同时网络震荡影响面大	适用度：★★★★★ 只传递计算好的最优路由信息，适用于大型 / 超大型的数据中心，在超大规模园区已有成熟实践
需求二：简单	适用度：★★★ 部署简单，运维难度中等	适用度：★★★★ 部署简单、维护较简单
需求三：IDC 内部部署单一类型的路由协议	适用度：★★★★ 满足在 IDC 内部只部署 OSPF 单路由协议的需求，在 Server 上也有丰富的软件支持	适用度：★★★★ 满足在 IDC 内部只部署 BGP 单路由协议的需求，在 Server 上也有软件支持，外部自治系统之间也使用 BGP 互联
需求四：减少故障域	适用度：★★ 域内要同步链路状态信息，所有的 Failure 均需要同步更新	适用度：★★★★ BGP 本地只传播计算好的最佳路径，当网络发生变化时，只传递增量信息
需求五：负载均衡	适用度：★★★★ 规划好 COST 值，当出现多链路时形成 ECMP，在某一链路故障时需要同步域内设备计算	适用度：★★★★★ 规划好跳数、AS 后，当出现多链路时可形成 ECMP，在某一链路故障时将链路对应的下一跳从 ECMP 组内移除
需求六：灵活控制	适用度：★★★ 利用 Area、ISA 类型进行路由传播的控制，相对复杂	适用度：★★★★ 利用丰富的选路原则，对路由进行过滤并控制路由的收发
需求七：收敛快	适用度：★★★ 当路由数量少时，通过 BFD 联动可实现毫秒级收敛，通告的是链路状态信息；当路由域较大时，计算消耗大，导致收敛变慢	适用度：★★★★ 当路由数量少时，通过 BFD 联动可实现毫秒级收敛，通告的是本地计算好的路由，路由域较大也不会明显影响性能；同时 BGP 有基于 AS 的快速切换技术

9.3.3　建立 BGP 邻居

　　BGP 邻居由用户手动指定，建立连接关系的模式有两种：IBGP（Internal BGP）和 EBGP（External BGP）。通过 BGP Peer 所在的 AS 和 BGP Speaker 所在的 AS 来判断 BGP Speakers 之间建立的是哪种连接模式。

　　BGP Speaker 会主动向用户指定的 BGP 对等体发起 TCP 连接请求。TCP 连接成功后会交互 BGP 协议报文来协商连接参数，协商一致后 BGP 邻居关系就成功建立了。

建立 TCP 连接的操作步骤如下。

（1）BGP Speaker 会主动向邻居发起 TCP 连接请求，目的 IP 地址是用户指定的对等体 IP 地址，端口号固定为 179。

（2）BGP Speaker 会同时侦听本地 TCP 连接的 179 号端口，以接收来自对等体的连接请求并协调各项协议参数。

（3）TCP 连接建立成功后，BGP Speaker 会交互 OPEN 报文，以协商 BGP 连接参数。协商的主要参数如下。

Version：BGP 协议版本号，目前仅支持 Version 4。

邻居 AS 号：确定邻居 AS 号是否与本地指定的一致，若不一致则拒绝建立连接。

Hold Time：协商 BGP 连接超时的时间间隔，默认为 180 秒。

邻居能力：协商邻居支持的各种扩展能力，如地址族、路由动态刷新、GR 功能等。

BGP Speaker 之间周期性地发送 Keepalive 报文。如果 Hold Time 超时还没有收到 Keepalive 报文，则该 BGP 邻居会发出新的 Keepalive 报文，且系统会认为该邻居不可达，从而断开邻居 TCP 连接并尝试重新启动。BGP 发送 Keepalive 报文的时间间隔为协商后的 Hold Time 的三分之一，默认为 60 秒。

9.3.4　BGP 路由反射器

路由反射器是一种减少自治系统内 IBGP 对等体连接数量的方法。

根据 BGP 路由通告原则，要求一个 AS 内的所有 BGP Speaker 建立全连接关系（BGP Speaker 两两建立邻接关系）。当 AS 内的 BGP Speaker 数量过多时，BGP Speaker 的资源开销会增加，同时为网络管理员增加配置任务的工作量和复杂度，降低网络的扩展性能。

将一台 BGP Speaker 设置为路由反射器，它会将本自治系统内的 IBGP 对等体分为两类：客户端和非客户端。在 AS 内实现路由反射器，BGP 选择最优路径的规则是：配置路由反射器并指定其客户端，将路由反射器和其客户端组成一个群。路由反射器和客户端之间将建立连接关系。群内的路由反射器的客户端不应该同群外的其他 BGP Speaker 建立连接关系。

在 AS 内，非客户端的 IBGP 对等体之间会建立完全连接关系，这里的非客户端的 IBGP 对等体包括以下几种情况：一个群内的多个路由反射器之间；群内的路由反射器和群外不具备路由反射器功能的 BGP Speaker（通常这些 BGP Speaker 不支持路由反射器功能）；群内的路由反射器和其他群的路由反射器之间。

路由反射器接收到一条路由的处理规则如下：

（1）从 EBGP Speaker 接收到的路由更新，将被发送给所有的客户端和非客户端。

（2）从客户端接收到的路由更新，将被发送给其他客户端和所有非客户端。

（3）从 IBGP 非客户端接收到的路由更新，将被发送给所有客户端。

2

3

 项目任务

微课视频

9.4　网络规划设计

9.4.1　项目需求分析

- 配置路由器主机名、端口描述、时钟等。
- 配置路由器远程登录。
- 配置路由器互联端口 IP 地址。
- 配置网络 BGP 邻居：IBGP、EBGP 邻居及反射器。
- 配置 BGP 路由发布。
- 配置市场部、售后部的选路功能。
- 使用 show 命令查看 BGP 邻居状态、路由表信息。

9.4.2　项目规划设计

1. 设备清单

本项目的设备清单如表 9-2 所示。

表 9-2　设备清单

序　号	类　型	设　　备	厂　商	型　　号	数　量	备　注
1	硬件	路由器	锐捷	RG-RSR20-X	5	
2	硬件	PC	—	—	—	客户端
3	软件	TFTP 服务软件	锐捷	—	1	备份路由器配置
4	软件	SecureCRT	—	6.5	1	登录管理路由器

2. 设备主机名规划

本项目的设备命名规划如表 9-3 所示。其中 BJ 代表北京总公司、ISP 代表运营商、WH 代表武汉分公司，R20 代表 RG-RSR20-X 设备型号，01 代表设备编号。

表 9-3　设备主机名规划

设备型号	设备主机名
RG-RSR20-X	BJ-R20-01
RG-RSR20-X	ISP-R20-02
RG-RSR20-X	ISP-R20-03
RG-RSR20-X	ISP-R20-04
RG-RSR20-X	WH-R20-05

3. 端口互联规划

本项目中网络设备之间的端口互联规划规范为"Con_To_ 对端设备名称 _ 对端端口

名"。只针对网络设备互联端口进行描述，具体规划如表 9-4 所示。

表 9-4　端口互联规划

本端设备	端　口	端口描述	对端设备	端　口
BJ-R20-01	Gi0/1	Con_To_ISP-02_0/1	ISP_R20_02	Gi0/1
	Gi0/2	Con_To_ISP-03_0/2	ISP_R20_03	Gi0/2
ISP_R20_02	Gi0/1	Con_To_BJ-01_0/1	BJ-R20-01	Gi0/1
	Gi0/2	Con_To_ISP-04_0/2	ISP_R20_04	Gi0/2
ISP_R20_03	Gi0/1	Con_To_ISP-04_0/1	ISP_R20_04	Gi0/1
	Gi0/2	Con_To_BJ-01_0/2	BJ-R20-01	Gi0/2
ISP_R20_04	Gi0/0	Con_To_WH-01_0/0	WH-R20-05	Gi0/0
	Gi0/1	Con_To_ISP-03_0/1	ISP_R20_03	Gi0/1
	Gi0/2	Con_To_ISP-02_0/2	ISP_R20_02	Gi0/2
WH-R20-05	Gi0/0	Con_To_ISP-04_0/0	ISP_R20_04	Gi0/0

4. IP 地址规划

本项目的 IP 地址规划包括两个部门的用户业务地址。市场部和售后部分别采用一个 A 类地址段进行业务地址规划，具体业务地址规划如表 9-5 所示。

表 9-5　业务地址规划

序　号	功 能 区	IP 地址	掩　码
1	总公司市场部	10.1.1.0	255.255.255.0
2	总公司售后部	10.1.2.0	255.255.255.0
3	分公司市场部	10.5.1.0	255.255.255.0
4	分公司售后部	10.5.2.0	255.255.255.0

端口互联规划如表 9-6 所示。

表 9-6　端口互联规划

本端设备	端　口	IP 地址	对端设备	端　口	IP 地址
BJ-R20-01	Gi0/1	1.1.1.1/30	ISP_R20_02	Gi0/1	1.1.1.2/30
	Gi0/2	1.1.1.5/30	ISP_R20_03	Gi0/2	1.1.1.6/30
ISP_R20_04	Gi0/1	1.1.1.9/30	ISP_R20_03	Gi0/1	1.1.1.10/30
	Gi0/2	1.1.1.13/30	ISP_R20_02	Gi0/2	1.1.1.14/30
	Gi0/0	1.1.1.17/30	WH-R20-05	Gi0/0	1.1.1.18/30

5. 项目拓扑图

ZR 北京总公司、武汉分公司设市场部和售后部两个部门，需要统一进行 IP 地址及业务资源的规划和分配，整网拓扑图如图 9-1 所示。总、分公司各一台出口路由器 RG-RSR20-X，分别为 R1、R5；北京总公司双出口连接 ISP，武汉分公司单出口连接 ISP。

用户需求如下：

（1）使用 BGP 实现网络互通。

（2）合理规划配置 BGP 邻居，尽量减少邻居数量。

（3）北京访问武汉市场部路由为 R1-R2-R4-R5，反向路由一致。

（4）北京访问武汉售后部路由为 R1-R3-R4-R5，反向路由一致。

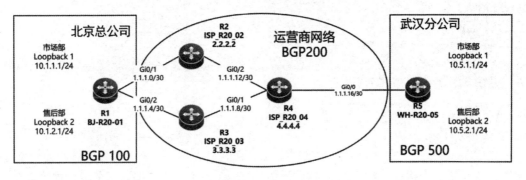

◎ 图 9-1　网络拓扑图

9.5　网络部署实施

9.5.1　设备基本配置

完成路由器中主机名和端口描述的配置。

依照项目前期准备的设备主机名规划及端口互联规划，对网络设备进行主机名及端口描述的配置。在配置完成之后，使用 show run 命令查看上述端口描述配置是否符合项目规划。以总部路由器 R1 为例，主机名和端口描述相关配置命令如下。

BJ-R20-01：

```
Ruijie(config)#hostname BJ-R20-01                         //配置主机名
BJ-R20-01(config)#interface gi0/1
BJ-R20-01(config-if)#description Con_To_ISP-02_0/1    //配置端口描述
BJ-R20-01(config)#interface gi0/2
BJ-R20-01(config-if)#description Con_To_ISP-03_0/2    //配置端口描述
```

其余设备的配置与此类似。

9.5.2　互联 IP 地址配置

完成路由器中互联 IP 地址的配置。

依照项目前期准备的互联 IP 地址规划与业务网络地址规划，对网络设备的端口 IP 地址进行配置。以总部路由器 R1 为例，端口 IP 地址配置命令如下。

BJ-R20-01：

```
BJ-R20-01(config)#interface gi0/1
BJ-R20-01(config-if)#no shutdown
BJ-R20-01(config-if)#ip address 1.1.1.1 255.255.255.252        //配置端口 IP 地址

BJ-R20-01(config)#interface gi0/2
```

```
BJ-R20-01(config-if)#no shutdown
BJ-R20-01(config-if)#ip address 1.1.1.5 255.255.255.252

BJ-R20-01(config)#interface loopback 1
BJ-R20-01(config-if)#ip address 10.1.1.1 255.255.255.0
BJ-R20-01(config)#interface loopback 2
BJ-R20-01(config-if)#ip address 10.1.2.1 255.255.255.0
```

其余设备的配置与此类似。

9.5.3 BGP 邻居配置

完成 BGP 邻居的配置。因为本项目实施涉及中间状态，部分内容会随着实验的进行不断改变，所以为保证各种中间状态的配置正确，在各个步骤中插入部分验证内容。

（1）北京总公司与 ISP 之间建立 EBGP 邻居。

在不同 AS 之间使用 EBGP 对等体，建立邻居关系，具体配置如下。

BJ-R20-01：

```
BJ-R20-01(config)#router bgp 100                          // 进入 BGP100 视图
BJ-R20-01(config-router)#neighbor 1.1.1.2 remote-as 200   // 配置 EBGP 邻居及 AS 号
BJ-R20-01(config-router)#neighbor 1.1.1.6 remote-as 200   // 配置 EBGP 邻居及 AS 号
```

ISP-R20-02：

```
ISP-R20-02(config)#router bgp 200                          // 进入 BGP200 视图
ISP-R20-02(config-router)#neighbor 1.1.1.1 remote-as 100   // 配置 EBGP 邻居及 AS 号
```

ISP-R20-03：

```
ISP-R20-03(config)#router bgp 200                          // 进入 BGP200 视图
ISP-R20-03(config-router)#neighbor 1.1.1.5 remote-as 100   // 配置 EBGP 邻居及 AS 号
```

（2）武汉分公司与 ISP 之间建立 EBGP 邻居。

在不同 AS 之间使用 EBGP 对等体，建立邻居关系，具体配置如下。

ISP-R20-04：

```
ISP-R20-04(config)#router bgp 200                           // 进入 BGP200 视图
ISP-R20-04(config-router)#neighbor 1.1.1.18 remote-as 500   // 配置 EBGP 邻居及 AS 号
```

WH-R20-05：

```
WH-R20-05(config)#router bgp 500                            // 进入 BGP500 视图
WH-R20-05(config-router)#neighbor 1.1.1.17  remote-as 200   // 配置 EBGP 邻居及 AS 号
```

（3）ISP 内部建立 IBGP 邻居，配置 R4 为发射器。

在 IBGP 中建议使用 Loopback 端口建立邻居关系，故需要 R2、R3、R4 的 Loopback0 端口路由可达，ISP 内部 IGP 使用 OSPF 协议，具体配置如下。

ISP-R20-02：

```
interface Loopback0
 ip address 2.2.2.2 255.255.255.255
router ospf 1
 router-id 2.2.2.2
 network 1.1.1.12 0.0.0.3 area 0
 network 2.2.2.2 0.0.0.0 area 0
```

ISP-R20-03：

```
interface Loopback0
 ip address 3.3.3.3 255.255.255.255
router ospf 1
 router-id 3.3.3.3
 network 1.1.1.8 0.0.0.3 area 0
 network 3.3.3.3 0.0.0.0 area 0
```

ISP-R20-04：

```
interface Loopback0
 ip address 4.4.4.4 255.255.255.255
router ospf 1
 router-id 4.4.4.4
 network 1.1.1.8 0.0.0.3 area 0
 network 1.1.1.12 0.0.0.3 area 0
 network 4.4.4.4 0.0.0.0 area 0
```

在 AS 内部路由器之间建立 IBGP 对等体，为了减少邻居数量，将 R4 配置为路由反射器 RR，具体配置如下。

ISP-R20-02：

```
ISP-R20-02(config)#router bgp 200                          //进入 BGP200 视图
ISP-R20-02(config-router)#neighbor 4.4.4.4 remote-as 200   //配置 IBGP 邻居及 AS 号
ISP-R20-02(config-router)#neighbor 4.4.4.4 update-source Loopback0
//邻居端口为 Loopback0
```

ISP-R20-03：

```
ISP-R20-03(config)#router bgp 200                          //进入 BGP200 视图
ISP-R20-03(config-router)#neighbor 4.4.4.4 remote-as 200   //配置 IBGP 邻居及 AS 号
ISP-R20-03(config-router)#neighbor 4.4.4.4 update-source Loopback0
//邻居端口为 Loopback0
```

ISP-R20-04：

```
ISP-R20-04(config)#router bgp 200                          //进入 BGP200 视图
ISP-R20-04(config-router)#neighbor 2.2.2.2 remote-as 200   //配置 IBGP 邻居及 AS 号
ISP-R20-04(config-router)#neighbor 2.2.2.2 update-source Loopback 0
//邻居端口为 Loopback0
ISP-R20-04(config-router)#neighbor 2.2.2.2 route-reflector-client  //配置路由反射器客户机

ISP-R20-04(config-router)#neighbor 3.3.3.3 remote-as 200   //配置 IBGP 邻居及 AS 号
ISP-R20-04(config-router)#neighbor 3.3.3.3 update-source Loopback 0
//邻居端口为 Loopback0

ISP-R20-04(config-router)#neighbor 3.3.3.3 route-reflector-client  //配置路由反射器客户机
```

9.5.4　BGP 路由发布

完成 BGP 路由发布，北京总公司通过 network 发布，武汉分公司通过路由重分发技术发布。

（1）北京总公司通过 network 发布业务网段。

```
BJ-R20-01(config)#router bgp 100                                    // 进入 BGP100 视图
BJ-R20-01(config-router)#network 10.1.1.0 mask 255.255.255.0     // 以 network 通告业务网段
BJ-R20-01(config-router)#network 10.1.2.0 mask 255.255.255.0
BJ-R20-01(config-router)#network 1.1.1.0 mask 255.255.255.252
BJ-R20-01(config-router)#network 1.1.1.4 mask 255.255.255.252    // 以 network 通告业务网段
```

通过 show ip bgp 命令查看 BGP 路由，如图 9-2 所示。显示已发布成功，并且为有效、最优的路由，起源属性为 "i"。

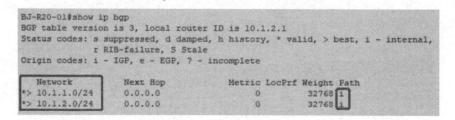

◎ 图 9-2　BGP 路由

R1 会将有效、最优的路由发布给邻居 R2、R3，在 R1 上查看 BGP 路由，如图 9-3 所示。

```
ISP-R20-02#show ip bgp
BGP table version is 3, local router ID is 2.2.2.2
Status codes: s suppressed, d damped, h history, * valid, > best, i - internal,
              r RIB-failure, S Stale
Origin codes: i - IGP, e - EGP, ? - incomplete

   Network          Next Hop         Metric LocPrf Weight Path
*> 10.1.1.0/24      1.1.1.1               0          0 100 i
*> 10.1.2.0/24      1.1.1.1               0          0 100 i
```

◎ 图 9-3　R1 BGP 路由

在将 EBGP 获取的路由发布给 IBGP 邻居时，路由的下一跳不变，因此当需要在 R2、R3 上配置发布给邻居 R4 的路由时，R2、R3 将路由的下一跳指向自己，具体配置如下。

ISP-R20-02：

```
ISP-R20-02(config)#router bgp 200                                  // 进入 BGP200 视图
ISP-R20-02(config-router)#neighbor 4.4.4.4 next-hop-self          // 将发布给邻居路由的下一跳指
向自己
```

ISP-R20-03：

```
ISP-R20-03(config)#router bgp 200                                  // 进入 BGP200 视图
ISP-R20-03(config-router)#neighbor 4.4.4.4 next-hop-self  // 将发布给邻居路由的下一跳指向自己
```

在 R4 上查看 BGP 路由，如图 9-4 所示。显示已经收到北京总公司业务网段路由，并且为有效、最优的路由。

```
ISP-R20-04#show ip bgp
BGP table version is 3, local router ID is 4.4.4.4
Status codes: s suppressed, d damped, h history, * valid, > best, i - internal,
              r RIB-failure, S Stale
Origin codes: i - IGP, e - EGP, ? - incomplete

   Network          Next Hop         Metric LocPrf Weight Path
*>i10.1.1.0/24      2.2.2.2               0    100      0 100 i
* i                 3.3.3.3               0    100      0 100 i
*>i10.1.2.0/24      2.2.2.2               0    100      0 100 i
* i                 3.3.3.3               0    100      0 100 i
```

◎ 图 9-4　R4 BGP 路由

R4 会将自己有效、最优的路由发布给邻居 R5。在 R5 上查看 BGP 路由，如图 9-5 所示。

```
WH-R20-05#show ip bgp
BGP table version is 3, local router ID is 10.5.2.1
Status codes: s suppressed, d damped, h history, * valid, > best, i - internal,
              r RIB-failure, S Stale
Origin codes: i - IGP, e - EGP, ? - incomplete

   Network          Next Hop         Metric LocPrf Weight Path
*> 10.1.1.0/24      1.1.1.17                              0 200 100 i
*> 10.1.2.0/24      1.1.1.17                              0 200 100 i
```

◎ 图 9-5　R5 BGP 路由

R5 会将 BGP 路由表中最优、有效的路由加入路由表中。在 R5 上查看路由表，如图 9-6 所示。

```
WH-R20-05#show ip route
Codes: C - connected, S - static, R - RIP, M - mobile, B - BGP
       D - EIGRP, EX - EIGRP external, O - OSPF, IA - OSPF inter area
       N1 - OSPF NSSA external type 1, N2 - OSPF NSSA external type 2
       E1 - OSPF external type 1, E2 - OSPF external type 2
       i - IS-IS, su - IS-IS summary, L1 - IS-IS level-1, L2 - IS-IS level-2
       ia - IS-IS inter area, * - candidate default, U - per-user static route
       o - ODR, P - periodic downloaded static route

Gateway of last resort is not set

     1.0.0.0/30 is subnetted, 1 subnets
C       1.1.1.16 is directly connected, FastEthernet0/0
     10.0.0.0/24 is subnetted, 4 subnets
B       10.1.2.0 [20/0] via 1.1.1.17, 00:26:56
B       10.1.1.0 [20/0] via 1.1.1.17, 00:26:56
C       10.5.2.0 is directly connected, Loopback2
C       10.5.1.0 is directly connected, Loopback1
```

◎ 图 9-6　R5 最优路由

（2）武汉分公司通过路由重分发技术发布业务网段。

武汉分公司通过 redistribute 命令发布业务网段，具体配置如下。

WH-R20-05：

```
WH-R20-05(config)#router bgp 500                        // 进入 BGP500 视图
WH-R20-05(config-router)#redistribute connected         // 重分发直连路由
```

通过 show ip bgp 命令查看路由，如图 9-7 所示。显示已发布成功，并且为有效、最优的路由，路由起源属性为 "?"。

```
WH-R20-05#show ip brp
                 ^
% Invalid input detected at '^' marker.

WH-R20-05#show ip bgp
BGP table version is 6, local router ID is 10.5.2.1
Status codes: s suppressed, d damped, h history, * valid, > best, i - internal,
              r RIB-failure, S Stale
Origin codes: i - IGP, e - EGP, ? - incomplete

   Network          Next Hop         Metric LocPrf Weight Path
*> 1.1.1.16/30      0.0.0.0               0         32768 ?
*> 10.1.1.0/24      1.1.1.17                            0 200 100 i
*> 10.1.2.0/24      1.1.1.17                            0 200 100 i
*> 10.5.1.0/24      0.0.0.0               0         32768 ?
*> 10.5.2.0/24      0.0.0.0               0         32768 ?
```

◎ 图 9-7　R5 BGP 路由

R5 会将有效、最优的路由发布给邻居 R4。在 R4 上查看 BGP 路由，如图 9-8 所示。

```
ISP-R20-04#show ip bgp
BGP table version is 7, local router ID is 4.4.4.4
Status codes: s suppressed, d damped, h history, * valid, > best, i - internal,
              r RIB-failure, S Stale
Origin codes: i - IGP, e - EGP, ? - incomplete

   Network          Next Hop         Metric LocPrf Weight Path
r> 1.1.1.16/30      1.1.1.18              0              0 500 ?
*>i10.1.1.0/24      2.2.2.2               0    100       0 100 i
*  i                3.3.3.3               0    100       0 100 i
*>i10.1.2.0/24      2.2.2.2               0    100       0 100 i
*  i                3.3.3.3               0    100       0 100 i
*> 10.5.1.0/24      1.1.1.18              0              0 500 ?
*> 10.5.2.0/24      1.1.1.18              0              0 500 ?
```

◎ 图 9-8　R4 BGP 路由

在 R4 上配置发布给邻居 R2、R3 的路由时，R4 会将路由的下一跳指向自己，具体配置如下。

```
ISP-R20-04(config)#router bgp 200                        // 进入 BGP200 视图
ISP-R20-04(config-router)#redistribute connected

ISP-R20-04(config-router)#neighbor 3.3.3.3 next-hop-self   // 将发布给邻居路由的下一跳指向自己
```

在 R2、R3 上查看 BGP 路由，如图 9-9 所示。

```
ISP-R20-03#show ip bgp
BGP table version is 6, local router ID is 3.3.3.3
Status codes: s suppressed, d damped, h history, * valid, > best, i - internal,
              r RIB-failure, S Stale
Origin codes: i - IGP, e - EGP, ? - incomplete

   Network          Next Hop         Metric LocPrf Weight Path
*>i1.1.1.16/30      4.4.4.4               0    100       0 500 ?
*  i10.1.1.0/24     2.2.2.2               0    100       0 100 i
*>                  1.1.1.5               0              0 100 i
*  i10.1.2.0/24     2.2.2.2               0    100       0 100 i
*>                  1.1.1.5               0              0 100 i
*>i10.5.1.0/24      4.4.4.4               0    100       0 500 ?
*>i10.5.2.0/24      4.4.4.4               0    100       0 500 ?
```

◎ 图 9-9　R3 BGP 路由

R2、R3 会将有效、最优的路由发布给邻居 R1。在 R1 上查看 BGP 路由，如图 9-10 所示。

```
BJ-R20-01#show ip bgp
BGP table version is 6, local router ID is 10.1.2.1
Status codes: s suppressed, d damped, h history, * valid, > best, i - internal,
              r RIB-failure, S Stale
Origin codes: i - IGP, e - EGP, ? - incomplete

   Network          Next Hop         Metric LocPrf Weight Path
*  1.1.1.16/30      1.1.1.2                          0 200 500 ?
*>                  1.1.1.6                          0 200 500 ?
*> 10.1.1.0/24      0.0.0.0               0      32768 i
*> 10.1.2.0/24      0.0.0.0               0      32768 i
*  10.5.1.0/24      1.1.1.2                          0 200 500 ?
*>                  1.1.1.6                          0 200 500 ?
*  10.5.2.0/24      1.1.1.2                          0 200 500 ?
*>                  1.1.1.6                          0 200 500 ?
```

◎ 图 9-10　R1 BGP 路由

至此，北京总公司与武汉分公司业务网段发布完毕，并且都能学习到各自网段。

在北京总公司通过 Ping 命令测试其连通性，结果如图 9-11 所示。

```
BJ-R20-01#ping 10.5.1.1 source 10.1.1.1

Type escape sequence to abort.
Sending 5, 100-byte ICMP Echos to 10.5.1.1, timeout is 2 seconds:
Packet sent with a source address of 10.1.1.1
!!!!!
Success rate is 100 percent (5/5), round-trip min/avg/max = 84/120/164 ms
BJ-R20-01#ping 10.5.1.1 source 10.1.2.1

Type escape sequence to abort.
Sending 5, 100-byte ICMP Echos to 10.5.1.1, timeout is 2 seconds:
Packet sent with a source address of 10.1.2.1
!!!!!
Success rate is 100 percent (5/5), round-trip min/avg/max = 88/112/144 ms
BJ-R20-01#ping 10.5.2.1 source 10.1.1.1

Type escape sequence to abort.
Sending 5, 100-byte ICMP Echos to 10.5.2.1, timeout is 2 seconds:
Packet sent with a source address of 10.1.1.1
!!!!!
Success rate is 100 percent (5/5), round-trip min/avg/max = 96/143/176 ms
BJ-R20-01#ping 10.5.2.1 source 10.1.2.1

Type escape sequence to abort.
Sending 5, 100-byte ICMP Echos to 10.5.2.1, timeout is 2 seconds:
Packet sent with a source address of 10.1.2.1
!!!!!
Success rate is 100 percent (5/5), round-trip min/avg/max = 88/136/188 ms
```

◎ 图 9-11　连通性测试结果

结果显示，总公司与分公司业务网段可以互相访问。

9.5.5　BGP 选路

完成 BGP 路由选路，访问市场部的路由为 R2，访问售后部的路由为 R3。

（1）在 R1 上查看 BGP 路由表，如图 9-12 所示。

```
BJ-R20-01#show ip bgp
BGP table version is 6, local router ID is 10.1.2.1
Status codes: s suppressed, d damped, h history, * valid, > best, i - internal,
              r RIB-failure, S Stale
Origin codes: i - IGP, e - EGP, ? - incomplete

   Network          Next Hop          Metric LocPrf Weight Path
*  1.1.1.16/30      1.1.1.2                             0 200 500 ?
*>                  1.1.1.6                             0 200 500 ?
*> 10.1.1.0/24      0.0.0.0               0         32768 i
*> 10.1.2.0/24      0.0.0.0               0         32768 i
*  10.5.1.0/24      1.1.1.2                             0 200 500 ?
*>                  1.1.1.6                             0 200 500 ?
*  10.5.2.0/24      1.1.1.2                             0 200 500 ?
*>                  1.1.1.6                             0 200 500 ?
```

◎ 图 9-12　R1 BGP 路由表（1）

结果显示目的网络 10.5.1.0/24、10.5.2.0/24 上有两条路由，下一跳为 1.1.1.6 的路由为最优路由。系统会将这条最优路由加入路由表中。在 R1 上查看全局路由表，如图 9-13 所示。

```
BJ-R20-01#show ip route
Codes: C - connected, S - static, R - RIP, M - mobile, B - BGP
       D - EIGRP, EX - EIGRP external, O - OSPF, IA - OSPF inter area
       N1 - OSPF NSSA external type 1, N2 - OSPF NSSA external type 2
       E1 - OSPF external type 1, E2 - OSPF external type 2
       i - IS-IS, su - IS-IS summary, L1 - IS-IS level-1, L2 - IS-IS level-2
       ia - IS-IS inter area, * - candidate default, U - per-user static route
       o - ODR, P - periodic downloaded static route

Gateway of last resort is not set

     1.0.0.0/30 is subnetted, 3 subnets
C       1.1.1.0 is directly connected, FastEthernet1/0
C       1.1.1.4 is directly connected, FastEthernet1/1
B       1.1.1.16 [20/0] via 1.1.1.6, 00:32:53
     10.0.0.0/24 is subnetted, 4 subnets
C       10.1.2.0 is directly connected, Loopback2
C       10.1.1.0 is directly connected, Loopback1
B       10.5.2.0 [20/0] via 1.1.1.6, 00:32:53
B       10.5.1.0 [20/0] via 1.1.1.6, 00:32:53
```

◎ 图 9-13　R1 全局路由表（1）

通过在 R1 上修改 BGP 路由 MED 属性的方法进行选路，当接收到来自同一 AS 的相同路由时，优先将 MED 小的路由设置为最优，故将从 R3 接收到的 BGP 路由 MED 修改为 300，使其到达 10.5.1.0 的下一跳变为 1.1.1.2；将从 R2 接收到的 BGP 路由 MED 修改为 200，使其到达 10.5.2.0 的下一跳变为 1.1.1.6。具体配置如下。

BJ-R20-01：

```
BJ-R20-01(config)#access-list 1 permit 10.5.1.0 0.0.0.255        // 配置 ACL 匹配目的网络
BJ-R20-01(config)#route-map shichang permit 10                   // 配置路由策略
BJ-R20-01(config-route-map)#match ip address 1                   // 匹配 ACL 1
```

```
BJ-R20-01(config-route-map)#set metric 300                    // 设置开销为 300
BJ-R20-01(config-route-map)#exit
BJ-R20-01(config)#route-map shichang permit 20               // 允许所有
BJ-R20-01(config-route-map)#exit
BJ-R20-01(config)#router bgp 100                             // 进入 BGP100 视图
BJ-R20-01(config-router)#neighbor 1.1.1.6 route-map shichang in     // 从 R3 接收到的路由
调用策略
BJ-R20-01(config)#access-list 2 permit 10.5.2.0 0.0.0.255    // 配置 ACL 匹配目的网络
BJ-R20-01(config)#route-map shouhou permit 10               // 配置路由策略
BJ-R20-01(config-route-map)#match ip address 2              // 匹配 ACL 2
BJ-R20-01(config-route-map)#set metric 200                  // 设置开销为 200
BJ-R20-01(config)#route-map shouhou permit 20               // 允许所有
BJ-R20-01(config)#router bgp 100                            // 进入 BGP100 视图
BJ-R20-01(config-router)#neighbor 1.1.1.2 route-map shouhou in    // 从 R3 接收到的路由调用策略
```

验证：在 R1 上查看 BGP 路由表，如图 9-14 所示。

```
BJ-R20-01#show ip bgp
BGP table version is 7, local router ID is 10.1.2.1
Status codes: s suppressed, d damped, h history, * valid, > best, i - internal,
              r RIB-failure, S Stale
Origin codes: i - IGP, e - EGP, ? - incomplete

   Network          Next Hop         Metric LocPrf Weight Path
*  1.1.1.16/30      1.1.1.6                          0 200 500 ?
*>                  1.1.1.2                          0 200 500 ?
*> 10.1.1.0/24      0.0.0.0               0      32768 i
*> 10.1.2.0/24      0.0.0.0               0      32768 i
*  10.5.1.0/24      1.1.1.6            300           0 200 500 ?
*>                  1.1.1.2                          0 200 500 ?
*> 10.5.2.0/24      1.1.1.6                          0 200 500 ?
*                   1.1.1.2            200           0 200 500 ?
```

◎ 图 9-14 R1 BGP 路由表（2）

结果显示 10.5.1.0/24 的下一跳 1.1.1.2 为有效、最优的路由，10.5.2.0/24 的下一跳 1.1.1.6 为有效、最优的路由。

在 R1 上查看全局路由表，如图 9-15 所示。

```
BJ-R20-01#show ip route
Codes: C - connected, S - static, R - RIP, M - mobile, B - BGP
       D - EIGRP, EX - EIGRP external, O - OSPF, IA - OSPF inter area
       N1 - OSPF NSSA external type 1, N2 - OSPF NSSA external type 2
       E1 - OSPF external type 1, E2 - OSPF external type 2
       i - IS-IS, su - IS-IS summary, L1 - IS-IS level-1, L2 - IS-IS level-2
       ia - IS-IS inter area, * - candidate default, U - per-user static route
       o - ODR, P - periodic downloaded static route

Gateway of last resort is not set

     1.0.0.0/30 is subnetted, 3 subnets
C       1.1.1.0 is directly connected, FastEthernet1/0
C       1.1.1.4 is directly connected, FastEthernet1/1
B       1.1.1.16 [20/0] via 1.1.1.2, 00:27:20
     10.0.0.0/24 is subnetted, 4 subnets
C       10.1.2.0 is directly connected, Loopback2
C       10.1.1.0 is directly connected, Loopback1
B       10.5.2.0 [20/0] via 1.1.1.6, 00:09:07
B       10.5.1.0 [20/0] via 1.1.1.2, 00:27:20
```

◎ 图 9-15 R1 全局路由表（2）

结果显示，北京总公司 R1 到达武汉分公司，其市场部网络下一跳为 R2，售后部下一跳为 R3。

（2）在 R4 上查看 BGP 路由表，如图 9-16 所示。

```
ISP-R20-04#show ip bgp
BGP table version is 7, local router ID is 4.4.4.4
Status codes: s suppressed, d damped, h history, * valid, > best, i - internal,
              r RIB-failure, S Stale
Origin codes: i - IGP, e - EGP, ? - incomplete

   Network          Next Hop            Metric LocPrf Weight Path
r> 1.1.1.16/30      1.1.1.18                 0             0 500 ?
*  i10.1.1.0/24     3.3.3.3                  0    100      0 100 i
*>i                 2.2.2.2                  0    100      0 100 i
*  i10.1.2.0/24     3.3.3.3                  0    100      0 100 i
*>i                 2.2.2.2                  0    100      0 100 i
*> 10.5.1.0/24      1.1.1.18                 0             0 500 ?
*> 10.5.2.0/24      1.1.1.18                 0             0 500 ?
```

◎ 图 9-16　R4 BGP 路由表

结果显示目的网络 10.1.1.0/24、10.1.2.0/24 上有两条路由，下一跳为 2.2.2.2 的路由为最优路由，故系统会将这条路由加入路由表中。在 R4 上查看全局路由表，如图 9-17 所示。

```
ISP-R20-04#show ip route
Codes: C - connected, S - static, R - RIP, M - mobile, B - BGP
       D - EIGRP, EX - EIGRP external, O - OSPF, IA - OSPF inter area
       N1 - OSPF NSSA external type 1, N2 - OSPF NSSA external type 2
       E1 - OSPF external type 1, E2 - OSPF external type 2
       i - IS-IS, su - IS-IS summary, L1 - IS-IS level-1, L2 - IS-IS level-2
       ia - IS-IS inter area, * - candidate default, U - per-user static route
       o - ODR, P - periodic downloaded static route

Gateway of last resort is not set

     1.0.0.0/30 is subnetted, 3 subnets
C       1.1.1.8 is directly connected, FastEthernet1/0
C       1.1.1.12 is directly connected, FastEthernet1/1
C       1.1.1.16 is directly connected, FastEthernet0/0
     2.0.0.0/32 is subnetted, 1 subnets
O       2.2.2.2 [110/2] via 1.1.1.14, 00:35:54, FastEthernet1/1
     3.0.0.0/32 is subnetted, 1 subnets
O       3.3.3.3 [110/2] via 1.1.1.10, 00:35:54, FastEthernet1/0
     4.0.0.0/32 is subnetted, 1 subnets
C       4.4.4.4 is directly connected, Loopback0
     10.0.0.0/24 is subnetted, 4 subnets
B       10.1.2.0 [200/0] via 2.2.2.2, 00:35:26
B       10.1.1.0 [200/0] via 2.2.2.2, 00:35:26
B       10.5.2.0 [20/0] via 1.1.1.18, 00:35:28
B       10.5.1.0 [20/0] via 1.1.1.18, 00:35:28
```

◎ 图 9-17　R4 全局路由表

通过在 R4 上修改 BGP 路由 locprf 属性的方法进行选路，当接收到多个 IBGP 邻居发来的相同路由时，优先选择 locprf 大的路由为最优，故将从 R3 接收到的 BGP 路由 locprf 修改为 300，使其到达 10.1.1.0 的下一跳变为 3.3.3.3；将从 R2 接收到的 BGP 路由 locprf 修改为 200，使其到达 10.1.2.0 的下一跳变为 2.2.2.2。具体配置如下。

ISP-R20-04：

```
ISP-R20-04(config)#access-list 2 permit 10.1.2.0 0.0.0.255      // 配置ACL匹配目的网络
ISP-R20-04(config)#route-map shouhou permit 10                  // 配置路由策略
ISP-R20-04(config-route-map)#match ip address 2                 // 匹配ACL 2
ISP-R20-04(config-route-map)#set local-preference 300           // 设置本地优先级为300
ISP-R20-04(config)#route-map shouhou permit 20                  // 允许所有
ISP-R20-04(config)#router bgp 200                               // 进入BGP200视图
ISP-R20-04(config-router)#neighbor 3.3.3.3 route-map shouhou in
// 从R3接收到的路由调用策略
ISP-R20-04(config)#access-list 1 permit 10.1.1.0 0.0.0.255      // 配置ACL匹配目的网络
ISP-R20-04(config)#route-map shichang permit 10                 // 配置路由策略
ISP-R20-04(config-route-map)#match ip address 1                 // 匹配ACL 1
ISP-R20-04(config-route-map)#set local-preference 200           // 设置本地优先级为200
ISP-R20-04(config)#route-map shichang permit 20                 // 允许所有
ISP-R20-04(config)#router bgp 200                               // 进入BGP200视图
ISP-R20-04(config-router)#neighbor 2.2.2.2 route-map shichang in
// 从R2接收到的路由调用策略
```

9.6　项目联调与测试

9.6.1　验证基本配置

在配置完成之后，使用 show ip interface brief 命令查看上述端口 IP 地址是否符合项目规划，如图 9-18 所示。

```
BJ-R20-01#show ip interface brief
Interface          IP-Address    OK? Method Status                     Protocol
GigabitEthernet0/0  1.1.1.1      YES manual administratively down      down
GigabitEthernet0/1  1.1.1.5      YES manual administratively down      down
Loopback1          10.1.1.1      YES manual up                         up
Loopback2          10.1.2.1      YES manual up                         up
```

◎ 图 9-18　查看端口 IP 地址配置

9.6.2　验证 IGP

通过 show ip ospf neighbor 命令在 R4 上查看邻居是否建立成功，状态为 FULL，如图 9-19 所示。

◎ 图 9-19　OSPF 邻居

通过 Ping 命令测试 R4 上 Loopback0 端口的可达性，如图 9-20 所示。

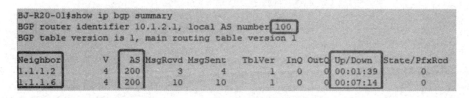

◎ 图 9-20 Loopback0 端口连通性测试

通过 show ip bgp summary 命令在 R4 上查看邻居状态，如图 9-21 所示。显示已经建立成功。

◎ 图 9-21 BGP 邻居建立状态（1）

9.6.3 验证 BGP 邻居建立状态

通过 show ip bgp summary 命令在 R1 上查看邻居状态，如图 9-22 所示。显示已经建立成功。

◎ 图 9-22 BGP 邻居建立状态（2）

9.6.4 转发路径测试

总公司与分公司互相测试，访问市场部、售后部的路由。

（1）在北京总公司 R1 上使用 traceroute 命令测试到达武汉分公司市场部的路由，如图 9-23 所示。结果显示路由为 R2，与项目规划相符。

（2）在北京总公司 R1 上使用 traceroute 命令测试到达武汉分公司售后部的路由，如图 9-24 所示。结果显示路由为 R3，与项目规划相符。

（3）在武汉分公司 R5 上使用 traceroute 命令测试到达北京总公司市场部的路由，如图 9-25 所示。结果显示路由为 R2，与项目规划相符。

```
BJ-R20-01#traceroute 10.5.1.1 source 10.1.1.1

Type escape sequence to abort.
Tracing the route to 10.5.1.1

  1 1.1.1.2  2 msec 72 msec 64 msec
  2 1.1.1.13 88 msec 68 msec 60 msec
  3 1.1.1.18 [AS 500] 148 msec *  156 msec
BJ-R20-01#traceroute 10.5.1.1 source 10.1.2.1

Type escape sequence to abort.
Tracing the route to 10.5.1.1

  1 1.1.1.2  136 msec 124 msec 60 msec
  2 1.1.1.13 84 msec 88 msec 48 msec
  3 1.1.1.18 [AS 500] 172 msec *  164 msec
```

◎ 图 9-23　R1 到 10.5.1.1 的转发路径

```
BJ-R20-01#traceroute 10.5.2.1 source 10.1.1.1

Type escape sequence to abort.
Tracing the route to 10.5.2.1

  1 1.1.1.6  32 msec 116 msec 68 msec
  2 1.1.1.9  8 msec 176 msec 84 msec
  3 1.1.1.18 [AS 500] 128 msec *  156 msec
BJ-R20-01#traceroute 10.5.2.1 source 10.1.2.1

Type escape sequence to abort.
Tracing the route to 10.5.2.1

  1 1.1.1.6  88 msec 92 msec 24 msec
  2 1.1.1.9  104 msec 72 msec 60 msec
  3 1.1.1.18 [AS 500] 136 msec *  156 msec
```

◎ 图 9-24　R1 到 10.5.2.1 的转发路径

```
WH-R20-05#traceroute 10.1.1.1 source 10.5.1.1

Type escape sequence to abort.
Tracing the route to 10.1.1.1

  1 1.1.1.17 104 msec 80 msec 28 msec
  2 1.1.1.14 108 msec 60 msec 108 msec
  3 1.1.1.1 116 msec *  164 msec
WH-R20-05#
WH-R20-05#
WH-R20-05#traceroute 10.1.1.1 source 10.5.2.1

Type escape sequence to abort.
Tracing the route to 10.1.1.1

  1 1.1.1.17 116 msec 80 msec 32 msec
  2 1.1.1.14 100 msec 80 msec 52 msec
  3 1.1.1.1 2 msec *  156 msec
```

◎ 图 9-25　R5 到 10.1.1.1 的转发路径

高级路由交换技术与应用

（4）在武汉分公司 R5 上使用 traceroute 命令测试到达北京总公司售后部的路由，如图 9-26 所示。结果显示路由为 R3，与项目规划相符。

```
WH-R20-05#traceroute 10.1.2.1 source 10.5.1.1

Type escape sequence to abort.
Tracing the route to 10.1.2.1

  1 1.1.1.17 80 msec 120 msec 28 msec
  2 1.1.1.10 96 msec 80 msec 108 msec
  3 1.1.1.5 24 msec *  148 msec
WH-R20-05#
WH-R20-05#
WH-R20-05#traceroute 10.1.2.1 source 10.5.2.1

Type escape sequence to abort.
Tracing the route to 10.1.2.1

  1 1.1.1.17 108 msec 68 msec 24 msec
  2 1.1.1.10 112 msec 80 msec 72 msec
  3 1.1.1.5 28 msec *  172 msec
```

◎ 图 9-26　R5 到 10.1.2.1 的转发路径

验证结果表明，北京总公司与武汉分公司可以互通，并且流量所走路径与规划相符。

9.6.5　验收报告 – 设备服务检测表

请根据之前的验证操作，对任务完成度进行打分，这里建议和同学交换任务，进行互评。

名称：＿＿＿＿＿＿＿＿＿＿＿＿＿＿＿　　　序列号：＿＿＿＿＿＿＿＿

序号	测试步骤	评价指标	评分
1	查看路由器中 BGP 邻居的建立	分别在 R1、R4 上查看 BGP 邻居的建立情况，每个路由器得 15 分，共 30 分。 BJ-R20-01#show ip bgp summary BGP router identifier 10.1.2.1, local AS number 100 BGP table version is 1, main routing table version 1 Neighbor　　V　AS MsgRcvd MsgSent TblVer InQ OutQ Up/Down State/PfxRcd 1.1.1.2　　 4　200　　3　　4　　　1　　0　 0 00:01:39　　0 1.1.1.6　　 4　200　 10　 10　　　1　　0　 0 00:07:14　　0 ISP-R20-04#show ip bgp summary BGP router identifier 4.4.4.4, local AS number 200 BGP table version is 1, main routing table version 1 Neighbor　　V　AS MsgRcvd MsgSent TblVer InQ OutQ Up/Down State/PfxRcd 1.1.1.18　 4　500　 22　 22　　　1　　0　 0 00:20:51　　0 2.2.2.2　　 4　200　　8　　8　　　1　　0　 0 00:03:03　　0 3.3.3.3　　 4　200　　6　　5　　　1　　0　 0 00:00:08　　0	
2	查看路由器 R4 的 OSPF 邻居状态	查看 R4 的 OSPF 邻居状态，能学习到邻居且状态为 FULL，得 10 分。 ISP-R20-04#show ip ospf neighbor Neighbor ID　　Pri　State　　　　Dead Time　Address 2.2.2.2　　　　 1　 FULL/DR　　　00:00:30　 1.1.1.14 1 3.3.3.3　　　　 1　 FULL/DR　　　00:00:30　 1.1.1.10	
3	查看路由器 R1 业务路由通告情况	查看 R1 的 BGP 路由表，已经发布到 BGP 中得 10 分。 BJ-R20-01#show ip bgp BGP table version is 3, local router ID is 10.1.2.1 Status codes: s suppressed, d damped, h history, * valid, > best, i - internal, 　　　　　　　 r RIB-failure, S Stale Origin codes: i - IGP, e - EGP, ? - incomplete 　 Network　　　Next Hop　　　Metric LocPrf Weight Path *> 10.1.1.0/24　0.0.0.0　　　　　　0　　　　32768 i *> 10.1.2.0/24　0.0.0.0　　　　　　0　　　　32768 i	

续表

序号	测试步骤	评价指标	评分
4	查看武汉分公司业务路由走向	在 R1 上配置完 MED 后，查看 R1 BGP 路由表，符合项目要求，且可以通信得 10 分。 ```\nNetwork Next Hop Metric LocPrf Weight Path\n* 1.1.1.16/30 1.1.1.6 0 200 500 ?\n*> 1.1.1.2 0 200 500 ?\n*> 10.1.1.0/24 0.0.0.0 0 32768 i\n*> 10.1.2.0/24 0.0.0.0 0 32768 i\n*> 10.5.1.0/24 1.1.1.6 300 0 200 500 ?\n*> 1.1.1.2 0 200 500 ?\n*> 10.5.2.0/24 1.1.1.6 0 200 500 ?\n 1.1.1.2 200 0 200 500 ?\n```	
5	查看北京总公司业务路由走向	在 R4 上修改完 locprf 后，查看 R4 BGP 路由表，可以通信得 10 分。 ```\nNetwork Next Hop Metric LocPrf Weight Path\n*> 1.1.1.16/30 1.1.1.18 0 0 500 i\n*>i10.1.1.0/24 2.2.2.2 0 200 0 100 i\n*>i10.1.2.0/24 3.3.3.3 0 300 0 100 i\n```	
6	使用 traceroute 命令查看北京总公司 R1 到达武汉分公司售后部的路由	结果显示路由为 R3，与规划相符，且不能通信得 15 分。 ```\nBJ-R20-01#traceroute 10.5.2.1 source 10.1.1.1\n\nType escape sequence to abort.\nTracing the route to 10.5.2.1\n\n 1 1.1.1.6 32 msec 116 msec 68 msec\n 2 1.1.1.9 48 msec 176 msec 84 msec\n 3 1.1.1.18 [AS 500] 128 msec * 156 msec\nBJ-R20-01#traceroute 10.5.2.1 source 10.1.2.1\n\nType escape sequence to abort.\nTracing the route to 10.5.2.1\n\n 1 1.1.1.6 88 msec 92 msec 24 msec\n 2 1.1.1.9 104 msec 72 msec 60 msec\n 3 1.1.1.18 [AS 500] 136 msec * 156 msec\n```	
7	使用 traceroute 命令查看武汉分公司 R5 到达北京总公司的路由	结果显示路由为 R3，与规划相符，且可以通信得 15 分 ```\nWH-R20-05#traceroute 10.1.2.1 source 10.5.1.1\n\nType escape sequence to abort.\nTracing the route to 10.1.2.1\n\n 1 1.1.1.17 80 msec 120 msec 28 msec\n 2 1.1.1.10 96 msec 80 msec 108 msec\n 3 1.1.1.5 124 msec * 148 msec\nWH-R20-05#\nWH-R20-05#traceroute 10.1.2.1 source 10.5.2.1\n\nType escape sequence to abort.\nTracing the route to 10.1.2.1\n\n 1 1.1.1.17 108 msec 68 msec 24 msec\n 2 1.1.1.10 112 msec 80 msec 72 msec\n 3 1.1.1.5 128 msec * 172 msec\n```	
备注			

用户：＿＿＿＿＿＿　　检测工程师：＿＿＿＿＿＿　　总分：＿＿＿＿＿＿

9.6.6　归纳总结

本章讲解了 BGP 的特性：（根据学到的知识完成空缺的部分）

1. BGP 用的传输层协议是 ＿＿＿＿＿，端口号是 ＿＿＿＿＿。

2. 有两条 BGP 路由 a、b，MED 分别是 300、200，＿＿＿＿＿ 的优先级较高。

3．BGP 本地优先级属性，默认值是 _____，只能在 _____ 邻居之间传播。

4．在锐捷路由器上清除当前 BGP 邻居连接并重新建立，命令是 _____。

5．BGP 路由的默认优先级是 _____。

 综合拓展

9.7　工程师指南

网络工程师职业拓展
——数据中心网络互联技术的设计

为了满足虚拟机（Vm）、容器（Docker）之间大二层通信的需求，在数据中心网络发展历程中出现了众多依托网络设备硬件实现的互联组网技术，如借鉴路由协议实现的大二层组网技术：多链接透明互联（TRILL）、最短路径桥接（SPB）；虚实结合的 Overlay 技术：可扩展虚拟局域网（VXLAN）等。但由于技术本身的复杂性、设备性能的参差不齐，这些技术均没有在网络设备上得到大规模应用。

当前的数据中心（IDC）网络返璞归真，并与业务解耦，简单、可靠成为核心诉求。数据中心只需要提供简单、可靠的三层 Underlay 组网，二层 Overlay 网络更多地依赖于主机侧软件或智能网卡。如何为数据中心三层组网选择合适的路由协议是本书试图寻找的答案。

路由设计作为数据中心网络设计中非常重要的一环，其设计理念也需要和数据中心整体原则保持一致，有如下设计要点。

（1）可扩展性。

大型互联网公司单园区最大服务器规模已经突破 300K，很多大型园区服务器规模在 20K 到 100K 之间。数据中心网络在设计之初就需要考虑平滑的 Scale-out 能力，能按 POD 进行数据中心网络的交付（减少前期投入），并最终具备承载大规模、超大规模集群的能力。

（2）带宽和流量模型。

数据中心设计要点：数据中心东西向流量呈爆发式增长，传统 DC 高收敛比模型已经无法满足东西向流量的需求。在新的网络架构中要尽可能地设计无收敛（Microsoft 甚至部署了超速比网络，即上行带宽大于下行带宽）。

路由协议设计要点：对于 Fabric 网络，低收敛主要依赖上行多链路负载来实现。如典型的 25G TOR 交换机 RG-S6510-48VS8CQ，其下行带宽为 48*25Gbps=1200Gbps，上行带宽为 8*100Gbps=800Gbps，在端口全利用的情况下，收敛比为 1.5:1。对于数据中心路由设计，非常重要的一点是能简单地在数据中心多链路之间实现等价多路径路由 ECMP。

（3）OPEX Minimization（运营成本最小化）。

数据中心设计要点：最大限度降低运营成本。大型数据中心网络的运营成本往往比

基础设施的建设成本高，减少运营成本也是架构设计之初必须考虑的问题。

路由协议设计要点：减小网络中故障域的大小。

在网络出现故障时，路由收敛影响面越小，收敛时间越短。

整个数据中心只使用一种路由协议，从而更好地简化运维，降低学习成本。

规划、建设和运营好数据中心 BGP 网络是一件非常不容易的事情，这需要大量实践经验的积累。BGP 在 IDC 中的应用已经日趋成熟，大型互联网公司、运营商有非常多的实践案例可供参考。腾讯、阿里巴巴、字节跳动等公司都建设了多个大型 BGP 数据中心网络。

🔔 小提示

既然 BGP 拥有这么多优点，那么在所有数据中心的建设中都要使用该技术吗？其实不然，结合业界的一些实践，我们认为在中小型数据中心，即路由域内网络设备数量不多的情况下，使用 OSPF 协议是比较合适的；而对于大型、超大型的数据中心，BGP 的适用度会更高一些，因此建议部署 BGP 路由协议。根据实际情况分析并规划网络，既能避免复杂的配置，又能有效利用设备性能，达到事半功倍的效果。

9.8　思考练习

9.8.1　项目排错

基础练习在线测试

问题描述：

工程师小王根据项目规划完成了所有配置，在验证时发现策略路由未生效，使用 show run 命令输出配置文件，如图 9-27 所示。请同学们根据学到的知识帮助小王分析问题可能出现在什么位置，或者还需要哪些步骤来更好地确定问题的位置。

```
interface GigabitEthernet 0/0
 no switchport
 description Con_To_internet2
 ip address 100.1.11.1 255.255.255.252
!
interface GigabitEthernet 0/1
 no switchport
 description Con_To_DNQCZB-LY-RSR20-01_Gi0/1
 ip address 172.16.1.1 255.255.255.252
 ip ospf network point-to-point
 ip nat inside
!
interface GigabitEthernet 0/2
 no switchport
 description Con_To_DNQCZB-LY-RSR20-02_Gi0/1
 ip address 172.16.1.5 255.255.255.252
 ip ospf network point-to-point
 ip nat inside
!
interface GigabitEthernet 0/3
 no switchport
 description Con_To_internet1
 ip address 100.1.111.1 255.255.255.252
 ip nat outside
!
interface GigabitEthernet 0/4
```

```
router ospf 1
 router-id 10.0.0.1
 graceful-restart
 network 10.0.0.1 0.0.0.0 area 0
 network 172.16.1.0 0.0.0.3 area 0
 network 172.16.1.4 0.0.0.3 area 0
 default-information originate always
!
ip nat pool nat netmask 255.255.255.252
 address 100.1.111.2 100.1.111.2
 address 100.1.11.2 100.1.11.2
!
ip nat inside source list 1 pool nat overload
!
ip route 0.0.0.0 0.0.0.0 100.1.111.2
ip route 0.0.0.0 0.0.0.0 100.1.11.2 20
```

◎ 图 9-27　使用 show run 命令输出的主要配置

排查思路：

_____

_____

_____

9.8.2　大赛挑战

本部分内容以本章知识为基础，结合历年"全国职业院校技能大赛"高职组的题目，对题目进行摘选简化，各位同学可以根据所学知识对题目发起挑战，完成相应内容。

任务描述

CII 集团公司业务不断发展壮大，为适应 IT 行业技术的飞速发展，满足公司业务发展需要，集团公司决定建设广州总部与福州分部的信息化网络。你将作为火星公司的网络工程师前往 CII 集团公司完成网络规划与建设任务。

任务清单

1．根据网络拓扑图和地址规划，配置设备端口信息。（因任务只涉及 R1、R2、R3 以及两台交换机 S6、S7，故只需完成相应设备配置即可）

2．在全网 trunk 链路上做 VLAN 修剪。

3．将 S6 和 S7 之间的 TenGi0/49 ～ 50 端口作为 VSL 链路网络设备并进行虚拟化。其中 S6 为主机箱，S7 为从机箱。将 S6 和 S7 之间的 Gi0/47 端口作为双主机检测链路，配置基于双主机检测，当 VSL 的所有物理链路都异常断开时，备设备会切换成主机箱，从而保障网络正常。主机箱的参数如下。

Domain ID：1。

Switch ID：1。

Priority：150。

Description: Switch-Virtual-Switch1。

从机箱的参数如下。

Domain ID：1。

Switch ID：2。

Priority：120。

Description: Switch-Virtual-Switch2。

4．各机构内网运行 OSPF。R1、R2、R3 之间运行 OSPF，进程号为 20，规划单区域为区域 0；VSU、R2、R3 之间运行 OSPF，进程号为 21，规划单区域为区域 0。

网络拓扑图如图 9-28 所示。

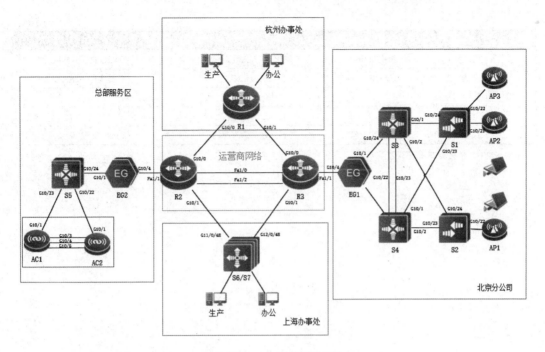

◎ 图 9-28　网络拓扑图

地址规划如表 9-7 所示。

表 9-7　地址规划

设　　备	端口或 VLAN	VLAN 名称	二层或三层规划	说　　明
R1	VLAN 10	Production	194.1.10.254/24	—
	VLAN 20	Office	194.1.20.254/24	—
	Gi0/0	—	11.1.1.1/30	—
	Gi0/1	—	11.1.2.1/30	—
	Loopback 0	—	11.1.0.1/32	—
R2	VLAN 10	Con-R3-OSPF20	11.1.3.1/30	成员口 Fa1/0
	VLAN 20	Con-EG2	11.1.1.9/30	成员口 Fa1/1
	VLAN 30	Con-R3-OSPF21	11.1.4.1/30	成员口 Fa1/2
	Gi0/0	—	11.1.1.2/30	—
	Gi0/1	—	11.1.1.5/30	—
	Loopback 0	NA	11.1.0.2/32	OSPF20 进程
	Loopback 10	NA	11.1.0.22/32	OSPF21 进程
R3	VLAN 10	Con-R2-OSPF20	11.1.3.2/30	成员口 Fa1/0
	VLAN 20	Con-EG1	11.1.2.9/30	成员口 Fa1/1
	VLAN 30	Con-R2-OSPF21	11.1.4.2/30	成员口 Fa1/2
	Gi0/0	—	11.1.2.2/30	—
	Gi0/1	—	11.1.2.5/30	—
	Loopback 0	—	11.1.0.3/32	OSPF20 进程
	Loopback 10	—	11.1.0.33/32	OSPF21 进程

续表

设　　备	端口或 VLAN	VLAN 名称	二层或三层规划	说　　明
VSU	VLAN 10	Production	195.1.10.254/24	Gi1/0/1-Gi1/0/40
	VLAN 20	Office	195.1.20.254/24	Gi2/0/1-Gi2/0/40
	Gi1/0/48	—	11.1.1.6/30	—
	Gi2/0/48	—	11.1.2.6/30	—
	Loopback 0	—	11.1.0.67/32	—

注:【根据 2022 年全国职业院校技能大赛"网络系统管理"赛项，模块 A：网络构建（样题 7）摘录】

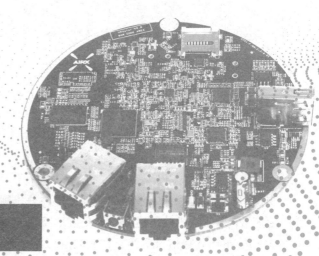

项目 10

总分型企业网 VPN 设计部署（一）

知识目标

- 掌握 GRE 协议与 IPSec 协议的工作原理。
- 熟悉 GRE 与 IPSec VPN 单独应用及嵌套应用的场景。

技能目标

- 熟练完成 GRE over IPSec VPN 隧道的配置。
- 制定总分架构企业多局点传统虚拟专用网的设计方案。
- 完成总分架构企业多局点传统虚拟专用网的配置。
- 完成总分架构企业多局点传统虚拟专用网的联调与测试。
- 解决总分架构企业多局点传统虚拟专用网的常见故障。
- 完成项目文档的编写。

素养目标

- 了解未加密的 VPN 在网络中面临的安全问题，培养网络安全防护意识。
- 扩展职业工程师视野，提前以专业技术人才的标准要求自己。

教学建议

- 推荐课时数：8 课时。

 项目准备

10.1 任务描述

某公司位于北京,随着业务的不断拓展与公司规模的扩大,最终决定在上海建设分部。为了适应 IT 行业技术的飞速发展、更好地管理业务数据,以及打通总部与分部之间的通信壁垒,公司计划将信息资源整合在北京总部,在总部建立云计算数据中心,从而高速、可靠地传输和存储数据。同时,因为公司已经完成部分信息化建设,实现了无纸化办公,各类工作流程审批均使用 OA 系统进行,所以为了使分部成立后正常办公,需要对分部网络进行信息化建设。为保证上海分部的正常工作与业务数据的安全,对于上海分部的网络有以下要求:

(1)数据中心和各部门之间使用 OSPF 协议,使各个区域可达。

(2)采用 VPN 方式实现驻外办事处间的互访。

(3)考虑到企业对商业信息保密的需求,要求在数据传输过程中保证数据的私密性与完整性。

10.2 知识结构

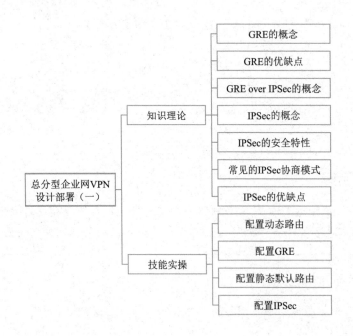

◎ 什么是 VPN 技术？常见的 VPN 类型有哪些？

虚拟专用网（VPN）被定义为通过一个公用网络（通常是因特网）建立一个临时的、安全的连接，是一条穿过混乱公用网络的安全、稳定的隧道。Windows 操作系统常见的 VPN 类型有 pptp 和 l2tp 等。

10.3　知识准备

10.3.1　GRE

GRE（Generic Routing Encapsulation，通用路由封装）是一种隧道技术，它规定了如何将一种网络协议封装在另外一种网络协议中，比如局域网使用 OSPF、广域网使用 EGP。GRE 可以将 OSPF 封装在 EGP 中，从而使 OSPF 跨广域网传播。GRE 数据包封装如图 10-1 所示。

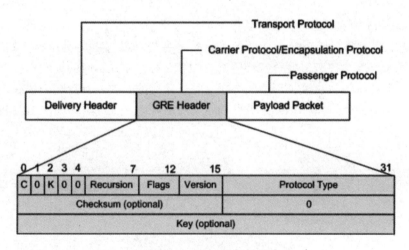

◎ 图 10-1　GRE 数据包封装

- Payload（净荷）：系统接收到的需要封装和路由的原始数据包。
- Passenger Protocol（乘客协议）：报文封装之前所属的协议。
- Encapsulation Protocol（封装协议）：用来封装乘客协议的协议。GRE 就是一个封装协议，也被称为运载协议（Carrier Protocol）。
- Transport Protocol（传输协议）：负责对封装后的报文进行转发的协议，不同于传输层协议。

在图 10-2 中可以看出，GRE 能够承载的乘客协议包括 IPv4、IPv6 和 MPLS 协议，GRE 使用的运输协议是 IPv4 协议。无论哪一种 VPN 封装技术，其基本的构成要素都可以分为 3 个部分：乘客协议、封装协议和运输协议。

乘客协议	IPv4/IPv6/MPLS
封装协议	GRE
运输协议	IPv4

◎ 图 10-2　VPN 封装的 3 个基本要素

10.3.2　GRE 报文的封装与解封

1. 报文封装

Router A 上连接 Group 1 的端口在收到 X 协议报文之后，会首先将其交由 X 协议处理，X 协议通过检查报文头中的目的地址域来确定如何路由此 IP 包；若报文的目的地址要经过 tunnel 端口才能到达，则设备将此报文发送给相应的 tunnel 端口。然后 tunnel 端口收到此报文并进行 GRE 封装，在封装 IP 报文头之后，设备根据此 IP 包的目的地址及路由表对报文进行转发，从相应的网络端口发送出去。

2. 报文解封装

Router B 从 tunnel 端口接收到 IP 报文之后，会检查该报文的目的地址，如果发现目的地址是本路由器，则 Router B 会剥掉此报文的 IP 报头，并将其交给 GRE 协议处理（进行密钥检验、报文序列号检查校验等）。在 GRE 协议完成相应的处理之后，会先剥掉 GRE 报头，再交由 X 协议进行后续的转发处理。报文的封装、解封装会使有效数据的传输效率降低，从而导致设备对 GRE 数据的转发速率降低，隧道结构如图 10-3 所示。

◎ 图 10-3　GRE 隧道的结构

举个通俗的例子，假如你有一个朋友出国留学，当时的电子通信技术不像如今这般发达，你们只能依靠跨国书信进行交流。因为在国内使用汉字，所以信中也使用了汉字，这就相当于 OSPF 协议；但是信件在邮件的过程中会经过其他国家，这些国家是不认识汉字的，所以收信人和寄信人的地址就不能用汉字了，而需要使用英文书写，英文就相当于 EGP 协议，将写好的信封装起来的信封就相当于 GRE 技术，让中文的信件可以送达。

信件在传递的过程中，中间转发的人看的是英文书写的地址，相当于中间路由器使用的是 EGP；朋友在收到并拆开信封之后才能看到你使用汉字写的信，就相当于边界路由器打开 GRE 的封装并看到里面的 OSPF 协议。

10.3.3　GRE 的优缺点

1. 优点

（1）配置简单。只需在中心节点上配置点到多点 GRE 隧道，无须在中心节点上创建到达每个分支机构的点到点 GRE 隧道。

（2）维护代价小。在增加分支机构时，中心节点会动态学习新增分支机构的地址，并与其建立隧道，无须手动配置。

（3）分支机构接入方式灵活。中心节点动态学习隧道的目的地址，分支机构是否动态获取公网地址（如采用 ADSL 等拨号方式接入网络）对中心节点的配置没有影响。

（4）以标准的 GRE 协议为基础，不需要配合使用特殊的协议或者私有协议，具有较好的互通性。

（5）对分支机构使用的网关设备没有特殊要求，只要支持 GRE 协议即可，避免用户网络设备的重复投资。

（6）支持分支机构和中心节点的 GRE 隧道备份，增强网络的可靠性。

2. 缺点

（1）不支持加密、较弱的身份认证机制、较弱的数据完整性校验。

（2）点到多点 GRE 隧道的传输协议和乘客协议只能是 IPv4。

（3）在点到多点 GRE 隧道组网中，中心网络不能主动向分支网络发送报文。只有中心网络接收到分支网络的报文，并在中心节点上建立隧道表项之后，中心网络发往分支网络的报文才能转发成功。

（4）在点到多点 GRE 隧道组网中，分支网络之间无法建立隧道，不能通信。

10.3.4　IPSec

互联网安全协议（Internet Protocol Security，IPSec）属于三层加密协议，提供了两大安全机制——认证和加密。认证机制使 IP 通信的数据接收方能够确认数据发送方的真实身份及数据在传输过程中是否遭到篡改，加密机制通过对数据进行加密运算来保证数据的机密性，以防数据在传输过程中被窃听。

IPSec 主要由以下协议组成：

（1）认证头（AH）：为 IP 报文提供无连接数据完整性、消息认证及防重放攻击保护。

（2）封装安全载荷（ESP）：提供机密性、数据源认证、无连接完整性、防重放攻击和有限的传输流（Traffic-flow）机密性。

（3）安全关联（SA）：提供算法和数据包，以及 AH、ESP 操作所需的参数。

（4）密钥协议（IKE）：提供对称密钥的生存和交换。

10.3.5　常见的 IPSec 协商模式

IKE 是一种混合型协议，由密钥管理协议（ISAKMP）和两种密钥交换协议——OAKLEY 与 SKEME 组成。IKE 在创建由 ISAKMP 定义的框架时，沿用了 OAKLEY 的密钥交换模式和 SKEME 的共享和密钥更新技术，还定义了两种自己的密钥交换方式：主模式和积极模式。

10.3.6 IPSec 的安全特性

1. 不可否认性

"不可否认性"可以证实消息发送方是唯一可能的发送者，发送者不能否认发送过消息。它是采用公钥技术的一个特征，当使用公钥技术时，发送者用私钥产生一个数字签名并将其随消息一起发送，接收者用发送者的公钥来验证数字签名。由于在理论上只有发送者唯一拥有私钥，也只有发送者才可能产生数字签名，所以只要数字签名通过验证，发送者就不能否认曾发送过该消息。

2. 反重播性

"反重播性"确保每个 IP 包的唯一性，保证信息在被截取复制之后，不能被重新利用或传输回目的地址。该特性可以防止攻击者在截取破译信息之后，利用相同的信息包取非法访问权，即使这种冒取行为发生在数月之后。

3. 数据完整性

"数据完整性"防止传输过程中的数据被篡改，确保发出数据和接收数据的一致性。IPSec 利用 Hash 函数为每个数据包产生一个加密检查和，接收者在打开包之前计算检查和，若数据包因遭到篡改而导致检查和不相符，则数据包会被丢弃。

4. 数据可靠性

在传输数据前对其进行加密，可以保证在传输过程中，即使数据包遭到截取，信息也无法被读取。该特性在 IPSec 中为可选项，与 IPSec 策略的具体设置相关。

10.3.7 IPSec 的优缺点

1. 优点

IPSec 具有较强的安全性，支持加密、身份验证及完整性校验。

2. 缺点

（1）只支持 IP 协议的封装，不支持多层上层协议。
（2）不支持组播。
（3）有较高的复杂性。

10.3.8 GRE over IPSec 技术及其优势

GRE over IPSec 的封装结构如图 10-4 所示。GRE over IPSec 技术利用 GRE 和 IPSec 的优势，通过 GRE 将组播、广播和非 IP 报文封装成普通的 IP 报文，并通过 IPSec 为封装后的 IP 报文提供安全通信，进而提供在总部和分部之间安全地传送广播、组播的业务，如视频会议和动态路由协议消息等。

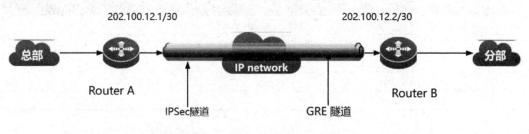

◎ 图 10-4　GRE over IPSec 的封装结构

使用 GRE over IPSec 和单独使用 GRE 或 IPSec 相比，主要的优势如下。

（1）增强数据在隧道中传输的安全性。

（2）解决 IPSec 只能处理单播报文的问题。

（3）简化 IPSec 的配置。

 项目任务

微课视频

10.4　网络规划设计

10.4.1　项目需求分析

- 完成网络基本配置。
- 数据中心和各部门之间使用静态路由与 OSPF 协议，使各个区域可达。
- 为保证数据的私密性与完整性，基于 IKE 协商建立 IPSec。
- 配置 GRE 隧道。
- 网络连通性测试。
- 使用常用相关命令查看路由状态、GRE 状态、IPSec 运行状态等。

 小提示

　　路由协议需要根据实际情况进行选择，在网络中一味地使用动态路由并不会显得更加专业；只有分析当前实际网络环境，灵活地使用各类协议，才能体现网络工程师的专业性。

10.4.2　项目规划设计

1. 设备清单

本项目的设备清单如表 10-1 所示。

表 10-1　设备清单

序　号	类　型	设　备	厂　商	型　号	数　量	备　注
1	硬件	三层接入交换机	锐捷	RG-S5310-24GT	2	
2	硬件	路由器	锐捷	RG-RSR20-X	2	
3	硬件	PC	—	—	2	客户端
4	软件	Server	—	—	1	
5	软件	SecureCRT	—	6.5	1	登录管理交换机

2. 设备主机名规划

本项目的设备命名规划如表 10-2 所示。其中 ZR 代表 ZR 网络公司，SW 和 RT 分别代表交换设备和路由设备，S5310 和 RSR20 代表设备型号，01 代表设备编号。

表 10-2　设备主机名规划

设备型号	设备主机名
RG-RSR20-X	ZR-RT-RSR20-X-01
	ZR-RT-RSR20-X-02
RG-S5310-24GT	ZR-SW-S5310-01
	ZR-SW-S5310-02

3. VLAN 规划

本项目按照公司业务进行 VLAN 划分，所以需要 3 个 VLAN 编号（VLAN ID）。同时，VLAN 划分采用与 IP 地址第三个字节数字相同的 VLAN ID。VLAN 规划如表 10-3 所示。

表 10-3　VLAN 规划

序　号	功　能　区	VLAN ID	VLAN Name
1	数据中心	100	DataCenter
2	业务部	10	Yewubu
3	上海分部	—	—

4. IP 地址规划

本项目的 IP 地址规划包括 3 个部门的业务地址及设备管理地址。数据中心和业务部采用两个 C 类地址段进行业务地址规划，分别为 192.168.100.0/24 和 192.168.10.0/24。具体 IP 地址规划如表 10-4 所示。

表 10-4　IP 地址规划

序　号	功　能　区	IP 地址	掩　码
1	数据中心	192.168.100.0	255.255.255.0
2	业务部	192.168.10.0	255.255.255.0
3	上海分部	192.168.20.0	255.255.255.0
4	互联网 IP	202.100.1.0	255.255.255.0
5	内部路由（ZR-RT-RSR20-X-01 至 Con_To_ZR-SW-S5310-01）	172.16.1.0	255.255.255.252
6	内部路由（ZR-RT-RSR20-X-01 至 Con_To_ZR-SW-S5310-02）	172.16.1.4	255.255.255.252
7	GRE 隧道地址	192.168.3.0	255.255.255.0

5. 端口互联规划

本项目网络设备之间的端口互联规划规范为"Con_To_对端设备名称_对端端口名"。只针对网络设备互联端口进行描述，具体规划如表 10-5 所示。

表 10-5　端口互联规划

本端设备	端　　口	端口描述	对端设备	端　　口
ZR-SW-S5310-01	Gi0/10	Con_To_PC1	PC1	—
	Gi0/1	Con_To_ZR-RT-RSR20-X-01	ZR-RT-RSR20-X-01	Gi0/1
ZR-SW-S5310-02	Gi0/10	Con_To_Server1	Server1	—
	Gi0/1	Con_To_ZR-RT-RSR20-X-01	ZR-RT-RSR20-X-01	Gi0/2
ZR-RT-RSR20-X-01	Gi0/1	Con_To_ZR-SW-S5310-01	ZR-SW-S5310-01	Gi0/1
	Gi0/2	Con_To_ZR-SW-S5310-02	ZR-SW-S5310-02	Gi0/1
	Gi0/0	Con_To_ZR-RT-RSR20-X-02	ZR-RT-RSR20-X-02	Gi0/0
ZR-RT-RSR20-X-02	Gi0/1	Con_To_PC2	PC2	—
	Gi0/0	Con_To_ZR-RT-RSR20-X-01	ZR-RT-RSR20-X-01	Gi0/0

6. 项目拓扑图

该公司设有总部和上海分部两个区域，总部暂规划业务部与数据中心两个部门，使用动态路由进行通信，整网拓扑图如图 10-5 所示。现要求总部和分部之间使用 VPN 进行连接，又因对网络数据的安全性有要求，所以使用加密技术进行隧道加密。经研究，公司最终决定采用两台 S5310 交换机，编号分别为 01 和 02，作为业务部和数据中心的接入交换机，满足"千兆到桌面"的接入需求；另外使用两台 RSR20-X 路由器作为出口路由，负责建立 VPN 连接，实现总部和上海分部的加密通信。

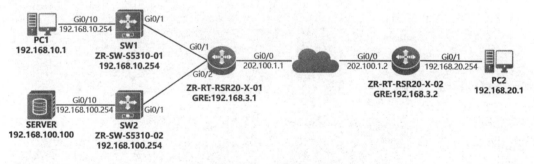

◎ 图 10-5　网络拓扑图

10.5　网络部署实施

10.5.1　交换机基本信息配置

在开始功能性配置之前，要先完成设备的基本配置，包括主机名、端口描述等。依照项目前期准备中的设备主机命名规划及端口互联规划，对网络设备进行主机名及端口描述的配置。这里使用 ZR-RT-RSR20-X-01 进行演示，其余设备操作类似。根据要求配置端口描述、VLAN、SVI 端口与 IP 地址，相关配置命令如下。

ZR-RT-RSR20-X-01：

```
Ruijie>enable
Ruijie# configure terminal
Ruijie(config)# hostname ZR-RT-RSR20-X-01        //配置主机名
ZR-RT-RSR20-X-01(config)# interface gigabitethernet 0/0
ZR-RT-RSR20-X-01(config-if-GigabitEthernet 0/0)# description Con_To_ZR-RT-RSR20-X-02
//配置端口描述
ZR-RT-RSR20-X-01(config-if-GigabitEthernet 0/0)# ip address 202.100.1.1 255.255.255.0
//配置端口IP地址
ZR-RT-RSR20-X-01(config-if-GigabitEthernet 0/0)# interface gigabitethernet 0/1
ZR-RT-RSR20-X-01(config-if-GigabitEthernet 0/1)# description Con_To_ZR-SW-S5310-01
//配置端口描述
ZR-RT-RSR20-X-01(config-if-GigabitEthernet 0/1)# ip address 172.16.1.1
255.255.255.252        //配置端口IP地址
ZR-RT-RSR20-X-01(config-if-GigabitEthernet 0/1)# interface GigabitEthernet 0/2
ZR-RT-RSR20-X-01(config-if-GigabitEthernet 0/2)# description Con_To_ZR-SW-S5310-02
//配置端口描述
ZR-RT-RSR20-X-01(config-if-GigabitEthernet 0/2)# ip address 172.16.1.5
255.255.255.252        //配置端口IP地址
ZR-RT-RSR20-X-01(config-if-GigabitEthernet 0/2)# exit
```

10.5.2 路由配置

本项目设备通过 OSPF 动态路由完成总部的通信，在静态路由 GRE 隧道建立完毕时进行再写入。路由相关配置命令如下。

ZR-RT-RSR20-X-01：

```
ZR-RT-RSR20-X-01(config)# router ospf 1
ZR-RT-RSR20-X-01(config-router)# network 172.16.1.4 0.0.0.3 area 1 //在区域1中声明网段
ZR-RT-RSR20-X-01(config-router)# network 172.16.1.0 0.0.0.3 area 2 //在区域2中声明网段
ZR-RT-RSR20-X-01(config-router)# end
```

ZR-SW-S5310-01：

```
ZR-SW-S5310-01(config)# router ospf 1
ZR-SW-S5310-01(config-router)# network 192.168.100.0 0.0.0.255 area 1    //在区域1中声明网段
ZR-SW-S5310-01(config-router)# network 172.16.1.0 0.0.0.3 area 1    //在区域1中声明网段
ZR-SW-S5310-01(config-router)#exit
```

ZR-SW-S5310-02：

```
ZR-SW-S5310-02(config)#router ospf 1
ZR-SW-S5310-02(config-router)# network 192.168.100.0 0.0.0.255 area 2 //在区域2中声明网段
ZR-SW-S5310-02(config-router)# network 172.16.1.4 0.0.0.3 area 2        //在区域2中声明网段
ZR-SW-S5310-02(config-router)# exit
```

🔔 小提示

本项目在多个区域中使用 OSPF，这样可以增强网络的扩展性，有利于组建更大规模的网络。在划分区域之后，各区域独立管理，效率更高，收敛速度更快。

本项目的 OSPF 不是讲解重点，故在此不进行赘述。在配置 OSPF 时建议使用 Loopback 地址，Loopback 端口比其他的物理端口更稳定，因为只要路由器启动，这个环回端口就处于活动状态，只有在当前 Router 失效时它才会失效。另外，它具有控制 Router ID 的能力。

10.5.3　IPSec 配置

本项目的 IPSec 主要负责对通过互联网传输的数据进行加密，但各种加密算法、保护方式的选择也要提前做好准备工作，另外，在配置加密图与密钥的时候需要将地址确认为对端地址，相关配置命令如下。

ZR-RT-RSR20-X-01：

```
ZR-RT-RSR20-X-01(config)# ip access-list extended 3801    // 通过创建 ACL 确定需要保护的数据
ZR-RT-RSR20-X-01(config-ext-nacl)# 10 permit ip host 202.100.1.1 host 202.100.1.2
// 将从 202.100.1.1 前往 202.100.1.2 的数据设置为感兴趣流
ZR-RT-RSR20-X-01(config-ext-nacl)# crypto isakmp policy 1    // 配置 isakmp 策略
ZR-RT-RSR20-X-01(isakmp-policy)# encryption 3des
ZR-RT-RSR20-X-01(isakmp-policy)# authentication pre-share
ZR-RT-RSR20-X-01(isakmp-policy)# hash md5
ZR-RT-RSR20-X-01(isakmp-policy)# exit
ZR-RT-RSR20-X-01(config)# crypto isakmp key 7 zhongrui address 202.100.1.2
255.255.255.255                                       // 配置共享密钥为 zhongrui
ZR-RT-RSR20-X-01(config)# crypto ipsec transform-set myset1 esp-des esp-md5-hmac
// 配置 IPSec 加密转换集
ZR-RT-RSR20-X-01(cfg-crypto-trans) exit
ZR-RT-RSR20-X-01(config)# crypto map mymap1 1 ipsec-isakmp    // 配置 IPSec 加密图
ZR-RT-RSR20-X-01(config-crypto-map)# set peer 202.100.1.2
ZR-RT-RSR20-X-01(config-crypto-map)# set transform-set myset1
ZR-RT-RSR20-X-01(config-crypto-map)# match address 3801
ZR-RT-RSR20-X-01(config-crypto-map)# exit
ZR-RT-RSR20-X-01(config)# interface  GigabitEthernet 0/0
ZR-RT-RSR20-X-01(config-if-GigabitEthernet 0/0)# crypto map mymap1    // 将加密应用到端口
```

ZR-RT-RSR20-X-01：

```
ZR-RT-RSR20-X-02(config)# ip access-list extended 3801    // 通过创建 ACL 确定需要保护的数据
ZR-RT-RSR20-X-02(config-ext-nacl)# 10 permit ip host 202.100.1.2 host 202.100.1.1
// 将从 202.100.1.1 前往 202.100.1.2 的数据设置为感兴趣流
ZR-RT-RSR20-X-02(config-ext-nacl)# crypto isakmp policy 1            // 配置 isakmp 策略
ZR-RT-RSR20-X-02(isakmp-policy)# encryption 3des
ZR-RT-RSR20-X-02(isakmp-policy)# authentication pre-share
ZR-RT-RSR20-X-02(isakmp-policy)# hash md5
ZR-RT-RSR20-X-02(isakmp-policy)# exit
```

高级路由交换技术与应用

```
ZR-RT-RSR20-X-02(config)# crypto isakmp key 7 zhongrui address 202.100.1.1
255.255.255.255                                    // 配置共享密钥为 zhongrui
ZR-RT-RSR20-X-02(config)# crypto ipsec transform-set myset1 esp-des esp-md5-hmac
// 配置 IPSec 加密转换集
ZR-RT-RSR20-X-02(cfg-crypto-trans) exit
ZR-RT-RSR20-X-02(config)# crypto map mymap1 1 ipsec-isakmp     // 配置 IPSec 加密图
ZR-RT-RSR20-X-02(config-crypto-map)# set peer 202.100.1.1
ZR-RT-RSR20-X-02(config-crypto-map)# set transform-set myset1
ZR-RT-RSR20-X-02(config-crypto-map)# match address 3801
ZR-RT-RSR20-X-02(config-crypto-map)# exit
ZR-RT-RSR20-X-02(config)# interface  GigabitEthernet 0/0
ZR-RT-RSR20-X-02(config-if-GigabitEthernet 0/0)# crypto map mymap1   // 将加密应用到端口
```

10.5.4 完成 GRE 隧道配置

在上文中提到了给出国留学的朋友写信的例子，并讲解了 IPSec 的配置，即书信的书写，接下来讲解信封的制作。

ZR-RT-RSR20-X-01：

```
interface tunnel 1                        // 建立隧道端口 tunnel 1
ip address 192.168.3.1 255.255.255.0      // 配置隧道的 IP 地址
tunnel source 202.100.1.1                 // 配置通过隧道的源地址
tunnel destination 202.100.1.2            // 配置通过隧道的目的地址
crypto map mymap1                         // 在端口上配置加密映射
```

ZR-RT-RSR20-X-02：

```
interface tunnel 1                        // 建立隧道端口 tunnel 1
ip address 192.168.3.2 255.255.255.0      // 配置隧道的 IP 地址
tunnel source 202.100.1.2                 // 配置通过隧道的源地址
tunnel destination 202.100.1.1            // 配置通过隧道的目的地址
crypto map mymap1                         // 在端口上配置加密映射
```

10.5.5 完成静态路由配置

接下来配置静态路由，让子网的流量都能通过隧道进行转发。需要注意的是，这里的下一跳地址需要写为隧道端口，如果写成地址则可能导致数据不能加密。

另外，需要为两台交换机配置默认路由，否则去往外部区域的数据会没有匹配的路由，从而导致无法通信，相关配置命令如下。

ZR-RT-RSR20-X-01：

```
ip route 192.168.20.0 255.255.255.0 tunnel1   // 进入销售部端口
```

ZR-RT-RSR20-X-02：

```
ip route 192.168.100.0 255.255.255.0 tunnel1  // 进入销售部端口
ip route 192.168.10.0 255.255.255.0 tunnel1   // 端口模式为 PVLAN 主机模式
```

ZR-SW-S5310-01：

```
ZR-SW-S5310-01(config)#ip route 0.0.0.0 0.0.0.0 172.16.1.1     // 配置默认路由
```

ZR-SW-S5310-02：

```
ZR-SW-S5310-02(config)#ip route 0.0.0.0 0.0.0.0 172.16.1.5   // 配置默认路由
```

10.6   项目联调与测试

在项目实施完成之后需要对设备的运行状态进行查看，确保设备能够正常、稳定运行，最简单的方法是使用 show 命令查看交换机端口、路由状态等信息。

10.6.1   查看邻居状态

在路由器 ZR-RT-RSR20-X-01 上使用 show ip ospf neighbor 命令查看 ZR-SW-S5310-01、ZR-SW-S5310-02 与本机是否成功建立 OSPF 邻居，结果如图 10-6 所示。

```
ZR-RT-RSR20-X-01#show ip ospf neighbor

OSPF process 1, 2 Neighbors, 2 is Full:
Neighbor ID       Pri   State      BFD State  Dead Time  Address      Interface
192.168.10.254     1    Full/DR     -         00:00:33   172.16.1.2   GigabitEthernet 0/1
192.168.100.254    1    Full/BDR    -         00:00:33   172.16.1.6   GigabitEthernet 0/2
ZR-RT-RSR20-X-01#
```

◎ 图 10-6   ZR-RT-RSR20-X-01 的邻居状态

10.6.2   查看设备路由

使用 show ip route 命令输出设备 ZR-RT-RSR20-X-01 与 ZR-SW-S5310-01 的路由，结果如图 10-7 和图 10-8 所示。可以看到路由由 3 部分组成，分别是直连路由、静态路由、OSPF 动态路由，其余 3 台设备路由类似。

```
ZR-RT-RSR20-X-01#show ip route

Codes:  C - Connected, L - Local, S - Static
        R - RIP, O - OSPF, B - BGP, I - IS-IS, V - Overflow route
        N1 - OSPF NSSA external type 1, N2 - OSPF NSSA external type 2
        E1 - OSPF external type 1, E2 - OSPF external type 2
        SU - IS-IS summary, L1 - IS-IS level-1, L2 - IS-IS level-2
        IA - Inter area, EV - BGP EVPN, A - Arp to host
        LA - Local aggregate route
        * - candidate default

Gateway of last resort is no set
C    172.16.1.0/30 is directly connected, GigabitEthernet 0/1
C    172.16.1.1/32 is local host.
C    172.16.1.4/30 is directly connected, GigabitEthernet 0/2
C    172.16.1.5/32 is local host.
C    192.168.3.0/24 is directly connected, Tunnel 1
C    192.168.3.1/32 is local host.
S    192.168.20.0/24 is directly connected, Tunnel 1
C    202.100.1.0/24 is directly connected, GigabitEthernet 0/0
C    202.100.1.1/32 is local host.
```

◎ 图 10-7   查看 ZR-RT-RSR20-X-01 的路由状态

```
ZR-SW-S5310-01#show ip route

Codes:  C - Connected, L - Local, S - Static
        R - RIP, O - OSPF, B - BGP, I - IS-IS, V - Overflow route
        N1 - OSPF NSSA external type 1, N2 - OSPF NSSA external type 2
        E1 - OSPF external type 1, E2 - OSPF external type 2
        SU - IS-IS summary, L1 - IS-IS level-1, L2 - IS-IS level-2
        IA - Inter area, EV - BGP EVPN, A - Arp to host
        LA - Local aggregate route
        * - candidate default

Gateway of last resort is 172.16.1.1 to network 0.0.0.0
S*      0.0.0.0/0 [1/0] via 172.16.1.1
C       172.16.1.0/30 is directly connected, GigabitEthernet 0/1
C       172.16.1.2/32 is local host.
C       192.168.10.0/24 is directly connected, VLAN 10
C       192.168.10.254/32 is local host.
```

◎ 图 10-8   查看 ZR-SW-S5310-01 的路由状态

10.6.3   测试网络连通性

在 PC1 上使用 Ping 命令测试服务器网段 server1 与上海分部主机 PC2 的连通性，结果如图 10-9 和图 10-10 所示。

```
0:PC1
VPCS> ping 192.168.20.1

*192.168.10.254 icmp_seq=1 ttl=64 time=0.303 ms (ICMP type:3, code:0, Destination network unreachable)
*192.168.10.254 icmp_seq=2 ttl=64 time=0.321 ms (ICMP type:3, code:0, Destination network unreachable)
*192.168.10.254 icmp_seq=3 ttl=64 time=0.382 ms (ICMP type:3, code:0, Destination network unreachable)
*192.168.10.254 icmp_seq=4 ttl=64 time=0.330 ms (ICMP type:3, code:0, Destination network unreachable)
*192.168.10.254 icmp_seq=5 ttl=64 time=0.339 ms (ICMP type:3, code:0, Destination network unreachable)
```

◎ 图 10-9   PC1 与上海分部 PC2 的连通性测试结果

```
0:PC1
VPCS> ping 192.168.100.1

*192.168.10.254 icmp_seq=1 ttl=64 time=13.756 ms (ICMP type:3, code:0, Destination network unreachable)
*192.168.10.254 icmp_seq=2 ttl=64 time=0.282 ms (ICMP type:3, code:0, Destination network unreachable)
*192.168.10.254 icmp_seq=3 ttl=64 time=0.351 ms (ICMP type:3, code:0, Destination network unreachable)
*192.168.10.254 icmp_seq=4 ttl=64 time=0.284 ms (ICMP type:3, code:0, Destination network unreachable)
*192.168.10.254 icmp_seq=5 ttl=64 time=0.338 ms (ICMP type:3, code:0, Destination network unreachable)
```

◎ 图 10-10   PC1 与 server1 的连通性测试结果

10.6.4   查看 isakmp sa 和 IPSec sa 是否协商成功

在 ZR-RT-RSR20-X-01 上使用 show crypto isakmp sa 命令查看协商状态，如图 10-11 所示。可以看到两台设备的 isakmp sa 已经协商成功。

```
ZR-RT-RSR20-X-01#show crypto isakmp sa
  destination      source         state         conn-id      lifetime(second)
  202.100.1.2      202.100.1.1    IKE_IDLE      1            75918
ZR-RT-RSR20-X-01#
```

◎ 图 10-11   设备 ZR-RT-RSR20-X-01 中 isakmp sa 的协商状态

在 ZR-RT-RSR20-X-01 与 ZR-RT-RSR20-X-02 上使用 show crypto ipsec sa 命令，查看
IPSec sa 是否协商成功，如图 10-12 和图 10-13 所示。这里因为提前使用了 Ping 命令进
行测试，所以有 4 个加密数据包。

```
ZR-RT-RSR20-X-01#show crypto ipsec sa
    Crypto map tag:mymap1
local ipv4 addr 202.100.1.1
media mtu 1500

    ===================================
    sub_map type:static, seqno:1, id=1
local    ident (addr/mask/prot/port): (202.100.1.1/0.0.0.0/0/0))
remote  ident (addr/mask/prot/port): (202.100.1.2/0.0.0.0/0/0))
PERMIT
#pkts encaps: 4, #pkts encrypt: 4, #pkts digest 4
#pkts decaps: 4, #pkts decrypt: 4, #pkts verify 4
```

◎ 图 10-12　设备 ZR-RT-RSR20-X-01 中 IPSec sa 的协商状态

```
ZR-RT-RSR20-X-02#show crypto ipsec sa
    Crypto map tag:mymap1
local ipv4 addr 202.100.1.2
media mtu 1500

    ===================================
    sub_map type:static, seqno:1, id=1
local    ident (addr/mask/prot/port): (202.100.1.2/0.0.0.0/0/0))
remote  ident (addr/mask/prot/port): (202.100.1.1/0.0.0.0/0/0))
PERMIT
#pkts encaps: 4, #pkts encrypt: 4, #pkts digest 4
#pkts decaps: 4, #pkts decrypt: 4, #pkts verify 4
#send errors 0, #recv errors 0
```

◎ 图 10-13　设备 ZR-RT-RSR20-X-02 中 IPSec sa 的协商状态

10.6.5　确认 GRE 隧道的连通性

使用 show interfaces tunnel 1 命令确认 GRE 隧道的连通性，结果如图 10-14 所示。可
以看到 GRE 隧道的连通状态，并且已经有数据包被正常发送。

```
ZR-RT-RSR20-X-02#show interfaces tunnel 1
Index(dec):11 (hex):b
Tunnel 1 is UP , line protocol is UP
  Hardware is Tunnel
  Interface address is: 192.168.3.2/24
  Interface IPv6 address is:
    No IPv6 address
  MTU 1476 bytes, BW 9 Kbit
  Encapsulation protocol is Tunnel, loopback not set
  Keepalive interval is 10 sec ,retries 0.
  Carrier delay is 2 sec
Tunnel attributes:
  Tunnel source 202.100.1.2, destination 202.100.1.1, routable
  Tunnel TOS/Traffic Class not set ,Tunnel TTL 254
  Tunnel config nested limit is 4, current nested number is 0
  Tunnel protocol/transport is gre ip
  Tunnel transport VPN is no set
  Key disabled, Sequencing disabled
  Checksumming of packets disabled
RX packets
  Drop reason(Down: 0, Checksum error: 0, sequence error: 0, routing: 0)
TX packets
  Drop reason(Too big: 0, Payload Type error: 0, Nested-limit: 0)
  Rxload is 1/255, Txload is 1/255
  Input peak rate: 972 bits/sec, at 2022-07-15 10:39:45
  Output peak rate: 1215 bits/sec, at 2022-07-15 10:39:45
  10 seconds input rate 0 bits/sec, 0 packets/sec
  10 seconds output rate 0 bits/sec, 0 packets/sec
  8 packets input, 1216 bytes, 0 no buffer, 0 dropped
  Received 0 broadcasts, 0 runts, 0 giants
  0 input errors, 0 CRC, 0 frame, 0 overrun, 0 abort
  10 packets output, 1520 bytes, 0 underruns, 0 no buffer, 0 dropped
  0 output errors, 0 collisions, 0 interface resets
```

◎ 图 10-14　GRE 隧道的连通性测试结果

10.6.6 验收报告 - 设备服务检测表

请根据之前的验证操作，对任务完成度进行打分，这里建议和同学交换任务，进行互评。

名称：_____   序列号：_____

序 号	测试步骤	评价指标	评 分
1	查看 ZR-RT-RSR20-X-01 的邻居状态	存在两个邻居，状态分别为 DR 和 BDR，对一个得 5 分，共 10 分 ```ZR-RT-RSR20-X-01#show ip ospf neighbor

OSPF process 1, 2 Neighbors, 2 is Full:
Neighbor ID   Pri State   BFD State Dead Time Address   Interface
192.168.10.254 1   Full/DR   -   00:00:33   172.16.1.2   GigabitEthernet 0/1
192.168.100.254 1   Full/BDR   -   00:00:33   172.16.1.6   GigabitEthernet 0/2
ZR-RT-RSR20-X-01#``` | |
| 2 | 查看 ZR-RT-RSR20-X-01 的路由 | 存在去往 192.168.20.0/24 网络的路由得 5 分，该路由的下一跳地址为 tunnel 1 端口得 5 分，共 10 分

```ZR-RT-RSR20-X-01#show ip route

Codes: C - Connected, L - Local, S - Static
       R - RIP, O - OSPF, B - BGP, I - IS-IS, V - Overflow route
       N1 - OSPF NSSA external type 1, N2 - OSPF NSSA external type 2
       E1 - OSPF external type 1, E2 - OSPF external type 2
       SU - IS-IS summary, L1 - IS-IS level-1, L2 - IS-IS level-2
       IA - Inter area, EV - BGP EVPN, A - Arp to host
       LA - Local aggregate route
       * - candidate default

Gateway of last resort is no set
C   172.16.1.0/30 is directly connected, GigabitEthernet 0/1
C   172.16.1.1/32 is local host.
C   172.16.1.4/30 is directly connected, GigabitEthernet 0/2
C   172.16.1.5/32 is local host.
C   192.168.3.0/24 is directly connected, Tunnel 1
C   192.168.3.1/32 is local host.
S   192.168.20.0/24 is directly connected, Tunnel 1
C   202.100.1.0/24 is directly connected, GigabitEthernet 0/0
C   202.100.1.1/32 is local host.``` | |
| 3 | 查看 ZR-SW-S5310-01 的路由 | 存在去往 172.16.1.1 的默认路由得 10 分

```ZR-SW-S5310-01#show ip route

Codes: C - Connected, L - Local, S - Static
       R - RIP, O - OSPF, B - BGP, I - IS-IS, V - Overflow route
       N1 - OSPF NSSA external type 1, N2 - OSPF NSSA external type 2
       E1 - OSPF external type 1, E2 - OSPF external type 2
       SU - IS-IS summary, L1 - IS-IS level-1, L2 - IS-IS level-2
       IA - Inter area, EV - BGP EVPN, A - Arp to host
       LA - Local aggregate route
       * - candidate default

Gateway of last resort is 172.16.1.1 to network 0.0.0.0
S*   0.0.0.0/0 [1/0] via 172.16.1.1
C   172.16.1.0/30 is directly connected, GigabitEthernet 0/1
C   172.16.1.2/32 is local host.
C   192.168.10.0/24 is directly connected, VLAN 10
C   192.168.10.254/32 is local host.``` | |
| 4 | 在业务部的 PC1 上测试业务部与另外两个网络的连通性 | Ping 上海分部与服务器组的网关，每个网络可达得 10 分，共 20 分

```0:PC1
VPCS> ping 192.168.20.1

*192.168.10.254 icmp_seq=1 ttl=64 time=0.303 ms (ICMP type:3, code:0, Destination network unreachable)
*192.168.10.254 icmp_seq=2 ttl=64 time=0.321 ms (ICMP type:3, code:0, Destination network unreachable)
*192.168.10.254 icmp_seq=3 ttl=64 time=0.382 ms (ICMP type:3, code:0, Destination network unreachable)
*192.168.10.254 icmp_seq=4 ttl=64 time=0.330 ms (ICMP type:3, code:0, Destination network unreachable)
*192.168.10.254 icmp_seq=5 ttl=64 time=0.339 ms (ICMP type:3, code:0, Destination network unreachable)

0:PC1
VPCS> ping 192.168.100.1

*192.168.10.254 icmp_seq=1 ttl=64 time=13.756 ms (ICMP type:3, code:0, Destination network unreachable)
*192.168.10.254 icmp_seq=2 ttl=64 time=0.282 ms (ICMP type:3, code:0, Destination network unreachable)
*192.168.10.254 icmp_seq=3 ttl=64 time=0.351 ms (ICMP type:3, code:0, Destination network unreachable)
*192.168.10.254 icmp_seq=4 ttl=64 time=0.294 ms (ICMP type:3, code:0, Destination network unreachable)
*192.168.10.254 icmp_seq=5 ttl=64 time=0.338 ms (ICMP type:3, code:0, Destination network unreachable)``` | |
| 5 | 查看 isakmp sa 协商情况 | 使用 show crypto isakmp sa 命令查看源地址与目的地址，正确得 10 分，连接状态正确得 5 分，共 15 分

```ZR-RT-RSR20-X-01#show crypto isakmp sa
destination   source   state   conn-id   lifetime(second)
202.100.1.2   202.100.1.1   IKE_IDLE   1   75918
ZR-RT-RSR20-X-01#``` | |

续表

序　号	测试步骤	评价指标	评　分
6	验证 IPSec sa 的状态	使用 show crypto ipsec sa 命令，地址正确得 10 分，存在加密的数据包得 10 分，共 20 分 ZR-RT-RSR20-X-01#show crypto ipsec sa 　　Crypto map tag:mymap1 　local ipv4 addr 202.100.1.1 　media mtu 1500 　　=========================== 　　　sub_map type:static, seqno:1, id=1 　local　ident (addr/mask/prot/port): (202.100.1.1/0.0.0.0/0/0)) 　remote　ident (addr/mask/prot/port): (202.100.1.2/0.0.0.0/0/0)) 　PERMIT 　#pkts encaps: 4, #pkts encrypt: 4, #pkts digest 4 　#pkts decaps: 4, #pkts decrypt: 4, #pkts verify 4	
7	验证 GRE 隧道	使用 show interfaces tunnel 1 命令，端口状态正确得 5 分，端口源地址与目的地址正确得 5 分，记录显示存在数据包得 5 分，共 15 分 ZR-RT-RSR20-X-01#show interfaces tunnel 1 Index(dec):11 (hex):b Tunnel 1 is UP , line protocol is UP 　Hardware is Tunnel 　Interface address is: 192.168.3.1/24 　Interface IPv6 address is: 　No IPv6 address 　MTU 1476 bytes, BW 9 Kbit 　Encapsulation protocol is Tunnel, loopback not set 　Keepalive interval is 10 sec ,retries 0. 　Carrier delay is 2 sec Tunnel attributes: 　Tunnel source 202.100.1.1, destination 202.100.1.2, routable 　Tunnel TOS/Traffic Class not set ,tunnel TTL 254 　Tunnel config nested limit is 4, current nested number is 0 　Tunnel protocol/transport is gre ip 　Tunnel transport VPN is no set 　Key disabled, Sequencing disabled 　Checksumming of packets disabled RX packets Drop reason(Down: 0, Checksum error: 0, sequence error: 0, routing: 0) TX packets Drop reason(Too big: 0, Payload Type error: 0, Nested-limit: 0) Rxload is 1/255, Txload is 1/255 　Input peak rate: 972 bits/sec, at 2022-07-15 10:39:49 　Output peak rate: 972 bits/sec, at 2022-07-15 10:39:49 　10 seconds input rate 0 bits/sec, 0 packets/sec 　10 seconds output rate 0 bits/sec, 0 packets/sec 　8 packets input, 1216 bytes, 0 no buffer, 0 dropped 　Received 0 broadcasts, 0 runts, 0 giants 　0 input errors, 0 CRC, 0 frame, 0 overrun, 0 abort 　8 packets output, 1216 bytes, 0 underruns, 0 no buffer, 0 dropped 　0 output errors, 0 collisions, 0 interface resets	
备注			

用户：＿＿＿＿＿＿＿＿　　检测工程师：＿＿＿＿＿＿＿＿　　总分：＿＿＿＿＿＿＿＿

10.6.7　归纳总结

本章讲解了 GRE over IPSec 的特性：（根据学到的知识完成空缺的部分）

1. GRE 是一种＿＿＿＿＿技术，它规定了如何将一种网络协议封装在另外一种网络协议中。

2. IPSec 是一种三层加密协议，提供了两大安全机制——＿＿＿＿＿和＿＿＿＿＿。

3. IPSec 采用＿＿＿＿＿的安全协议，对数据只验证而不加密；IPSec 采用＿＿＿＿＿的安全协议，对数据既验证又加密。

4. GRE over IPSec 可利用 GRE 和 IPSec 的优势，通过＿＿＿＿＿将组播、广播和非 IP 报文封装成普通的 IP 报文，通过＿＿＿＿＿为封装后的 IP 报文提供安全通信。

 综合拓展

10.7 工程师指南

网络工程师职业拓展
——VPN 在企业中的应用及安全性部署

随着网络技术的不断发展，越来越多的企业开始在多个地方建立自己的分支机构，由于很多企业内部应用涉及业务隐私，所以如何让分支结构安全并且顺利地使用这些应用成为每个网络管理员关心的话题。随着 VPN 逐渐走进人们日常的工作生活中，越来越多的企业选择使用 VPN。企业通常使用 VPN 来确保访问其数据中心的外部用户能够获得授权并使用加密通道。

VPN 属于网络安全设备，可以防止第三方的非法入侵，并保护内部网络不受入侵。它是目前最常用的信息安全隧道技术，利用加密技术在公网上封装出一个数据通信隧道，利用虚拟专用网建立一条加密、可靠的数据连接信道，从而让信息传递更加安全。VPN技术有多种，如 SSL、L2TP、GRE、IPSEC、MPLS-VPN、6to4 等，每种 VPN 技术都有其优缺点，也并非所有 VPN 都有加密功能，根据实际场景及企业组网要求使用合适的VPN 技术显得尤其重要。

企业流量在通过互联网时，先使用 GRE 协议封装，再采用 IPSec 加密技术进行封装，从而实现用户、本地数据中心、用户办公网络与总部之间安全可靠的连接，使用便捷灵活，即开即用，可以用于打造可伸缩的混合云环境，满足企业网的发展要求及用户需求。VPN 技术的优势如下。

（1）减少网络建设与使用成本。VPN 不像传统数据专网一般需要租用专线，且 VPN设备能够提供多种服务。

（2）简化企业对网络的维护与管理工作。因为 VPN 是使用因特网的逻辑链路，所以简化了企业设计、维护和管理网络的繁杂工作，此工作由 ISP 解决。

（3）保证网络安全与数据的保密性。VPN 的数据加密是在网络层与逻辑隧道中进行的，从而避免网络数据被篡改和盗用，保证用户数据的安全性与完整性。

（4）可以支持更多的新兴应用。在实际的网络中，许多企业在建网时冗余不足，因此无法在后期添加更多的新兴应用，而 VPN 能够支持各种高级的应用，如 IP 语音或 IP传真等各种协议。

（5）VPN 还能够让移动员工、远程员工、商务合作伙伴和其他人利用本地可用的高速宽带网连接到企业网络，增强企业远程业务体验。

总之，企业选择使用 VPN 是有益且有必要的，VPN 可以提高企业用户信息的传输速度，提高员工工作效率，加强企业通信安全和信息安全，让企业能够更好、更快地发展。

> **🔔 小提示**
>
> 　　除了 GRE over IPSec，还存在 IPSec over GRE。顾名思义，IPSec over GRE 先对数据包进行 IPSec 封装，再在外面加上一层 GRE 封装。但这种封装方式的缺点有很多，如 IPSec 无法支持组播，所以 tunnel 端口的两端不能运行关于组播的路由协议，如 OSPF。如果运行组播路由协议，那么私网数据在公网上依然能被看到，VPN 就没有意义了。这种方式不能充分利用二者的优势，故一般不推荐使用，在现实中很少用到。

10.8 思考练习

基础练习在线测试

10.8.1 项目排错

问题描述：

　　工程师小王根据规划完成了所有的配置，在测试的时候发现 GRE 通道可以通信，但是在查看 IPSec 通道流量时没有数据。请同学们根据学到的知识帮助小王分析 IPSec 通道为什么没有流量数据。

　　排查思路：

_____

_____

_____

10.8.2 大赛挑战

　　本部分内容以本章知识为基础，结合历年"全国职业院校技能大赛"高职组的题目，对题目进行摘选简化，各位同学可以根据所学知识对题目发起挑战，完成相应的内容。

　　任务描述

　　陕西招财银行为了顺利实施全省营业网点的网络改造、优化省行的网络，并为其他区域的网络提供高效的保障服务，计划同时针对各个分支行、网点的网络进行升级、改造和优化。

　　任务清单

　　1. 根据网络拓扑图和地址规划，配置设备端口信息。（因任务只涉及 EG1、EG2、R3 三台设备，所以这里的 EG 也可使用路由器替代，为便于验证，也可以完成 S1 和 S2 的相关端口配置。）

　　2. 在网络安全出口设备 EG1 与 EG2 之间启用 GRE Over IPSec VPN 嵌套功能。

　　3. 使用静态点对点模式配置 IPSec。使用 esp 传输模式封装协议、3ds 的 isakmp 策略定义加密算法、md5 的散列算法。预共享密码为 test。DH 使用组 2。转换集 myset 定义加密验证方式为"esp-3des esp-md5-hmac"，感兴趣流 ACL 编号为 103，加密图定义为

高级路由交换技术与应用

mymap。

网络拓扑图如图 10-15 所示。

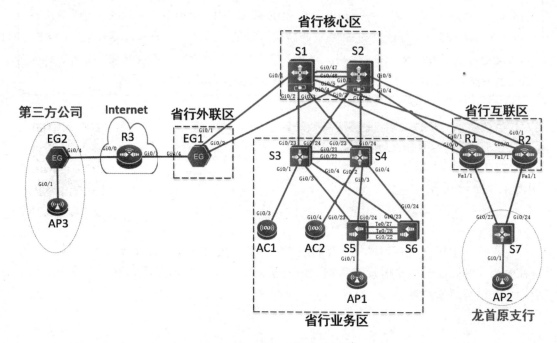

◎ 图 10-15　网络拓扑图

地址规划如表 10-6 所示。

表 10-6　地址规划

设　　备	端口或 VLAN	VLAN 名称	二层或三层规划	说　　明
S1	Gi0/1	—	10.1.3.1/30	互联地址
	Gi0/2	—	10.1.1.1/30	互联地址
	Gi0/3	—	10.1.1.5/30	互联地址
	Gi0/4	—	10.1.2.1/30	互联地址
	Gi0/5	—	10.1.2.5/30	互联地址
	Gi0/47-48（AG1）	—	10.1.254.253/30	OSPF100 进程
	Loopback0	—	10.1.0.1/32	—
S2	Gi0/1	\	10.1.3.5/30	互联地址
	Gi0/2	—	10.1.1.9/30	互联地址
	Gi0/3	—	10.1.1.13/30	互联地址
	Gi0/4	—	10.1.2.9/30	互联地址
	Gi0/5	—	10.1.2.13/30	互联地址
	Gi0/47-48（AG1）	—	10.1.254.254/30	OSPF100 进程
	Loopback 0	—	10.1.0.2/32	—

续表

设 备	端口或 VLAN	VLAN 名称	二层或三层规划	说 明
EG1	Gi0/1	—	10.1.3.2/30	互联地址
	Gi0/2	—	10.1.3.6/30	互联地址
	Gi0/4	—	200.1.1.2/29	互联地址
	tunnel0	—	10.1.4.1/30	GRE 端口地址
	Loopback0	—	10.1.0.10/32	—
R3	Gi0/0	—	200.2.1.1/29	互联地址
	Gi0/1	—	200.1.1.1/29	互联地址
	Loopback 1	—	195.1.1.1/32	—
EG2	Gi0/1.60	—	195.1.60.254/24	用户地址
	Gi0/1.100	—	195.1.100.254/24	AP 管理地址
	Gi0/4	—	200.2.1.2/29	互联地址
	tunnel0	—	10.1.4.2/30	GRE 端口地址
	Loopback 0	—	10.1.0.11/32	—

注：【根据 2022 年全国职业院校技能大赛"网络系统管理"赛项，模块 A：网络构建（样题 6）摘录】

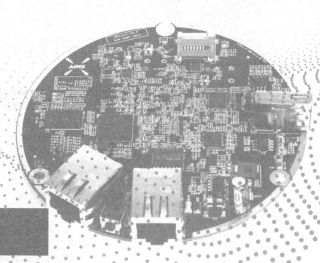

项目 11

总分型企业网 VPN 设计部署（二）

知识目标

- 掌握 MPLS（多协议标签交换）的工作原理。
- 熟悉 MPLS VPN 的应用场景。

技能目标

- 熟练完成 MPLS VPN 的配置。
- 制定总分架构企业多协议标记交换虚拟专用网的设计方案。
- 完成总分架构企业多协议标记交换虚拟专用网的配置。
- 完成总分架构企业多协议标记交换虚拟专用网的联调与测试。
- 解决总分架构企业多协议标记交换虚拟专用网中的常见故障。
- 完成项目文档的编写。

素养目标

- 了解 MPLS 流量工程背景，对 IP 网络中的流量工程建立认识。
- 扩展职业工程师视野，提前以专业技术人才的标准要求自己。

教学建议

- 推荐课时数：10 课时。

　项目准备

11.1　任务描述

　　ZR 网络公司因业务发展的需要成立了分公司，现阶段要在分公司设立财务部与业务部，并对总、分公司的互联互通进行部署。其中，分公司的财务部与业务部需要和总公司的财务部与业务部进行通信，并且总、分公司的数据在公网上都要在相同运营商提供的链路中传输。

　　总、分公司之间的网络不仅要确保数据传输的安全性，还要实现不同部门之间数据传输互不干扰，使用普通的 VPN 协议无法满足公司的要求。

11.2　知识结构

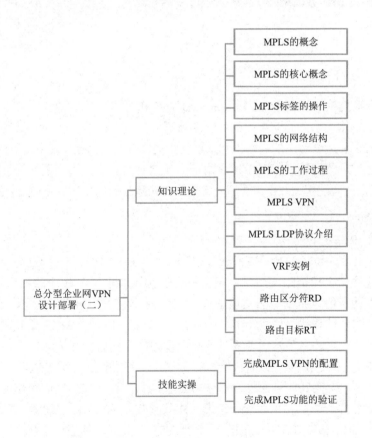

● 知识自测 ●

◎ 你知道哪些 VPN 的协议，各有什么特点？

（1）PPTP（点到点隧道协议）：是一种用于让远程用户拨号连接到本地的 ISP，可以通过因特网远程访问公司资源。

（2）l2tp 协议：l2tp 是 PPTP 与 l2F（第二层转发）的结合，由思科公司推出。

（3）IPSec 协议：是一个标准的第三层安全协议，在隧道外封装，保证了数据在传输过程中的安全性。它的主要特征是可以对所有 IP 级的通信进行加密。

（4）GRE：是 VPN 的第三层隧道协议，是一个标准协议并且支持多种协议和多播。

（5）openVPN：技术核心是虚拟网卡，其次是 SSL 协议实现。它具有通用网络协议（TCP 与 UDP）的特点，是 IPSec 等协议的理想替代品，尤其是在 ISP 过滤某些特定 VPN 协议的情况下。

11.3　知识准备

11.3.1　MPLS

1．MPLS 协议介绍

多协议标签交换（Multiprotocol Label Switching，MPLS）是一种 IP 骨干网技术。MPLS 在无连接的 IP 网络上引入面向连接的标签交换概念，将第三层路由技术和第二层交换技术相结合，充分发挥了 IP 路由的灵活性和二层交换的简捷性。MPLS 还是一种标签转发技术，采用无连接的控制平面和面向连接的数据平面。无连接的控制平面用于实现路由信息的传递和标签的分发，面向连接的数据平面用于实现报文在建立的标签转发路径上传送。

2．MPLS 与传统 IP 路由的对比

（1）传统 IP 路由的转发方式。

在传统的 IP 路由转发中，物理层从交换机的一个端口收到一个报文，上送到数据链路层。数据链路层去掉链路层封装，根据报文的协议域上送给相应的网络层。网络层首先看报文是否是送给本机的，若是则去掉网络层封装，上送给它的上层协议；若不是则根据报文的目的地址查找路由表。若找到路由，则将报文上送给相应端口的数据链路层，在数据链路层进行封装之后发送报文；若找不到路由则将报文丢弃。

传统的 IP 转发采用的是逐跳转发方式，数据报文每经过一台交换机，都要执行上述过程（在图 11-1 中，交换机收到目的地址为 10.2.0.1 的数据包，交换机依次查找路由表，根据匹配的路由表项进行转发），所以速度缓慢，并且所有交换机都需要知道全网的路由或者默认路由。另外，由于传统 IP 转发是面向无连接的控制平面的，所以无法提供好的 QoS 保证。

（2）MPLS 的转发方式。

在图 11-1 中，MPLS 转发方式将查找庞大的 IP 路由表转化为简洁的标签交换，明显减少指导报文转发的时间。在 MPLS 域内，交换机不需要查看每个报文的目的 IP 地址，只需要根据封装在 IP 报头外面的标签进行转发即可，这样可以大大提高效率。

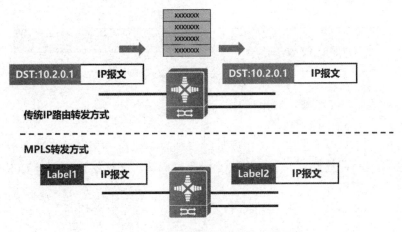

◎ 图 11-1　MPLS 与传统 IP 路由的对比

3. MPLS 的优点

MPLS 被广泛应用于大规模网络中，它具有以下优点：

（1）在 MPLS 网络中，设备根据短而定长的标签转发报文，省去了通过软件查找 IP 路由的烦琐过程，为数据在骨干网络中的传输提供了一种高速、高效的方式。

（2）MPLS 位于链路层和网络层之间，它可以建立在各种链路层协议（如 PPP、ATM、帧中继、以太网等）之上，为各种网络层协议（如 IPv4、IPv6、IPX 等）提供面向连接的服务，兼容现有的各种主流网络技术。

（3）支持多层标签和面向连接，使得 MPLS 在 VPN、流量工程、QoS 等方面得到了广泛应用。

（4）具有良好的扩展性，可以在 MPLS 网络基础上为用户提供各种服务。

11.3.2　MPLS 的核心概念

1. FEC（转发等价类）

MPLS 是一种分类转发技术，它将具有相同转发处理方式的数据分组归为一类，该类称为 FEC（Forwarding Equivalence Class，转发等价类）。MPLS 对相同 FEC 的数据分组采取完全相同的处理方式。

FEC 的划分方式非常灵活，可以是源地址、目的地址、源端口、目的端口、协议种类、业务类型等要素的任意组合。例如，在采用最长匹配算法的 IP 路由转发中，去往同一个目的地址的所有报文就是一个 FEC。

2. MPLS 标签

MPLS 标签是一个简短且长度固定的标识符，它只具有本地意义，用于唯一标识一个分组所属的 FEC。在某些情况下（如进行负载分担），一个 FEC 可能会有多个 MPLS

标签与其对应，但是在一台设备上，一个 MPLS 标签只能代表一个 FEC。

MPLS 标签的长度为 4 个字节，封装结构如图 11-2 所示。

◎ 图 11-2　MPLS 架构图

MPLS 标签共有 4 个域，如下所示。

（1）Label：20bit，标签值域。

（2）Exp：3bit，用于扩展。现在通常用作 CoS（Class of Service，服务分类）。

（3）BoS：1bit，栈底标识。MPLS 支持多层标签，即标签嵌套。当 BoS 值为 1 时表明该标签为最底层标签。

（4）TTL：8bit，和 IP 分组中的 TTL（Time To Live）意义相同。

3. 标签交换通道 LSP（Label Switched Path）

一个 FEC 的数据流，在不同的节点上被赋予确定的标签，数据转发按照这些标签进行。数据流所走的路径就是 LSP，如图 11-3 所示。

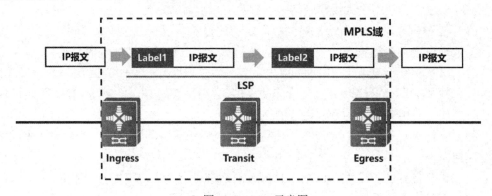

◎ 图 11-3　LSP 示意图

LSP 是一条从入口到出口的单向通道，包含以下角色：

（1）LSP 的起始节点称为入节点（Ingress），一条 LSP 只能有一个 Ingress。Ingress 的主要功能是为 IP 报文压入一个新的 MPLS 标签，将其封装成 MPLS 报文。

（2）位于 LSP 中间的节点称为中间节点（Transit），一条 LSP 可能有 0 个或多个 Transit。Transit 的主要功能是查找标签转发信息表，通过标签交换完成 MPLS 报文的转发。

（3）LSP 的末尾节点称为出节点（Egress），一条 LSP 只能有一个 Egress。Egress 的主要功能是弹出标签，将其恢复成原来的报文并进行相应的转发。

4. 标签交换路由器 LSR（Label Switching Router）

LSR 是 MPLS 网络的核心交换机，可以提供标签交换和标签分发功能。

5. 标签边缘路由器 LER（Label Switching Edge Router）

在 MPLS 网络的边缘，进入 MPLS 网络的流量由 LER 划分为不同的 FEC，并为这些 FEC 请求相应的标签。LER 可以提供流量分类和标签的映射、移除功能。

11.3.3 MPLS 标签的操作

MPLS 标签的基本操作包括标签压入（Push）、标签交换（Swap）和标签弹出（Pop），它们也是标签转发的基本动作，是标签转发信息表的组成部分。

MPLS 标签的基本操作如图 11-4 所示，详解如下。

（1）Push 操作：当 IP 报文进入 MPLS 域时，MPLS 边界设备在报文二层首部和 IP 首部之间插入一个新标签；或者 MPLS 中间设备根据需要，在标签栈顶增加一个新的标签（标签嵌套封装）。

（2）Swap 操作：当报文在 MPLS 域内转发时，根据标签转发表，用下一跳分配的标签替换 MPLS 报文的栈顶标签。

（3）Pop 操作：当报文离开 MPLS 域时，将 MPLS 报文的标签去掉；或者在 MPLS 倒数第二跳的节点处去掉栈顶标签，减少标签栈中的标签数目。

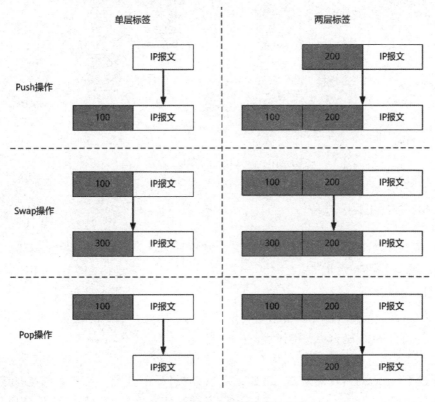

◎ 图 11-4 MPLS 标签的基本操作

11.3.4 MPLS 的网络结构

MPLS 的网络结构如图 11-5 所示，主要包含以下要素。

（1）支持 MPLS 功能的网络设备称为 LSR（Label Switching Router，标签交换路由器），它是 MPLS 网络的基本组成单元。由一系列连续的 LSR 构成的网络区域称为 MPLS 域。

（2）MPLS 域内部的 LSR 称为 Core LSR，如果一个 LSR 的所有相邻节点都运行 MPLS，则该 LSR 就是 Core LSR。

（3）位于 MPLS 域的边缘、连接其他网络的 LSR 称为 LER（Label Edge Router，标签边缘路由器），如果一个 LSR 有一个或多个不运行 MPLS 的相邻节点，那么该 LSR 就是 LER。

（4）在 MPLS 网络中，任何两个 LER 之间都可以建立 LSP，用来转发进入 MPLS 域的报文，中间可途经若干个 Core LSR。因此，一条 LSP 的 Ingress 和 Egress 都是 LER，而 Transit 是 Core LSR。

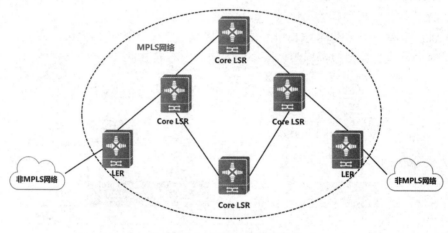

◎ 图 11-5　MPLS 的网络结构

11.3.5　MPLS 的工作过程

MPLS 的工作是将进入 MPLS 域的报文正确转发到目的地址，可以概括为两个过程：建立 LSP、通过 LSP 转发报文。

1. 建立 LSP

MPLS 是一种依靠标签交换来指导转发的技术，因此，LSP 的建立过程实际上就是沿途 LSR 为特定 FEC 确定标签的过程。

MPLS 标签由下游分配，按照从下游到上游的方向进行分发，如图 11-6 所示。下游 LSR 先根据 IP 路由的目的地址进行 FEC 划分，并将标签分配给指定目的地址的 FEC；再将标签发送给上游 LSR，触发上游 LSR 建立标签转发信息表，最终使一系列 LSR 形成一条 LSP。

2. 通过 LSP 转发报文

MPLS 报文在 LSP 中的转发过程如图 11-7 所示，具体过程如下。

（1）Ingress 收到目的地址为 192.168.1.1/24 的 IP 报文，压入标签 Y（Push），将其封

装为 MPLS 报文并继续转发。

（2）Transit 收到该 MPLS 报文，进行标签交换（Swap），将标签 Y 换成标签 X。

（3）倒数第二跳的 Transit 收到该 MPLS 报文，因为 Egress 分给它的标签值为 3，所以执行 PHP 操作，弹出标签 X 并继续将 IP 报文转发给 Egress。

（4）Egress 节点收到该 IP 报文，将其转发给目的地址 192.168.1.1/24。

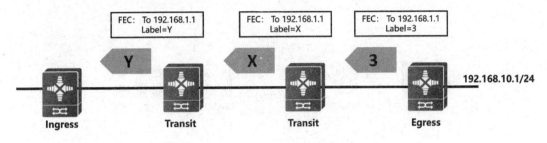

◎ 图 11-6　LSP 的建立过程

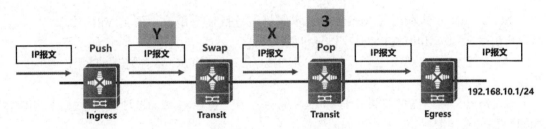

◎ 图 11-7　MPLS 报文在 LSP 中的转发过程

11.3.6　MPLS VPN

MPLS VPN 是利用 MPLS 在 IP 骨干网络上构建 VPN 的技术。它的实质是像使用私有专用网络一样在公网上传输业务数据，这就需要在公网上建立一条隧道，让数据报文通过隧道直达目的地，从而达到私有专用网络的效果。MPLS VPN 的网络结构如图 11-8 所示。MPLS VPN 的本质是将 MPLS 建立的 LSP 作为公网隧道来传输私网业务数据。

MPLS VPN 的模型包含以下 3 种角色。

（1）CE（Customer Edge）：用户网络边缘设备，有端口直接与服务提供商 SP（Service Provider）网络相连，用户的 VPN 站点（Site）通过 CE 连接到 SP 网络。CE 可以是网络设备，也可以是一台主机。在通常情况下，CE "感知"不到 VPN 的存在，也不需要支持 MPLS。

（2）PE（Provider Edge）：服务提供商网络的边缘设备，与 CE 直接相连。在 MPLS 网络中，PE 设备作为 LSR，对 MPLS 和 VPN 的所有处理都发生在 PE 中，因此对 PE 性能要求较高。

（3）P（Provider）：服务提供商网络中的骨干设备不与 CE 直接相连。在 MPLS 网络中，P 设备作为 LSR，只需要处理 MPLS，不维护 VPN 信息。

高级路由交换技术与应用

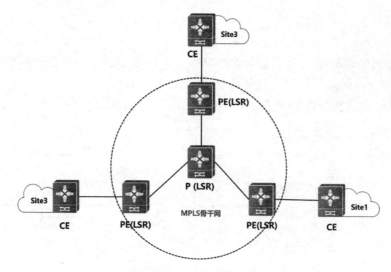

◎ 图 11-8　MPLS VPN 的网络结构

　　MPLS VPN 充分利用了 MPLS 的技术优势，是目前应用最广泛的 VPN 技术之一。从用户角度来看，MPLS VPN 具有以下价值：

　　（1）一个 MPLS 标签对应一个指定业务的数据流（特定 FEC），有利于不同用户业务的隔离。

　　（2）MPLS 可以提供流量工程和 QoS 能力，用户可以借助 MPLS 最大限度地优化 VPN 网络的资源配置。

　　（3）MPLS VPN 还能提供灵活的策略控制，以满足不同用户的特殊要求，并快速实现增值服务。

11.3.7　MPLS LDP 协议

　　标签分发协议（Label Distribution Protocol，LDP）是多协议标签交换 MPLS 的一种控制协议，相当于传统网络中的信令协议，负责 FEC 的分类、标签的分配以及标签交换路径 LSP 的建立和维护等操作。LDP 规定了标签分发过程中的各种消息及相关处理过程。

　　1）协议目的

　　MPLS 支持多层标签，并且转发平面面向连接，具有良好的扩展性，使在统一的 MPLS/IP 基础网络架构上为客户提供各类服务成为可能。通过 LDP 协议，标签交换路由器 LSR（Label Switched Router）可以把网络层的路由信息直接映射到数据链路层的交换路径上，动态建立起网络层的 LSP。

　　目前，LDP 被广泛地应用在 VPN 服务中，具有组网、配置简单，支持基于路由动态建立 LSP，支持大容量 LSP 等优点。

　　2）LDP 基本概念

　　LDP 对等体：LDP 对等体是指相互之间存在 LDP 会话，使用 LDP 来交换标签消息的两个 LSR。LDP 对等体通过它们之间的 LDP 会话获得对方的标签。

　　LDP 邻接体：在一台 LSR 接收到对端发送的 Hello 消息之后建立 LDP 邻接体。LDP

· 234 ·

邻接体存在两种类型。

（1）本地邻接体（Local Adjacency）：以组播形式发送的 Hello 消息（链路 Hello 消息）发现的邻接体叫作本地邻接体。

（2）远端邻接体（Remote Adjacency）：以单播形式发送的 Hello 消息（目标 Hello 消息）发现的邻接体叫作远端邻接体。

LDP 通过邻接体来维护对等体的存在，对等体的类型取决于维护它的邻接体的类型。一个对等体可以由多个邻接体维护。如果一个对等体由本地邻接体和远端邻接体两者来维护，则该对等体类型为本远共存对等体。

3）LDP 工作机制

LDP 协议规定了标签分发过程中的各种消息及相关的处理过程。LSR 可以通过 LDP 把网络层的路由信息映射到数据链路层的交换路径上，进而建立起 LSP。

4）LDP 消息类型

LDP 协议主要使用以下 4 类消息。

（1）发现（Discovery）消息：用于通告和维护网络中 LSR 的存在，如 Hello 消息。

（2）会话（Session）消息：用于建立、维护和终止 LDP 对等体之间的会话，如 Initialization 消息、Keepalive 消息。

（3）通告（Advertisement）消息：用于创建、改变和删除 FEC 的标签映射。

（4）通知（Notification）消息：用于提供建议性的消息和差错通知。

为保证 LDP 消息的可靠发送，除了 Discovery 消息使用 UDP（User Datagram Protocol）传输，LDP 的 Session 消息、Advertisement 消息和 Notification 消息都使用 TCP（Transmission Control Protocol）传输。

11.3.8　VRF 实例

当一个 PE 连接多个 CE 时，不同用户的地址可能会发生冲突，如图 11-9 所示。为了避免相同地址的用户在广域网中发生冲突，此时需要在 PE 上部署多个 VPN 实例，即 VRF（VPN Routing Forwarding）。VRF 是在 PE 上虚拟出来的，一个 VRF 相当于一台独立的路由器。

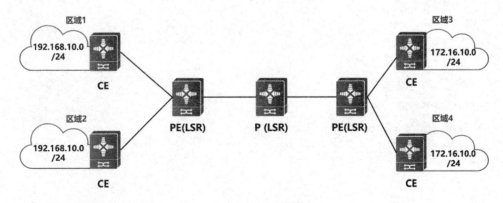

◎ 图 11-9　VRF 实例

11.3.9 路由区分符

8 个字节的 RD（Route-Distinguisher）和 4 个字节的 IPv4 地址组成 96 位的 VPNv4 路由，使不唯一的 IPv4 地址转化为唯一的 VPN-IPv4 地址，该 VPNv4 路由在 ISP 域内传递（区分），RD 为某个 VRF 中的路由打上标签，进而在不产生冲突的情况下实现地址的复用。RD 用于区分本地 VRF，该属性仅本地有效。它还用于标识 PE 设备上不同的 VPN 实例，其主要作用是实现 VPN 实例之间的地址复用。RD 与 IP 地址一起构成了 12 个字节的 VPNv4 地址空间，与路由一起被携带在 BGP Update 报文中发布给对端。一方面，需要验证 RD 功能是否实现，以及 PE 设备是否能够根据不同 RD 实现 IP 地址复用，携带不同 RD 的相同 IP 路由在 PE 上应该对应不同 VPN 实例路由。另一方面，RD 不具有选路能力，不能影响路由的接收和优选，对于相同 VPN 携带不同 RD 的相同 IP 路由，PE 设备不能根据 RD 优选路由或将其当作两条不同的路由进行处理。由于 RD 具有两种赋值形式，因此需要在测试中考虑使用不同结构 RD 路由的传递，特别是对临界值、非常规值（如 AS 号为 65535，IP 地址为广播、组播地址等）的测试。

11.3.10 路由目标

BGP 的扩展团体属性可以被分成 Import RT 和 Export RT，分别用于路由的导入、导出策略，即 RT 控制这个 VRF 里面可以发出和接收什么样的路由。RT 具有全局唯一性，并且只能被一个 VPN 使用。RT（Route-Target，路由目标）是 VPNv4 路由携带的一个重要属性，它决定 VPN 路由的收发和过滤，PE 依靠 RT 属性区分不同 VPN 之间的路由。

 项目任务

微课视频

11.4 网络规划设计

11.4.1 项目需求分析

- 配置互联路由。
- 配置 LDP。
- 配置 MP-BGP。
- 配置 PE-CE。
- 配置 CE 与 MP-BGP 的路由重发布。
- 项目联调与测试。

11.4.2　项目规划设计

1. 设备清单

本项目的设备清单如表 11-1 所示。

表 11-1　设备清单

序　号	类　型	设　备	厂　商	型　号	数　量	备　注
1	硬件	路由器	锐捷	RG-RSR20-14E	7	
2	硬件	交换机	锐捷	RG-S5750-24GT/8SFP-E	4	
3	硬件	交换机	锐捷	RG-S2910C-24GT2XS-P-E	4	

2. 设备主机名规划

本项目的设备主机名规划如表 11-2 所示。其中 ZR 代表 ZR 网络公司，HX 和 JR 分别代表核心和接入层设备，RSR20 代表设备型号，01 代表设备编号。

表 11-2　设备主机名规划

设备型号	设备主机名
RG-RSR20-14E	ZRZB-HX-RSR20-01
	ZRZB-HX-RSR20-02
	ZRFB-HX-RSR20-01
	ZRFB-HX-RSR20-02
	ZRZB-CK-RSR20-01
	ZRFB-CK-RSR20-01
	YYS-RSR20-01
RG-S5750-24GT/8SFP-E	ZRZB-HX-S5750-01
	ZRZB-HX-S5750-02
	ZRFB-HX-S5750-01
	ZRFB-HX-S5750-02
RG-S2910C-24GT2XS-P-E	ZRZB-JR-S2910-01
	ZRZB-JR-S2910-02
	ZRFB-JR-S2910-01
	ZRFB-JR-S2910-02

3. VLAN 规划

本项目按照公司部门进行 VLAN 划分，需要 3 个 VLAN 编号（总、分公司相同部门使用同一个 VLAN 编号）。同时，VLAN 划分采用与 IP 地址第三个字节数字相同的 VLAN ID，具体规划如表 11-3 所示。

表 11-3　VLAN 规划

序　号	VLAN ID	VLAN Name	备　注
1	10	CWB	财务部 VLAN
2	20	YWB	业务部 VLAN

4. IP 地址规划

本项目的 IP 地址规划包括两个部门的用户业务和交换机管理业务，分别采用一个 C 类地址段进行业务地址规划。具体 IP 地址规划如表 11-4 所示。

表 11-4　IP 地址规划

序　号	功　能　区	IP 地址	掩　码	网　关
1	财务部	192.168.10.0	255.255.255.0	192.168.10.254
2	业务部	192.168.20.0	255.255.255.0	192.168.20.254

各设备之间需要进行互联配置，互联地址的规划如表 11-5 所示。

表 11-5　互联地址规划表

序　号	设　备	端　口	端口地址	掩　码
1	ZRZB-HX-RSR20-01	Gi0/1	10.0.15.10	255.255.255.0
		Loopback 0	1.1.1.1	255.255.255.255
2	ZRFB-HX-RSR20-01	Gi0/2	10.0.27.10	255.255.255.0
		Loopback 0	2.2.2.2	255.255.255.255
3	ZRZB-HX-RSR20-02	Gi0/2	10.0.35.10	255.255.255.0
		Loopback 0	3.3.3.3	255.255.255.255
4	ZRZB-HX-RSR20-02	Gi0/3	10.0.47.10	255.255.255.0
		Loopback 0	4.4.4.4	255.255.255.255
5	ZRZB-CK-RSR20-01	Gi0/0	9.0.56.1	255.255.255.0
		Gi0/1	10.0.15.1	255.255.255.0
		Gi0/2	10.0.35.1	255.255.255.0
		Loopback 0	5.5.5.5	255.255.255.255
6	YYS-RSR20-01	Gi0/0	9.0.56.2	255.255.255.0
		Gi0/1	9.0.67.2	255.255.255.0
		Loopback 0	6.6.6.6	255.255.255.255
7	ZRFB-CK-RSR20-01	Gi0/1	9.0.67.1	255.255.255.0
		Gi0/2	10.0.27.1	255.255.255.0
		Gi0/3	10.0.47.1	255.255.255.0
		Loopback 0	7.7.7.7	255.255.255.255

5. 端口互联规划

本项目网络设备之间的端口互联规划规范为"Con_To_ 对端设备名称 _ 对端端口名"。只针对网络设备互联端口进行描述，具体规划如表 11-6 所示。

表 11-6　端口互联规划

本端设备	端　口	端口描述	对端设备	端　口
ZRZB-HX-RSR20-01	Gi0/1	Con_To_ZRZB-CK-RSR20-01	ZRZB-CK-RSR20-01	Gi0/1
	Gi0/0	Con_To_ZRZB-HX-S5750-01	ZRZB-HX-S5750-01	Gi0/23
ZRZB-HX-RSR20-02	Gi0/2	Con_To_ZRZB-CK-RSR20-01	ZRZB-CK-RSR20-01	Gi0/2
	Gi0/0	Con_To_ZRZB-HX-S5750-02	ZRZB-HX-S5750-02	Gi0/23

续表

本端设备	端 口	端口描述	对端设备	端 口
ZRZB-CK-RSR20-01	Gi0/0	Con_To_YYS-RSR20-01	YYS-RSR20-01	Gi0/0
	Gi0/1	Con_To_ZRZB-HX-RSR20-01	ZRZB-HX-RSR20-01	Gi0/1
	Gi0/2	Con_To_ZRZB-HX-RSR20-02	ZRZB-HX-RSR20-02	Gi0/2
YYS-RSR20-01	Gi0/0	Con_To_ZRZB-CK-RSR20-01	ZRZB-CK-RSR20-01	Gi0/0
	Gi0/1	Con_To_ZRZB-CK-RSR20-02	ZRZB-CK-RSR20-02	Gi0/1
ZRFB-CK-RSR20-01	Gi0/1	Con_To_YYS-RSR20-01	YYS-RSR20-01	Gi0/1
	Gi0/2	Con_To_ZRFB-HX-RSR20-01	ZRFB-HX-RSR20-01	Gi0/2
	Gi0/3	Con_To_ZRFB-HX-RSR20-01	ZRFB-HX-RSR20-01	Gi0/3
ZRFB-HX-RSR20-01	Gi0/2	Con_To_ZRFB-CK-RSR20-01	ZRFB-CK-RSR20-01	Gi0/2
	Gi0/0	Con_To_ZRFB-HX-S5750-01	ZRFB-HX-S5750-01	Gi0/23
ZRFB-HX-RSR20-02	Gi0/3	Con_To_ZRFB-CK-RSR20-01	ZRFB-CK-RSR20-01	Gi0/3
	Gi0/0	Con_To_ZRFB-HX-S5750-02	ZRFB-HX-S5750-02	Gi0/23
ZRZB-HX- S5750-01	Gi0/23	Con_To_ZRZB-HX-RSR20-01	ZRZB-HX-RSR20-01	Gi0/0
	Gi0/24	Con_To_ZRZB-JR-S2910-01	ZRZB-JR-S2910-01	Gi0/24
ZRZB-HX- S5750-02	Gi0/23	Con_To_ZRZB-HX-RSR20-02	ZRZB-HX-RSR20-02	Gi0/0
	Gi0/24	Con_To_ZRZB-JR-S2910-02	ZRZB-JR-S2910-02	Gi0/24
ZRFB-HX- S5750-01	Gi0/23	Con_To_ZRFB-HX-RSR20-01	ZRFB-HX-RSR20-01	Gi0/0
	Gi0/24	Con_To_ZRFB-JR-S2910-01	ZRFB-JR-S2910-01	Gi0/24
ZRFB-HX- S5750-02	Gi0/23	Con_To_ZRFB-HX-RSR20-02	ZRFB-HX-RSR20-02	Gi0/0
	Gi0/24	Con_To_ZRFB-JR-S2910-02	ZRFB-JR-S2910-02	Gi0/24
ZRZB-JR-S2910-01	Gi0/24	Con_To_ZRZB-HX-S5750-01	ZRZB-HX- S5750-01	Gi0/24
ZRZB-JR-S2910-02	Gi0/24	Con_To_ZRZB-HX-S5750-02	ZRZB-HX- S5750-02	Gi0/24
ZRFB-JR-S2910-01	Gi0/24	Con_To_ZRFB-HX-S5750-01	ZRFB-HX- S5750-01	Gi0/24
ZRFB-JR-S2910-02	Gi0/24	Con_To_ZRFB-HX-S5750-02	ZRFB-HX- S5750-02	Gi0/24

6. 项目拓扑图

项目整网拓扑图如图 11-10 所示。

MPLS 技术是目前使用较为广泛的广域网技术，利用数据标签引导数据包在开放的通信网络中运行，通过在无连接的网络中引入连接模式，从而降低网络的复杂性。MPLS 技术主要在广域网的骨干网络中进行配置与运行，与局域网部分的配置关联性不强。本项目的配置以广域网中骨干网络部分的配置为主，对局域网部分的配置不再进行阐述，同学们可以根据上文的局域网知识自行完成局域网的配置。

通过对整网拓扑图的分析，可以得到图 11-11 所示的项目骨干网络拓扑图。在 MPLS 网络环境中，R1、R2、R3、R4 均为 CE，R5、R7 为 PE，R6 为 P。骨干网络的核心部分可以分为两个模块，R1、R5、R6、R7、R2 为一个模块，R3、R5、R6、R7、R4 为另一个模块；模块下又可以根据协议内容分别进行部署，如 R1 与 R5，R5、R6 与 R7，R7 与 R2。接下来以 R1、R5、R6、R7、R2 模块部署为例来讲解相关配置，另一个模块的配置与此模块类似。

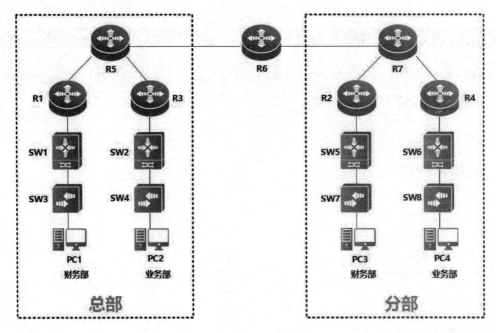

◎ 图 11-10   网络拓扑图

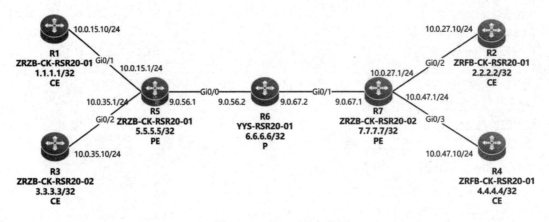

◎ 图 11-11   骨干网络拓扑图

11.5   网络部署实施

MPLS 技术是目前使用较为广泛的广域网技术，利用数据标签引导数据包在开放的通信网络中运行，通过在无连接的网络中引入连接模式，降低网络的复杂性。

11.5.1   互联端口配置

根据互联地址规划及拓扑图对核心设备进行互联端口配置。

R1、R5、R6 需要配置环回端口及物理互联端口地址，相关配置命令如下。

ZRZB-HX-RSR20-01：

```
ZRZB-HX-RSR20-01(config)#int loopback 0                          // 进入环回端口
ZRZB-HX-RSR20-01(config-if-Loopback 0)#ip add 1.1.1.1 255.255.255.0 // 配置环回端口地址
ZRZB-HX-RSR20-01(config-if-Loopback 0)#interface gi0/1          // 进入 Gi0/1 端口
ZRZB-HX-RSR20-01(config-if-GigabitEthernet 0/1)# description Con_To_ZRZB-CK-RSR20-01_
Gi0/0
ZRZB-HX-RSR20-01(config-if-GigabitEthernet 0/1)#ip add 10.0.15.1 255.255.255.0
// 配置端口 IP 地址
```

ZRZB-CK-RSR20-01：

```
ZRZB-CK-RSR20-01(config)#int loopback 0                          // 进入环回端口
ZRZB-CK-RSR20-01(config-if-Loopback 0)#ip add 5.5.5.5 255.255.255.0 // 配置环回端口地址
ZRZB-CK-RSR20-01(config-if-Loopback 0)#interface gi0/0          // 进入 Gi0/0 端口
ZRZB-CK-RSR20-01(config-if-GigabitEthernet 0/0)# description Con_To_ZRZB-HX-RSR20-01_
Gi0/1
ZRZB-CK-RSR20-01(config-if-GigabitEthernet 0/0)#ip add 10.0.15.5 255.255.255.0
// 配置端口 IP 地址
ZRZB-CK-RSR20-01(config-if-GigabitEthernet 0/0)#interface gi0/1  // 进入 Gi0/1 端口
ZRZB-CK-RSR20-01(config-if-GigabitEthernet 0/1)# description Con_To_YYS-RSR20-01_
Gi0/1
ZRZB-CK-RSR20-01(config-if-GigabitEthernet 0/1)#ip add 9.0.56.5 255.255.255.0
// 配置端口 IP 地址
ZRZB-CK-RSR20-01(config-if-GigabitEthernet 0/1)# interface gi0/2  // 进入 Gi0/1 端口
ZRZB-CK-RSR20-01(config-if-GigabitEthernet 0/2)# description Con_To_ZRZB-HX-RSR20-02_
Gi0/1
ZRZB-CK-RSR20-01(config-if-GigabitEthernet 0/2)# ip add 10.0.35.5 255.255.255.0
// 配置端口 IP 地址
```

YYS-RSR20-01：

```
YYS-RSR20-01(config)#int loopback 0                              // 进入环回端口
YYS-RSR20-01(config-if-Loopback 0)#ip add 6.6.6.6 255.255.255.0  // 配置环回端口地址
YYS-RSR20-01(config)#interface gi0/0                             // 进入 Gi0/0 端口
YYS-RSR20-01(config-if-GigabitEthernet 0/0)# description Con_To_ZRFB-CK-RSR20-02_
Gi0/1
YYS-RSR20-01(config-if-GigabitEthernet 0/0)#ip add 9.0.67.6 255.255.255.0
// 配置端口 IP 地址
YYS-RSR20-01(config)#interface gi0/1                             // 进入 Gi0/1 端口
YYS-RSR20-01(config-if-GigabitEthernet 0/1)# description Con_To_ZRZB-CK-RSR20-01_
Gi0/1
YYS-RSR20-01(config-if-GigabitEthernet 0/1)#ip add 9.0.56.6 255.255.255.0
// 配置端口 IP 地址
```

11.5.2　互联路由配置

在 R5、R6 与 R7 之间配置 RIP V2 协议，完成互联路由配置。相关配置命令如下。

ZRZB-CK-RSR20-01：

```
ZRZB-CK-RSR20-01(config)#router rip                              // 开启 RIP 协议
ZRZB-CK-RSR20-01(config-router)#version 2                        // 选择版本 2
ZRZB-CK-RSR20-01(config-router)#no auto-summary                  // 关闭自动汇总
```

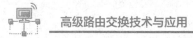

```
ZRZB-CK-RSR20-01(config-router)#network 9.0.56.0 255.255.255.0
ZRZB-CK-RSR20-01(config-router)#network 5.5.5.5 255.255.255.255
```

YYS-RSR20-01：

```
YYS-RSR20-01(config)#router rip                    // 开启 RIP 协议
YYS-RSR20-01(config-router)#version 2              // 选择版本 2
YYS-RSR20-01(config-router)#no auto-summary        // 关闭自动汇总
YYS-RSR20-01(config-router)#network 9.0.56.0 255.255.255.0
YYS-RSR20-01(config-router)#network 9.0.67.0 255.255.255.0
YYS-RSR20-01(config-router)#network 6.6.6.6 255.255.255.255
```

ZRFB-CK-RSR20-01：

```
ZRFB-CK-RSR20-01(config)#router rip                    // 开启 RIP 协议
ZRFB-CK-RSR20-01(config-router)#version 2              // 选择版本 2
ZRFB-CK-RSR20-01(config-router)#no auto-summary        // 关闭自动汇总
ZRFB-CK-RSR20-01(config-router)#network 9.0.67.0 255.255.255.0
ZRFB-CK-RSR20-01(config-router)#network 7.7.7.7 255.255.255.255
```

11.5.3 LDP 配置

在 R5、R6、R7 上开启 MPLS，并启动 LDP 标签分发协议，完成 LDP 的配置。相关
配置命令如下。

ZRZB-CK-RSR20-01：

```
ZRZB-CK-RSR20-01(config)#mpls ip                              // 全局开启 MPLS 转发功能
ZRZB-CK-RSR20-01(config)#mpls router ldp                      // 全局开启 LDP 标签分发协议
ZRZB-CK-RSR20-01(config-mpls-router)#ldp router-id interface loopback 0 force
// 使用 Loopback 端口指定 LDP 的 router-id, 且使用 force 的强制属性
ZRZB-CK-RSR20-01(config-mpls-router)#exit
ZRZB-CK-RSR20-01(config)#int gigabitEthernet 0/1
ZRZB-CK-RSR20-01(config-if-GigabitEthernet 0/1)#label-switching      // 开启标签交换能力
ZRZB-CK-RSR20-01(config-if-GigabitEthernet 0/1)#mpls ip              // 端口下开启 LDP 协议
```

YYS-RSR20-01：

```
YYS-RSR20-01 (config)#mpls ip                               // 全局开启 MPLS 转发功能
YYS-RSR20-01(config)#mpls router ldp                        // 全局开启 LDP 标签分发协议
YYS-RSR20-01(config-mpls-router)#ldp router-id interface loopback 0 force
// 使用 Loopback 端口指定 LDP 的 router-id, 且使用 force 的强制属性
YYS-RSR20-01(config-mpls-router)#exit
YYS-RSR20-01(config)#int gigabitEthernet 0/0
YYS-RSR20-01 (config-if-GigabitEthernet 0/0)# label-switching       // 开启标签交换能力
YYS-RSR20-01(config-if-GigabitEthernet 0/0)#mpls ip                 // 端口下开启 LDP 协议
YYS-RSR20-01(config-if-GigabitEthernet 0/0)#exit
YYS-RSR20-01(config)#int gigabitEthernet 0/1
YYS-RSR20-01 (config-if-GigabitEthernet 0/1)# label-switching       // 开启标签交换能力
YYS-RSR20-01(config-if-GigabitEthernet 0/1)#mpls ip                 // 端口下开启 LDP 协议
YYS-RSR20-01(config-if-GigabitEthernet 0/1)#exit
```

ZRFB-CK-RSR20-01：

```
ZRFB-CK-RSR20-01(config)#mpls ip                              // 全局开启 MPLS 转发功能
```

```
ZRFB-CK-RSR20-01(config)#mpls router ldp                    // 全局开启 LDP 标签分发协议
ZRFB-CK-RSR20-01(config-mpls-router)#ldp router-id interface loopback 0 force
// 使用 Loopback 端口指定 LDP 的 router-id，且使用 force 的强制属性
ZRFB-CK-RSR20-01(config-mpls-router)#exit
ZRFB-CK-RSR20-01(config)#int gigabitEthernet 0/1
ZRFB-CK-RSR20-01(config-if-GigabitEthernet 0/1)#label-switching     // 开启标签交换能力
ZRFB-CK-RSR20-01(config-if-GigabitEthernet 0/1)#mpls ip       // 端口下开启 LDP 协议
```

11.5.4　MP-BGP 配置

在路由传输过程中，BGP 协议为了区分不同的 VPN 客户路由，在传统的 IPv4 路由变成 BGP 协议中的路由时，为 IPv4 路由添加了一个 RD。RD 的长度为 64 位，即此时 BGP 传输的路由条目为 96 位，称为 VPNv4 路由。与此同时，BGP 也改名为 MP-BGP，即多协议的 BGP。

在 R5 与 R6、R5 与 R7 上完成 MP-BGP 配置，包括启用 BGP 进程、激活 VPNV4 邻居关系等内容。相关配置命令如下。

ZRZB-CK-RSR20-01：

```
ZRZB-CK-RSR20-01(config)#router bgp 100
ZRZB-CK-RSR20-01(config-router)#bgp router-id 5.5.5.5
ZRZB-CK-RSR20-01(config-router)#no bgp default ipv4-unicast   // 关闭默认的 IPv4 单播
ZRZB-CK-RSR20-01(config-router)#bgp log-neighbor-changes
ZRZB-CK-RSR20-01(config-router)#neighbor 6.6.6.6 remote-as 100
ZRZB-CK-RSR20-01(config-router)#neighbor 6.6.6.6 update-source loopback 0
ZRZB-CK-RSR20-01(config-router)#address-family vpnv4
ZRZB-CK-RSR20-01(config-router-af)#no bgp redistribute-internal       // 关闭 IBGP 重分发
ZRZB-CK-RSR20-01(config-router-af)#exit-address-family
ZRZB-CK-RSR20-01(config-router)#address-family vpnv4 unicast // 进入 VPNv4 的地址簇
ZRZB-CK-RSR20-01(config-router-af)#neighbor 6.6.6.6 activate // 激活 VPNv4 邻居关系
ZRZB-CK-RSR20-01(config-router-af)#neighbor 6.6.6.6 send-community extended // 发送扩展
的 community 属性 RT
ZRZB-CK-RSR20-01(config-router-af)#exit-address-family
```

YYS-RSR20-01：

```
YYS-RSR20-01(config)#router bgp 100
YYS-RSR20-01(config-router)#bgp router-id 6.6.6.6
YYS-RSR20-01(config-router)#no bgp default ipv4-unicast
YYS-RSR20-01(config-router)#bgp log-neighbor-changes
YYS-RSR20-01(config-router)#neighbor 5.5.5.5 remote-as 100
YYS-RSR20-01(config-router)#neighbor 5.5.5.5 update-source loopback 0
YYS-RSR20-01(config-router)#neighbor 7.7.7.7 remote-as 100
YYS-RSR20-01(config-router)#neighbor 7.7.7.7 update-source loopback 0
YYS-RSR20-01(config-router)#address-family vpnv4 unicast       // 进入 VPNv4 的地址
YYS-RSR20-01(config-router-af)#neighbor 5.5.5.5 activate       // 激活 VPNv4 邻居关系
YYS-RSR20-01(config-router-af)#neighbor 5.5.5.5 route-refletor-client
YYS-RSR20-01(config-router-af)#neighbor 5.5.5.5 send-community extended
YYS-RSR20-01(config-router-af)#neighbor 7.7.7.7 activate       // 激活 VPNv4 邻居关系
YYS-RSR20-01(config-router-af)#neighbor 7.7.7.7 route-refletor-client
```

```
YYS-RSR20-01(config-router-af)#neighbor 7.7.7.7 send-community extended
YYS-RSR20-01(config-router-af)#exit-address-family
```

ZRFB-CK-RSR20-01：

```
ZRFB-CK-RSR20-01(config)#router bgp 100
ZRFB-CK-RSR20-01(config-router)#bgp router-id 7.7.7.7
ZRFB-CK-RSR20-01(config-router)#no bgp default ipv4-unicast   // 关闭默认的 IPv4 单播
ZRFB-CK-RSR20-01(config-router)#bgp log-neighbor-changes
ZRFB-CK-RSR20-01(config-router)#neighbor 6.6.6.6 remote-as 100
ZRFB-CK-RSR20-01(config-router)#neighbor 6.6.6.6 update-source loopback 0
ZRFB-CK-RSR20-01(config-router)#address-family vpnv4
ZRFB-CK-RSR20-01(config-router-af)#no bgp redistribute-internal       // 关闭 IBGP 重分发
ZRFB-CK-RSR20-01(config-router)#address-family vpnv4 unicast  // 进入 VPNv4 的地址族
ZRFB-CK-RSR20-01(config-router-af)#neighbor 6.6.6.6 activate // 激活 VPNv4 邻居关系
ZRFB-CK-RSR20-01(config-router-af)#neighbor 6.6.6.6 send-community extended
// 发送扩展的 community 属性 RT
ZRFB-CK-RSR20-01(config-router-af)#exit-address-family
```

11.5.5 PE-CE 配置与部署

在 R1 与 R5、R2 与 R7 上完成 PE-CE 配置，包括创建 VRF 实例、将相应端口划入对应的 VRF 实例中、配置 PE-CE 间的路由协议。这里以 R1 与 R5 间的配置为例。

（1）在 ZRZB-CK-RSR20-01 上创建 VRF 实例。

```
ZRZB-CK-RSR20-01(config)#ip vrf VPN-A                    // 创建 VRF 实例名称
ZRZB-CK-RSR20-01(config-vrf)#rd 100:1                    // 配置 RD 的值
ZRZB-CK-RSR20-01(config-vrf)#route-target both 100:1  // 配置 RT 的值（Import 与 Export 一致）
ZRZB-CK-RSR20-01(config-vrf)#exit
```

（2）在 ZRZB-CK-RSR20-01 上将相关端口划入对应的 VRF 实例中。

```
ZRZB-CK-RSR20-01(config)#int gi0/0
ZRZB-CK-RSR20-01(config-if-GigabitEthernet0/0)#ip vrf forwarding VPN-A
// 将端口划入 VRF 实例中
ZRZB-CK-RSR20-01(config-if-GigabitEthernet0/0)#ip add 10.0.15.5 255.255.255.0
// 配置端口地址
ZRZB-CK-RSR20-01(config)#int gi0/2
ZRZB-CK-RSR20-01(config-if-GigabitEthernet0/2)#ip vrf forwarding VPN-A
// 将端口划入 VRF 实例中
ZRZB-CK-RSR20-01(config-if-GigabitEthernet0/2)#ip add 10.0.15.1 255.255.255.0
// 配置端口地址
```

（3）配置 PE-CE 的路由协议。

ZRZB-HX-RSR20-01：

```
ZRZB-HX-RSR20-01(config)#router ospf 15                          // 启用 OSPF 进程
ZRZB-HX-RSR20-01(config-router)#network 1.1.1.1 0.0.0.0 area0       // 宣告网段
ZRZB-HX-RSR20-01(config-router)#network 10.0.15.0 0.0.0.255 area0   // 宣告网段
```

ZRZB-HX-RSR20-02：

```
ZRZB-HX-RSR20-02(config)#router ospf 1                           // 启用 OSPF 进程
```

```
ZRZB-HX-RSR20-02(config-router)#network 3.3.3.3  0.0.0.0 area0          // 宣告网段
ZRZB-HX-RSR20-02(config-router)#network 10.0.35.0 0.0.0.255 area0       // 宣告网段
```

ZRZB-CK-RSR20-01：

```
ZRZB-CK-RSR20-01(config)#router ospf1 vrf VPN-A           // 启用 VPN-A 虚拟转发的 OSPF 进程
ZRZB-CK-RSR20-01(config-router)#network 10.0.15.0 255.255.255.0 area0
ZRZB-CK-RSR20-01(config-router)#network 10.0.35.0 255.255.255.0 area0
```

> 🔔 **小提示**
>
> 在将端口划入 VRF 中之后，该端口上的 IP 地址等信息会被清除，此时需要再次配置端口 IP。

11.5.6　CE 与 MP-BGP 的路由重发布配置

在 R5 上完成 CE 与 MP-BGP 的路由重发布。

（1）将 CE 的路由重发布到 MP-BGP 中。

```
ZRZB-CK-RSR20-01(config)#route bgp 100
ZRZB-CK-RSR20-01(config-router)#address-family vpnv4
ZRZB-CK-RSR20-01(config-router-af)#address-family ipv4 vrf VPN-A     // 进入 VPNv4 的地址簇
ZRZB-CK-RSR20-01(config-router-af)#redistribute ospf 15 match internal external
// 将 CE 的 OSPF 路由重发布至 MP-BGP 中
ZRZB-CK-RSR20-01(config-router-af)#exit-address-family
```

> 🔔 **小提示**
>
> 在将 VRF 的路由重发布到 MP-BGP 中时，默认情况下只能将 O,OIA 的路由重发布到 BGP 中，OE1,OE2 的路由是无法重发布到 BGP 中的，需要添加 "match external" 参数。

（2）将 MP-BGP 的路由重发布到 CE 中。

```
ZRZB-CK-RSR20-01(config)#router ospf 15 vrf VPN-A
ZRZB-CK-RSR20-01(config-router)#redistribute bgp subnets      // 将 MP-BGP 重发布到 CE 中
```

11.6　项目联调与测试

在项目实施完成之后需要对设备的运行状态进行查看，确保设备能够正常稳定运行。

11.6.1　查看 R5 上的 VPNv4 路由信息

在总部出口路由器 R5 上使用 show bgp vpnv4 unicast all 命令查看 VPNv4 路由信息，结果如图 11-12 所示。

```
ZRZB-CK-RSR20-01(config-router)#show bgp vpnv4 unicast all
BGP table version is 1, local router ID is 5.5.5.5
Status codes: s suppressed, d damped, h history, * valid, > best, i - internal,
              S Stale, b - backup entry, m - multipath, f Filter, a additional-path
Origin codes: i - IGP, e - EGP, ? - incomplete

   Network          Next Hop         Metric     LocPrf      Weight Path
Route Distinguisher: 100:1 (Default for VRF VPN-A)
 *>  1.1.1.1/32      10.0.15.10            1                 32768 ?
 *>i 2.2.2.2/32      7.7.7.7               1         100         0 ?
 *>  3.3.3.3/32      10.0.35.10            1                 32768 ?
 *>i 4.4.4.4/32      7.7.7.7               1         100         0 ?
 *>  10.0.15.0/24    0.0.0.0               1                 32768 ?
 *>i 10.0.27.0/24    7.7.7.7               1         100         0 ?
 *>  10.0.35.0/24    0.0.0.0               1                 32768 ?
 *>i 10.0.47.0/24    7.7.7.7               1         100         0 ?

Total number of prefixes 8
Route Distinguisher: 100:1
 *>i 2.2.2.2/32      7.7.7.7               1         100         0 ?
 *>i 4.4.4.4/32      7.7.7.7               1         100         0 ?
 *>i 10.0.27.0/24    7.7.7.7               1         100         0 ?
 *>i 10.0.47.0/24    7.7.7.7               1         100         0 ?

Total number of prefixes 4
```

◎ 图 11-12　在 R5 上查看 VPNv4 路由信息

11.6.2　查看路由反射器 R6 上的 VPNv4 路由信息

在 R6 上使用 show bgp vpnv4 unicast all 命令查看 VPNv4 路由信息，结果如图 11-13 所示。

```
YYS-RSR20-01#show bgp vpnv4 unicast all
BGP table version is 7, local router ID is 6.6.6.6
Status codes: s suppressed, d damped, h history, * valid, > best, i - internal,
              S Stale, b - backup entry, m - multipath, f Filter, a additional-path
Origin codes: i - IGP, e - EGP, ? - incomplete

   Network          Next Hop         Metric     LocPrf      Weight Path
Route Distinguisher: 100:1
 *>i 1.1.1.1/32      5.5.5.5               1         100         0 ?
 *>i 2.2.2.2/32      7.7.7.7               1         100         0 ?
 *>i 3.3.3.3/32      5.5.5.5               1         100         0 ?
 *>i 4.4.4.4/32      7.7.7.7               1         100         0 ?
 *>i 10.0.15.0/24    5.5.5.5               1         100         0 ?
 *>i 10.0.27.0/24    7.7.7.7               1         100         0 ?
 *>i 10.0.35.0/24    5.5.5.5               1         100         0 ?
 *>i 10.0.47.0/24    7.7.7.7               1         100         0 ?

Total number of prefixes 8
```

◎ 图 11-13　在 R6 上查看 VPNv4 路由信息

11.6.3　测试 VPN 间的路由连通性

在总部核心路由器 R1 上使用 Ping 命令测试 R1 与 R2 之间 VPN 链路的路由连通性，如图 11-14 所示。

```
ZRZB-HX-RSR20-01(config-router)#do ping 2.2.2.2 source 1.1.1.1
Sending 5, 100-byte ICMP Echoes to 2.2.2.2, timeout is 2 seconds:
 < press Ctrl+C to break >
!!!!!
Success rate is 100 percent (5/5), round-trip min/avg/max = 3/4/5 ms.
```

◎ 图 11-14　VPN 链路的路由连通性

11.6.4　测试 VPN 间的路由路径

在总部核心路由器 R1 上使用 traceroute 命令测试 R1 与 R2 之间的路由路径，如图 11-15 所示。

```
ZRZB-HX-RSR20-01#traceroute 2.2.2.2 source 1.1.1.1
 < press Ctrl+C to break >
Tracing the route to 2.2.2.2

 1       10.0.15.1      1 msec    <1 msec   <1 msec
 2        9.0.56.2      2 msec     2 msec    2 msec
 3       10.0.27.1      3 msec     3 msec    3 msec
 4        2.2.2.2       3 msec     2 msec    3 msec
```

◎ 图 11-15　R1 与 R2 之间的路由路径

11.6.5　LSP Ping 测试

对总部出口路由器 R5 进行 LSP ping 测试，验证 LSP 路径连通性，如图 11-16 所示。

```
ZRZB-CK-RSR20-01#ping mpls ipv4 7.7.7.7/32
Sending 5, 84-byte MPLS Echoes to 7.7.7.7/32,
    timeout is 300 msec, send interval is 100 msec:

Codes: '!' - success, 'Q' - request not sent, '.' - timeout,
 'L' - labeled output interface, 'B' - unlabeled output interface,
 'D' - DS Map mismatch, 'F' - no FEC mapping, 'f' - FEC mismatch,
 'M' - malformed request, 'm' - unsupported tlvs, 'N' - no label entry,
 'P' - no rx intf label prot, 'p' - premature termination of LSP,
 'R' - transit router, 'I' - unknown upstream index,
 'X' - unknown return code, 'x' - return code 0

Press Ctrl+C to break.
!!!!!
Success rate is 100 percent (5/5), round-trip min/avg/max = 12/13/13 ms
```

◎ 图 11-16　LSP 路径连通性

11.6.6　LSP traceroute 测试

对总部出口路由器 R5 进行 LSP traceroute 测试，验证 LSP 路径选择，如图 11-17 所示。

```
ZRZB-CK-RSR20-01#traceroute mpls ipv4 7.7.7.7/32
Tracing MPLS Label Switched Path to 7.7.7.7/32, timeout is 300 msec

Codes: '!' - success, 'Q' - request not sent, '.' - timeout,
 'L' - labeled output interface, 'B' - unlabeled output interface,
 'D' - DS Map mismatch, 'F' - no FEC mapping, 'f' - FEC mismatch,
 'M' - malformed request, 'm' - unsupported tlvs, 'N' - no label entry,
 'P' - no rx intf label prot, 'p' - premature termination of LSP,
 'R' - transit router, 'I' - unknown upstream index,
 'X' - unknown return code, 'x' - return code 0

Press Ctrl+C to break.
 0 9.0.56.1        MRU 1500 [Labels: 11265 Exp: 0]
L 1 9.0.56.2       MRU 1500 [Labels: implicit-null Exp: 0] 1 ms
! 2 9.0.67.1       2 ms
ZRZB-CK-RSR20-01#
```

◎ 图 11-17　LSP 路径选择

11.6.7 验收报告－设备服务检测表

请根据之前的验证操作，对任务完成度进行打分，这里建议和同学交换任务，进行互评。

名称：＿＿＿＿＿＿＿＿＿＿＿＿＿＿＿＿＿　　序列号：＿＿＿＿＿＿＿＿

序 号	测试步骤	评价指标	评 分
1	在 R1 上测试 R1 与 R2 之间 VPN 链路的路由连通性	指定源地址得 5 分，可以正确完成通信得 15 分，共 20 分 ``` ZRZB-HX-RSR20-01(config-router)#do ping 2.2.2.2 source 1.1.1.1 Sending 5, 100-byte ICMP Echoes to 2.2.2.2, timeout is 2 seconds: < press Ctrl+C to break > !!!!! Success rate is 100 percent (5/5), round-trip min/avg/max = 3/4/5 ms. ```	
2	在总部核心路由器 R1 上使用 traceroute 命令测试 R1 与 R2 之间的路由路径	路由路径为 R1-R5-R6-R7-R2 得 30 分 ``` ZRZB-HX-RSR20-01#traceroute 2.2.2.2 source 1.1.1.1 < press Ctrl+C to break > Tracing the route to 2.2.2.2 1 10.0.15.1 1 msec <1 msec <1 msec 2 9.0.56.2 2 msec 2 msec 2 msec 3 10.0.27.1 3 msec 3 msec 3 msec 4 2.2.2.2 3 msec 3 msec 3 msec ```	
3	总部出口路由器 R5 进行 LSP Ping 测试，验证 LSP 路径连通性	可以正确完成通信得 20 分 ``` ZRZB-CK-RSR20-01#ping mpls ipv4 7.7.7.7/32 Sending 5, 84-byte MPLS Echoes to 7.7.7.7/32, timeout is 300 msec, send interval is 100 msec: Codes: '!' - success, 'Q' - request not sent, '.' - timeout, 'L' - labeled output interface, 'B' - unlabeled output interface, 'D' - DS Map mismatch, 'F' - no FEC mapping, 'f' - FEC mismatch, 'M' - malformed request, 'm' - unsupported tlvs, 'N' - no label entry, 'P' - no rx intf label prot, 'p' - premature termination of LSP, 'R' - transit router, 'I' - unknown upstream index, 'X' - unknown return code, 'x' - return code 0 Press Ctrl+C to break. !!!!! Success rate is 100 percent (5/5), round-trip min/avg/max = 12/13/13 ms ```	
4	对总部出口路由器 R5 进行 LSP traceroute 测试，验证 LSP 路径选择	路由路径为 R5-R6-R7 得 30 分 ``` ZRZB-CK-RSR20-01#traceroute mpls ipv4 7.7.7.7/32 Tracing MPLS Label Switched Path to 7.7.7.7/32, timeout is 300 msec Codes: '!' - success, 'Q' - request not sent, '.' - timeout, 'L' - labeled output interface, 'B' - unlabeled output interface, 'D' - DS Map mismatch, 'F' - no FEC mapping, 'f' - FEC mismatch, 'M' - malformed request, 'm' - unsupported tlvs, 'N' - no label entry, 'P' - no rx intf label prot, 'p' - premature termination of LSP, 'R' - transit router, 'I' - unknown upstream index, 'X' - unknown return code, 'x' - return code 0 Press Ctrl+C to break. 0 9.0.56.1 MRU 1500 [Labels: 11265 Exp: 0] L 1 9.0.56.2 MRU 1500 [Labels: implicit-null Exp: 0] 1 ms ! 2 9.0.67.1 2 ms ZRZB-CK-RSR20-01# ```	
备注			

用户：＿＿＿＿＿＿＿＿＿　检测工程师：＿＿＿＿＿＿＿＿＿　总分：＿＿＿＿＿＿＿＿

11.6.8 归纳总结

本章讲解了 MPLS 的特性：（根据学到的知识完成空缺的部分）

1. 一个 MPLS 标签只能代表 ＿＿＿＿＿ 个 FEC。
2. LSP 的起始节点称为 ＿＿＿＿＿＿＿＿。
3. 一条 LSP 可能有 ＿＿＿＿＿＿＿＿ 个 Transit。
4. 一条 LSP 有 ＿＿＿＿＿＿＿＿ 个 Egress。
5. MPLS 的工作可以概括为两个过程：＿＿＿＿＿＿＿＿、＿＿＿＿＿＿＿＿。

综合拓展

网络工程师职业素养

——MPLS 流量工程背景

在传统的 IP 网络中，路由器选择最短的路径作为最优路由，不考虑带宽等因素，即使某条路径发生拥塞，也不会将流量切换到其他的路径上。在网络流量比较小的情况下，最短路径优先的路由带来的问题不是很严重，但是随着 Internet 的发展及其应用越来越广泛，它的问题暴露无遗。

流量工程（Traffic Engineering，TE）通过动态监控网络的流量和网络单元的负载，实时调整流量管理、路由和资源约束等参数，使网络运行状态迁移到理想状态，优化网络资源的使用，避免负载不均衡导致的拥塞。

1. 传统流量工程的特点

在 MPLS TE 出现之前，有以下两种流量工程的解决方案。

（1）IP 流量工程：通过调整路径 metric 来控制网络流量的传输路径，这种解决方案能够解决某些链路上的拥塞，但是可能会引起其他的链路拥塞。在拓扑结构复杂的网络上，metric 的调整比较困难，往往一条链路的改动会影响多条路由，难以把握和权衡。

（2）ATM 流量工程：现有的 IGP 协议都是拓扑驱动的，只考虑网络的连接情况，而不能灵活反映带宽和流量特性这类动态情况。解决这种问题的方法是使用 IP over ATM 重叠模型。ATM 流量工程正是采用这种重叠模型来建立虚连接引导部分流量的，可以轻松地实现流量的合理调配和良好的 QoS 功能。然而，在实际应用中实施 ATM 流量工程的额外开销很大且可扩展性差。

2. MPLS 流量工程的目的

在传统的 IP 网络中，路由器选择最短的路径作为最优路由，而不考虑带宽等因素。这样的选路方式容易因流量集中于最短路径而导致拥塞，而其他可选链路则较为空闲，节点的选择如图 11-18 所示。

在图 11-18 中，假设每条链路的 metric 都相同且每段链路的带宽都是 100Mbit/s。其中，Router 1 向 Router 4 发送的流量为 40Mbit/s，Router 7 向 Router 4 发送的流量为 80Mbit/s。IGP 路由的计算结果是基于最短路径的，如图中的 Path 1 和 Path 2，所有流量均经过链路 Router 2 → Router 3 → Router 4，此时该链路出现过载而引起拥塞，而另一条链路 Router 2 → Router 6 → Router 5 → Router 4 则处于空闲状态。

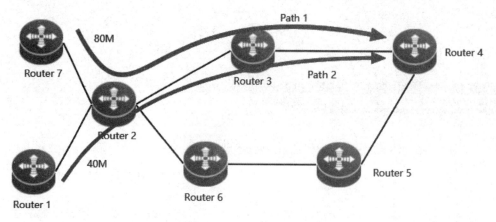

◎ 图 11-18　节点的选择

4. MPLS 流量工程的优势

MPLS TE 可以在不进行硬件升级的情况下对现有网络资源进行合理调配和使用，并对网络流量提供带宽和 QoS 保证，最大限度地节省企业成本。由于 MPLS TE 是基于 MPLS 技术实现的，因此易于在现有网络中进行部署和维护。同时，MPLS TE 具有丰富的可靠性技术，能够为骨干网络提供网络级和设备级的可靠性服务。

> 🔔 **小提示**
>
> 在项目部署中，使用 VRF 解决相同地址的用户在广域网中的冲突，VRF 的目的是解决不同企业私网地址段相同引起的冲突，采用将相同私网地址放到不同 VRF 表中的方法解决问题。VRF 可以区分从不同 CE 端进入边界 PE 的相同私网路由，路由器的每一个 VRF 都能自动生成相应的 VRF 表，如 show route vrf A、show route vrf B。每一个 VRF 表都具有 RD 和 RT 两大属性。

11.8　思考练习

项目排错

基础练习在线测试

问题描述：

工程师小王根据规划完成了所有的配置，但是在测试的时候发现基于 MPLS VLAN 的总部和分部的设备无法通信，R5、R6 使用端口地址也无法通信。请同学们根据学到的知识帮助小王分析无法通信的原因。

排查思路：

_____

_____

_____

反侵权盗版声明

电子工业出版社依法对本作品享有专有出版权。任何未经权利人书面许可，复制、销售或通过信息网络传播本作品的行为；歪曲、篡改、剽窃本作品的行为，均违反《中华人民共和国著作权法》，其行为人应承担相应的民事责任和行政责任，构成犯罪的，将被依法追究刑事责任。

为了维护市场秩序，保护权利人的合法权益，我社将依法查处和打击侵权盗版的单位和个人。欢迎社会各界人士积极举报侵权盗版行为，本社将奖励举报有功人员，并保证举报人的信息不被泄露。

举报电话：（010）88254396；（010）88258888

传　　真：（010）88254397

E-mail：dbqq@phei.com.cn

通信地址：北京市万寿路 173 信箱
　　　　　电子工业出版社总编办公室

邮　　编：100036